普通高等教育“十三五”规划教材

安全工程概论

（第3版）

主编　王福成　陈宝智

煤炭工业出版社

·北　京·

内 容 提 要

本书应用安全科学的基本原理，主要介绍了安全工程的研究对象与任务，安全工程与生产和生活的相关性；伤亡事故的基本概念、分类与统计，事故致因与预防对策，系统可靠性与人、机、环境匹配原则；危险源的类型、辨识、评价与控制，以及防止事故发生的安全技术；常见高空坠落、机械伤害、矿山主要伤害、电气伤害和化学物品伤害等事故的类型、原因及预防；起重运输机械、压力容器等特种设备的安全使用与管理；火灾起因，爆炸机理；以及职业危害与防护等方面的安全知识。

本书是高等院校工科学生必备的一门安全知识教材，也可供各级安全管理人员学习、参考。

序

党和政府一贯重视安全生产，把“安全第一，预防为主，综合治理”定为安全生产的基本方针。树立生活安全、生产安全和生存安全意识现已成为对各类工程技术、管理人员的综合素质要求。

安全科学是一门跨门类、多学科、综合性的交叉科学，是工科各专业学生必须掌握的基本知识。为此，高等院校安全工程专业教学指导委员会在全体委员对课程设置、教学大纲等进行充分论证的基础上，组织编写了《安全工程概论》。经编写组认真编写，主审人审查，高等院校安全工程专业教学指导委员会审定，现组织出版并作为全国工科各专业推荐教材。

高等院校安全工程专业教学指导委员会

2002 年 4 月

第 3 版修订说明

为适应新时代中国特色社会主义的需要，遵照中共中央总书记习近平在中国共产党第十九次全国代表大会的报告中关于“树立安全发展理念，弘扬生命至上，安全第一的思想，健全公共安全体系，完善安全生产责任制，坚决遏制重特大安全事故，提升防灾减灾救灾能力”的指示精神，特对本教材进行再次修订。

本教材经过多年的教学和应用实践，受到了高等院校科研院所及工矿等企业的专家、学者和工程技术人员的好评。本教材再次修订后，会进一步丰富读者的安全知识，增强安全发展理念，提高安全法制和社会责任意识，对搞好安全生产起到促进和保障作用。

本次教材修订除保持第 2 版教材的体系和内容外，进一步阐述了“安全第一，预防为主，综合治理”安全生产方针的重要性，并对其相辅相成的辩证关系进行了深入阐述；对安全发展理念予以简明阐述；增补了部分典型事故案例，并对事故发生的原因进行了定性分析；注意吸收了安全科学领域的相关新成果；更新了国家新颁布的部分相关法律和标准。

本次教材修订经各位作者同意授权，由王福成、张福群负责统稿。在教材修订过程中，有关高等学校、科研院所等单位给予了大力支持和热情帮助，特表示诚挚的感谢。

由于作者水平有限，书中不妥之处在所难免，诚恳欢迎读者批评指正。

编　者

2018 年 4 月

第2版修订说明

本教材在高等院校安全工程专业教学指导委员会直接领导下，并得到了煤炭工业出版社的大力支持，于2001年首次出版作为高等学校工科专业学生的试用教材。

经过10余年的教学与应用，本教材深受高等院校、科研院所及各类企业专家、学者和工程技术人员的好评。应用实践表明，该教材对于读者丰富安全知识、增强安全观念、提高安全意识起到了积极的作用，达到了预期目的。

本教材修订是在第1版的基础上进行的，除保持原版教材的规模和特点外，对教材的体系和内容均做了较大的变动，全面深入地阐述了“安全第一，预防为主，综合治理”安全生产方针的辩证关系；概括描述了《中华人民共和国安全生产法》的宗旨、基本内容；进一步明确了伤亡事故报告和处理制度，以及事故调查、认定程序和原则；结合典型事故案例，对系统的安全性进行了定性分析，指出了发生事故的直接原因、间接原因、主要原因；增补了矿山瓦斯、水灾、火灾、爆破、冒顶等常见事故的危害及预防；更新了国家颁布的相关标准；注意吸收了安全科学领域的相关新成果。

本次教材的修订，东北大学陈宝智编写了第一章和第三章，许开立编写了第二章，王福成编写了第四章的第五节和第五章，孙熙编写了第六章，柳敬献编写了第七章，江苏大学的陈万金编写了第四章中的第一、二、三、四节，沈阳化工大学的张福群编写了第八章。王福成、张福群负责统稿。

在修订本教材过程中，得到了有关院校和研究部门的大力支持和帮助，在此表示衷心的感谢。

由于编者水平有限，修订版中可能还有不妥或错误，诚恳欢迎读者批评指正。

编　者

2013年8月

前　言

安全工程是以人类生产、生活活动中发生的各种事故为主要研究对象，在总结、分析已经发生的事故的经验基础上，综合运用自然科学、技术科学和管理科学等方面的有关知识，识别和预测生产、生活活动中存在的不安全因素，并采取有效的控制措施防止事故发生的科学技术知识体系。

党和政府十分关心生产过程中劳动者的生命安全与健康，制定了“安全第一，预防为主”的安全生产方针，颁布了大量安全生产方面的法律和法规，要求生产企业必须尽力防止事故，实现安全生产。

借助设计消除和控制不安全因素是安全工程的重要原则和组成部分，也是广大工程技术人员的重要使命。我国规定，新建、改建、扩建的基本建设项目（工程）、技术改造项目（工程）和引进的建设项目（工程）的安全设施必须符合国家规定的标准，必须与主体工程同时设计、同时施工、同时投产使用。这就要求高等学校工科专业学生不仅要掌握本工程技术领域的理论知识和技能，而且要拓宽知识面，学习安全工程方面的知识和方法，在今后的工程实践中运用这些知识和方法，为实现安全生产、保护广大劳动群众的安全、健康贡献力量。

本教材概要地介绍了安全工程的基本原理、知识和方法，包括安全工程的研究对象及任务，我国的安全生产方针、安全生产管理制度；伤亡事故的基本概念，伤亡事故致因理论及预防对策；危险源辨识、控制和评价；高处坠落、机械伤害、电气伤害等常见事故的发生与预防；起重运输、压力容器、火灾爆炸等专门安全问题；以及职业危害与防护等方面的安全知识。

本教材在介绍安全工程基本原理、知识和方法的同时，适当地介绍了国内外安全工程新进展，以及行之有效的安全工程经验，具有科普性、先进性和实用性。

本教材编写工作是在高等院校安全工程专业教学指导委员会的直接领导下进行的，从教材大纲的编制、审定及其与相关教材内容的划定均由安全工程专业教学指导委员会反复讨论完成。作者严格遵守大纲的规定与要求，结合近年来的教学实践与研究工作，编写了这本《安全工程概论》教材。东北大学陈宝智编写了第一章和第三章，许开立编写了第二章，王福成编写了第五章和第八章，孙熙编写了第六章，柳敬献编写了第七章；江苏理工大学陈万金编写了第四章。

在教材编写过程中，我们参考、引用了大量国内外文献资料，在此向文献作者们表示诚挚的谢意。东北大学王金波教授审阅了教材初稿并提出了宝贵意见，使得教材更臻完善，在此一并感谢。

由于编者学识有限，书中不当之处在所难免，敬请批评指正。

编　者

2001 年 9 月

目　次

第一章 绪 论

第一节 安全工程概述

一、安全工程及其研究对象

安全工程是以人类生产、生活活动中发生的各种事故为主要研究对象，在总结、分析已经发生的事故经验的基础上，综合运用自然科学、技术科学和管理科学等方面的有关知识，识别和预测生产、生活活动中存在的不安全因素，并采取有效的控制措施防止事故发生的科学技术知识体系。

安全工程的研究对象最初主要是生产过程中发生的事故。生产活动是人类利用自然创造物质文明的过程。在这一过程中，人类会遇到而且必须克服许多来自自然界的或人类活动带来的不安全因素。人类一旦忽略了对不安全因素的控制或者控制不力，则可能发生事故，其结果不仅妨碍生产的正常进行，而且可能造成设施、设备的破坏，甚至伤害人类自身。

自工业革命以来，几乎工业技术的每一项进步都带来新的事故危险性。防止工业事故，是顺利进行工业生产的前提和保证；保护从业人员在生产过程中的生命健康，是工业安全的基本任务。在我国把实现生产劳动过程中安全这一基本任务的工作称作安全生产；把保护从业人员的生命安全和健康的工作称作职业安全卫生。

随着新材料、新能源、新技术的应用，工业产品的科技含量越来越高，产品越来越复杂，其中的不安全因素导致事故的危险性也越来越大。如果不能有效地消除和控制产品中的不安全因素，用户在使用产品时就可能存在发生事故而遭受伤害的危险。到 20 世纪 70 年代，产品的安全性问题引起了人们的普遍关注，安全工程研究对象又从生产过程安全扩展到了产品安全。

核电站、化工、石油化工等工业设施和生产过程具有较高的危险性，一旦发生事故不仅危及企业内部从业人员，而且往往殃及周围社区居民，造成大范围环境污染。20 世纪 80 年代以来，相继发生了一些震惊世界的重大工业事故，例如，苏联的切尔诺贝利核电站事故；1984 年墨西哥城的液化石油气爆炸，使 650 人丧生、数千人受伤；1984 年印度博帕尔农药厂甲基异氰酸盐泄漏，导致 2000 人死亡、2 万人受伤。因此，防止重大工业事故，保护广大公众生命安全和健康，防止环境破坏在当代安全工程中占有十分重要的位置。

除了生产活动外，人类的生活活动中也时而发生事故，例如交通事故、火灾事故、学校事故、家庭事故、群集事故等。特别是随着城市人口密度越来越大、社会生活方式越来越多样化，生活活动中发生的“群死群伤”事故时有发生，越来越受到人们的关注。例如，1994 年克拉玛依友谊宾馆火灾，造成 325 人死亡、129 人重伤；1996 年白俄罗斯明斯克地铁站发生踩踏事故，导致 57 人死亡、78 人受伤。安全工程中关于生活事故预防的研究也越来越广泛深入。

二、安全工程的基本内容

安全工程的基本内容是根据对事故，特别是伤亡事故发生机理的认识，应用系统工程的原理和方法，在工业规划、设计、建设、生产直到废除的整个过程中，实施预测、分析、评价其中存在的各种不安全因素，根据有关法规综合运用各种安全技术措施和组织管理措施，消除和控制危险因素，创造一种安全的生产作业条件。

安全技术是预防事故的基本措施，是实现安全的技术手段。它包括安全检测技术和安全控制技术两个方面。前者是发现、识别各种不安全因素及其危险性的技术；后者是消除或控制不安全因素，防止事故发生及避免人员受到伤害、财产受到损失和环境受到破坏的技术。

在工业安全领域，安全技术是工业生产技术的重要组成部分。安全技术是伴随着工业生产的出现而出现的，又随着工业生产技术的发展而不断发展。工业革命以后，工业生产中广泛使用机械、电力及烈性炸药等新技术、新设备、新能源，使工业生产效率大幅度提高；另一方面，采用新技术、新设备、新能源也带来了新的不安全因素，导致工业事故频繁发生，事故伤害和职业病人数急剧增加。工业伤亡事故严重的局面，迫使人们努力开发新的工业安全技术。近代物理、化学、力学等方面的研究成果被应用到了工业安全技术领域，例如英国科学家戴维发明了被誉为“科学的地狱旅行”的安全灯，对防止煤矿瓦斯爆炸事故起了重要作用；著名科学家诺贝尔发明了安全炸药，有效地减少了炸药意外爆炸事故的发生。

现代科学技术的进步，彻底改变了工业生产面貌，安全技术也不断发展、更新，大大增强了人类控制不安全因素的能力。如今，已经形成了包括机械安全、电气安全、锅炉压力容器安全、起重运输安全、防火防爆等一系列专门安全技术在内的工业安全技术。在安全检测技术方面，先进的科学技术手段逐渐取代人的感官和经验，可以灵敏、可靠地发现不安全因素，从而使人们可以及早采取控制措施，把事故消灭在萌芽状态之中。

现代工业生产系统是个非常复杂的系统。工业生产是由众多相互依存、相互制约的不同种类的生产作业综合组成的整体；每种生产作业又包含许多设备、物质、人员和作业环境等要素。一起工业事故的发生，往往是许多要素相互复杂作用的结果。尽管每一种专门安全技术在解决相应领域的安全问题方面十分有效，但是在保证整个工业生产系统安全方面却非常困难，必须从系统安全的角度出发综合运用各种安全技术。

在工业伤亡事故的发生和预防方面，作为系统要素的人占有特殊的位置。人是工业事故中的受害者，保护人是工业安全的主要目的。另一方面，人往往是工业事故的肇事者，也是预防事故、搞好工业安全生产的生力军。于是，安全工程的一个重要内容，是关于人的行为的研究。根据与工业安全相关密切的人的生理、心理特征及行为规律，设计适合于人员操作的工艺、设备、工具，创造适合人的特点的生产作业条件。在利用安全技术措施消除、控制不安全因素的同时，还必须运用安全管理手段来规范、控制人的行为，激发广大从业人员搞好安全生产的积极性，提高企业抵御事故的能力。

第二节　安全生产方针政策

安全生产方针是安全工作的总的指导方针。根据党和政府关于安全生产的一贯指示，我国的安全生产方针可以概括为“安全第一，预防为主，综合治理”。

新中国成立不久，毛泽东同志在对第一个五年计划的批示中指出：在实施增产节约的同时，必须注意职工的安全健康和必不可少的福利事业。如果只注意前一方面，忘记或稍加忽视后一方面，那是错误的。之后，党中央在认真做好劳动保护工作的通知中指出：加强劳动保护工作，搞好安全生产，保护职工的安全和健康，是我们党的一贯方针，是社会主义企业管理的一项基本原则。“听任职工死亡，听任职工身体健康受到摧残，而不认真解决，就是严重失职，是党纪国法不能允许的”。

1984 年，主管安全生产的劳动人事部在呈报给国务院成立全国安全生产委员会的报告中把“安全第一，预防为主”作为安全生产方针写进了报告，并得到国务院的正式认可。1987 年 1 月 26 日，劳动人事部在杭州召开会议把“安全第一，预防为主”作为劳动保护工作方针写进了《劳动法（草案）》。从此，“安全第一，预防为主”便作为安全生产的基本方针而确立下来。

2002 年，《中华人民共和国安全生产法》（以下简称《安全生产法》）由第九届全国人民代表大会常务委员会第二十八次会议于 2002 年 6 月 29 日通过，自 2002 年 11 月 1 日起施行。“安全第一，预防为主”方针被列入《安全生产法》。

2006 年 3 月 27 日，中共中央总书记胡锦涛在主持中共中央政治局第 30 次集体学习时强调：加强安全生产工作，关键是要全面落实“安全第一，预防为主，综合治理”的方针，做到思想认识上警钟长鸣，制度保证上严密有效，技术支撑上坚强有力，监督检查上严格细致，事故处理上严肃认真。“综合治理”充实到安全生产方针当中，始于党的十六届五中全会《中共中央关于制定国民经济和社会发展第十一个五年规划的建议》。

2017 年 10 月 18 日，中共中央总书记习近平在中国共产党第十九次全国代表大会的报告中强调：树立安全发展理念，弘扬生命至上、安全第一的思想，健全公共安全体系，完善安全生产责任制，坚决遏制重特大安全事故，提升防灾减灾救灾能力。

2018 年 1 月 23 日，习近平主持召开中央全面深化改革领导小组第二次会议通过了《地方党政领导干部安全生产责任制规定》。强调实行地方党政领导干部安全生产责任制，要坚持党政同责、一岗双责、齐抓共管、失职追责，牢固树立发展绝不能以牺牲安全为代价的红线意识，明确地方党政领导干部主要安全生产职责，综合运用巡查督查、考核考察、激励惩戒等措施，强化地方各级党政领导“促一方发展、保一方平安”的政治责任。

安全生产方针体现了党和国家对广大职工安全健康的无比关怀，也反映了社会主义生产的客观规律。在我们社会主义国家，生产的主要目的是为了满足广大人民群众日益增长的物质文化需要。生产过程中若不注意改善劳动条件，忽视职工的安全健康，就违背了社会主义生产目的。人是生产力诸因素中最活跃的因素，保护和发展生产力必须把保护人放在首位。改革开放以来，党和国家进一步提出了“以人为本”，“科学发展、安全发展”的理念。贯彻执行安全生产方针既是一项严肃的政治任务，也是发展国民经济的重要保证。

坚持安全第一。安全第一，就是在生产过程中把安全放在第一重要的位置上，切实保护劳动者的生命安全和身体健康。这是我们党长期以来一直坚持的安全生产工作方针，充分表明了我们党对安全生产工作的高度重视、对人民群众根本利益的高度重视。例如，云南楚雄矿冶股份有限公司在安全生产中把安全第一的思想贯穿于整个安全生产过程，提出了当安全与生产发生矛盾时，生产向安全让步，当通风与生产发生矛盾时，生产向通风让步。

安全第一的思想还体现在安全工作具有一票否决权，还体现在资金投入上保证安全第一，安全培训上安全第一，各种会议安全第一等。

在新的历史条件下坚持安全第一，是贯彻落实以人为本的科学发展观，构建社会主义和谐社会的必然要求。以人为本，就必须珍爱人的生命；科学发展，就必须安全发展；构建和谐社会，就必须构建安全社会。坚持安全第一的方针，对于捍卫人的生命尊严、构建安全社会、促进社会和谐、实现安全发展具有十分重要的意义。因此，在安全生产工作中贯彻落实科学发展观，就必须始终坚持安全第一。

坚持预防为主。预防为主，就是把安全生产工作的关口前移，超前防范，建立预教、预测、预报、预警、预防的递进式、立体化事故隐患预防体系，改善安全状况，预防安全事故。

预防为主体现了现代安全管理的思想。现代安全管理的理念就是事先预防时期，预防为主的方针又有了新的内涵，即通过建设安全文化、健全安全法制、提高安全科技水平、落实安全责任、加大安全投入，构筑坚固的安全防线。具体地说，就是促进安全文化建设与社会文化建设的互动，为预防安全事故打造良好的“习惯的力量”；建立健全有关的法律法规和规章制度，如《安全生产法》、安全生产许可制度、“三同时”制度、隐患排查及治理和报告制度等，依靠法制的力量促进安全事故防范；大力实施“科技兴安”战略，把安全生产状况的根本好转建立在依靠科技进步和提高劳动者素质的基础上；强化安全生产责任制和问责制，创新安全生产监管体制，严厉打击安全生产领域的腐败行为；健全和完善中央、地方、企业共同投入机制，提升安全生产投入水平，增强基础设施的安全保障能力。

坚持综合治理。综合治理，是指适应我国安全生产形势的要求，自觉遵循安全生产规律，正视安全生产工作的长期性、艰巨性和复杂性，抓住安全生产工作中的主要矛盾和关键环节，综合运用经济、法律、行政等手段，人管、法治、技防多管齐下，并充分发挥社会、职工、舆论的监督作用，有效解决安全生产领域的问题。实施综合治理，是由我国安全生产中出现的新情况和面临的新形势决定的。在社会主义市场经济条件下，利益主体多元化，不同利益主体对待安全生产的态度和行为差异很大，需要因情制宜、综合防范；安全生产涉及的领域广泛，每个领域的安全生产又各具特点，需要防治手段的多样化；实现安全生产，必须从文化、法制、科技、责任、投入入手，多管齐下，综合施治；安全生产法律政策的落实，需要各级党委和政府的领导、有关部门的合作以及全社会的参与；目前我国的安全生产既存在历史积淀的沉重包袱，又面临经济结构调整、增长方式转变带来的挑战，要从根本上解决安全生产问题，就必须实施综合治理。从近年来安全监管的实践特别是今年联合执法的实践来看，综合治理是落实安全生产方针政策、法律法规的最有效手段。因此，综合治理具有鲜明的时代特征和很强的针对性，是我们党在安全生产新形势下作出的重大决策，体现了安全生产方针的新发展。

"安全第一，预防为主，综合治理"的安全生产方针是一个有机统一的整体。安全第一是预防为主、综合治理的统帅和灵魂，没有安全第一的思想，预防为主就失去了思想支撑，综合治理就失去了整治依据。预防为主是实现安全第一的根本途径。只有把安全生产的重点放在建立事故隐患预防体系上，超前防范，才能有效减少事故损失，实现安全第一。综合治理是落实安全第一、预防为主的手段和方法。只有不断健全和完善综合治理工作机制，才能有效贯彻安全生产方针，真正把安全第一、预防为主落到实处，不断开创安全生产工作的新局面。

安全生产涉及政治、经济、技术、文化等各个领域，一个国家、一个地区的安全生产状况是该国家或该地区的政治、经济、技术、文化等各方面情况的综合反映，一个企业的安全生产状况是该企业管理综合水平的反映。实现安全生产必须"综合治理"。

在"安全第一，预防为主，综合治理"方针指导下，我国制定了一系列安全生产法律、法规和制度。安全生产法律、法规和制度是进行安全工作的规范，具体指导各项安全工作。

2014 年 8 月 31 日，第十二届全国人民代表大会常务委员会第十次会议通过全国人民代表大会常务委员会关于修改《中华人民共和国安全生产法》的决定，2014 年 12 月 1 日起施行。正式将"安全第一，预防为主，综合治理"方针列入《安全生产法》。

第三节　安全生产法律法规与安全管理制度

一、安全生产法律法规

1. 制定依据

安全生产法规是法的组成部分。法是统治阶级整体意志和根本利益的集中表现，是通过一定的国家机关认可、制订的，具有一定文字形式，以国家强制力保证实施的行为规则（或规范）的总和。它建立在一定的经济基础之上，为一定的经济基础服务，是促进社会生产力发展、维护社会秩序和社会关系的行动准则。

安全生产法律法规是保护从业人员在生产过程中的生命安全和身体健康的有关法律、行政法规、地方性法规和规章等法律文件的总称。

安全生产法律法规的主要作用是调整社会主义生产过程中，商品流通过程中人与人之间、人与自然之间的关系，维护社会主义劳动法律关系中的权利与义务、生产与安全的辩证关系，以保障从业人员在生产过程中的安全和健康。

我国制订安全生产法规的主要依据是《中华人民共和国宪法》(以下简称《宪法》)。《宪法》第四十二条规定：国家通过各种途径，创造劳动就业条件，加强劳动保护，改善劳动条件。第四十三条规定：中华人民共和国劳动者有休息的权利。国家发展劳动者休息和休养的设施，规定职工的工作时间和休假制度。第四十八条规定：妇女享有同男子平等的权利，国家保护妇女的权利和利益。

此外，《宪法》中关于母亲和儿童受国家的保护，公民有受教育的权利，公民必须遵守劳动纪律，遵守公共秩序，尊重社会公德，以及国家逐步改善人民物质生产等规定，都是安全生产法规中必须遵循的原则。

2. 组成

我国安全生产法律法规主要包括以下6个部分。

(1)《宪法》规定的相关内容。在我国《宪法》关于国家政治制度和经济制度的规定中，特别是关于公民基本权利和义务的规定中，许多条文直接涉及安全生产和劳动保护问题。这些规定既是安全生产法律法规制定的最高法律依据，又是安全生产法律法规的一种表现形式。

(2)法律。我国最高权力机关全国人民代表大会和全国人民代表大会常务委员会行使国家立法权，立法通过后，由国家主席签署主席令予以公布。1994年7月5日八届全国人大常委会第八次会议审议通过了《中华人民共和国劳动法》(以下简称《劳动法》)。在这部劳动法典中，有关于劳动保护的专章规定。2002年6月29日九届全国人大常委会第二十八次会议审议通过了《中华人民共和国安全生产法》，并于2014年进行了修订。此外，还有《中华人民共和国矿山安全法》(以下简称《矿山安全法》)、《中华人民共和国消防法》(以下简称《消防法》)、《中华人民共和国特种设备安全法》(以下简称《特种设备安全法》)、《中华人民共和国职业病防治法》(以下简称《职业病防治法》) 等法律。

(3)行政法规。为了加强安全生产工作，国务院制定的若干安全生产行政法规。

(4)部门规章。国务院安全生产主管部门单独或会同有关部门制定的专项安全生产规章，是安全生产法律法规各种形式中数量最多的一种。其他部门的规章中也有一些安全生产方面的规定。

(5)地方性法规和地方规章。地方性法规由各省、自治区、直辖市人大及其常委会制定的规范性文件；地方规章是由各省、自治区、直辖市政府，省会、自治区首府所在地的市和经过国务院批准的较大的市的政府制定的规范性文件。其中，许多是有关安全生产的专项文件。

(6)国际法律文件。其主要是国际劳工公约。凡是我国政府批准加入的国际劳工公约，除了我国声明保留的条款外，我国应该保证实施。

二、《安全生产法》

2002年6月29日通过，2002年11月1日起施行《中华人民共和国安全生产法》。2014年8月31日第十二届全国人民代表大会常务委员会第十次会议通过全国人民代表大会常务委员会关于修改《中华人民共和国安全生产法》的决定，自2014年12月1日起施行。

《安全生产法》体现了《宪法》中关于改善劳动条件、加强劳动保护的基本要求和我国的社会主义本质，概括了我国安全生产正反两方面的经验，体现了依法治国的基本方略。

《安全生产法》是为了加强安全生产工作，防止和减少生产安全事故，保障人民群众生命和财产安全，促进经济社会持续健康发展。

《安全生产法》不仅规范了生产经营单位的安全生产行为，明确了生产经营单位主要负责人的安全责任，确立了安全生产基本管理制度，而且为依法强化安全生产监督管理提供了法律依据；同时也为依法惩处安全违法行为，强化安全生产责任追究提供了法律保证。《安全生产法》是各级安全生产监督管理部门、煤矿安全监察机构及其监督检查人员对安全生产实施监督的法律依据。

（一）安全生产法的立法宗旨

《安全生产法》的立法宗旨主要有以下5个方面：

（1）规范生产经营单位的安全生产行为，明确生产经营单位主要负责人的安全生产责任，依法建立安全生产管理制度。

（2）明确从业人员在安全生产方面的权利和义务，规范从业人员安全作业行为，依法保护从业人员的合法权益，保障人民群众的人身安全和健康。

（3）明确各级人民政府的安全生产责任，依法加强安全生产监督管理，减少和防止生产安全事故。

（4）规范从事安全评价、咨询、检测、检验中介机构的行为，加强安全生产社会舆论媒体监督。

（5）依法建立生产安全事故应急救援体系，强化责任追究。

（二）安全生产法的基本内容

根据上述立法宗旨，《安全生产法》主要包括安全生产监督管理、生产经营单位安全保障、生产经营单位主要负责人安全生产责任、从业人员的安全生产权利义务、安全中介服务（技术、管理服务）、安全生产责任追究、事故应急救援和调查处理等基本法律制度。

1. 安全生产监督管理

县级以上地方各级人民政府应当根据本行政区域内的安全生产状况，组织有关部门按照职责分工，对本行政区域内容易发生重大生产安全事故的生产经营单位进行严格检查。

安全生产监督管理部门应当按照分类分级监督管理的要求，制定安全生产年度监督检查计划，并按照年度监督检查计划进行监督检查，发现事故隐患，应当及时处理。

2. 生产经营单位安全保障

（1）生产经营单位主要负责人对本单位安全生产全面负责。

（2）生产经营单位必须遵守法律、法规和国家安全标准、行业安全标准，达到规定的安全生产条件。生产经营单位应当具备的安全生产条件所必需的资金投入，由生产经营单位的决策机构、主要负责人或者个人经营的投资人予以保证，并对由于安全生产所必需的资金投入不足导致的后果承担责任。生产经营单位应当安排用于配备劳动防护用品，进行安全培训的经费等。

（3）矿山、金属冶炼、建筑施工、道路运输单位和危险物品的生产、经营、储存单位，应当设置安全生产管理机构或者配备专职安全生产管理人员。其他生产经营单位，从业人员超过一百人的，应当设置安全生产管理机构或者配备专职安全生产管理人员；从业人员在一百人以下的，应当配备专职或者兼职的安全生产管理人员。

（4）生产经营单位应当对从业人员进行安全生产教育和培训，保证从业人员具备必要的安全生产知识，熟悉有关的安全生产规章制度和安全操作规程，掌握本岗位的安全操作技能，了解事故应急处理措施，知悉自身在安全生产方面的权利和义务。未经安全生产教育和培训合格的从业人员，不得上岗作业。

生产经营单位的主要负责人和安全生产管理人员必须具备与本单位所从事的生产经营

活动相应的安全生产知识和管理能力。

危险物品的生产、经营、储存单位以及矿山、金属冶炼、建筑施工、道路运输单位的主要负责人和安全生产管理人员，应当由主管的负有安全生产监督管理职责的部门对其安全生产知识和管理能力考核合格。危险物品的生产、储存单位以及矿山、金属冶炼单位应当有注册安全工程师从事安全生产管理工作。鼓励其他生产经营单位聘用注册安全工程师从事安全生产管理工作。

(5) 安全设施的设计审查和竣工验收。生产经营单位新建、改建、扩建工程项目（以下统称建设项目）的安全设施，必须与主体工程同时设计、同时施工、同时投入生产和使用。安全设施投资应当纳入建设项目概算。矿山、金属冶炼建设项目和用于生产、储存、装卸危险物品的建设项目的安全设施设计应当按照国家有关规定报经有关部门审查同意；未经审查同意的，不得施工。矿山、金属冶炼建设项目和用于生产、储存危险物品的建设项目竣工投入生产或者使用前，应当由建设单位负责组织对安全设施进行验收；验收合格后，方可投入生产和使用。

(6) 安全设备管理。安全设备的设计、制造、安装、使用、检测、维修、改造和报废，必须符合国家标准或者行业标准。生产经营单位必须对安全设备进行经常性维护、保养，并定期检测，保证正常运转。

(7) 重大危险源安全管理。生产经营单位必须对重大危险源登记建档，进行定期检测、评估、监控，并制定应急预案，告知从业人员和相关人员在紧急情况下采取的应急措施。生产经营单位应当按照国家有关规定将本单位重大危险源及有关安全措施、应急措施报有关地方人民政府安全生产监督管理部门和有关部门备案。

(8) 生产、经营、使用、储存危险物品的车间、商店、仓库不得与员工宿舍在同一座建筑物内，并应当与员工宿舍保持安全距离。生产经营场所和员工宿舍应当设立符合紧急疏散要求、标志明显、保持畅通的出口。禁止封闭、堵塞生产经营场所或者员工宿舍的出口。

(9) 爆破吊装作业和交叉作业安全管理。生产经营单位进行爆破、吊装以及国务院安全生产监督管理部门会同国务院有关部门规定的其他危险作业，应当安排专门人员进行现场安全管理，确保操作规程的遵守和安全措施的落实。两个以上生产经营单位在同一作业区域内进行生产经营活动，可能危及对方生产安全的，应当签订安全生产管理协议，明确各自的安全生产管理职责和应当采取的安全措施，并指定专职安全生产管理人员进行安全检查与协调。

(10) 生产经营单位的现场检查。生产经营单位的安全生产管理人员应当根据本单位的生产经营特点，对安全生产状况进行经常性检查；对检查中发现的安全问题，应当立即处理；不能处理的，应当及时报告本单位有关负责人，有关负责人应当及时处理。检查及处理情况应当如实记录在案。

(11) 承包租赁的安全管理。生产经营单位不得将生产经营项目、场所、设备发包或者出租给不具备安全生产条件或者相应资质的单位或者个人。生产经营项目、场所发包或者出租给其他单位的，生产经营单位应当与承包单位、承租单位签订专门的安全生产管理协议，或者在承包合同、租赁合同中约定各自的安全生产管理职责；生产经营单位对承包单位、承租单位的安全生产工作统一协调、管理，定期进行安全检查，发现安全问题的，应当及时督促整改。

（12）生产经营单位必须依法参加工伤保险，为从业人员缴纳保险费。国家鼓励生产经营单位投保安全生产责任保险。

3. 生产经营单位主要负责人安全生产责任

生产经营单位主要负责人对本单位安全生产全面负责，建立、健全安全生产责任制，组织制定安全生产规章制度和操作规程，组织制定并实施本单位安全生产教育和培训计划，保证本单位安全生产投入的有效实施，督促、检查本单位的安全生产工作，及时消除生产安全事故隐患，组织制定并实施生产安全事故应急救援预案，及时如实报告生产安全事故。

4. 从业人员的安全生产权利义务

从业人员的权利包括：

（1）知情权。有权了解其作业场所和工作岗位存在的危险因素、防范措施及事故应急措施。

（2）建议权。有权对本单位的安全生产工作提出建议。

（3）批评权。有权对本单位安全生产工作中存在的问题提出批评、检举、控告。

（4）拒绝权。有权拒绝违章指挥和强令冒险作业。

生产经营单位不得因从业人员对本单位安全生产工作提出批评、检举、控告或者拒绝违章指挥、强令冒险作业而降低其工资或福利等待遇或者解除与其订立的劳动合同。

（5）紧急避险权。从业人员发现直接危及人身安全的紧急情况时，有权停止作业或者在采取可能的应急措施后撤离作业场所。

生产经营单位不得因从业人员在前款紧急情况下停止作业或者采取紧急撤离措施而降低其工资、福利等待遇或者解除与其订立的劳动合同。

（6）赔偿权。因生产安全事故受到损害的从业人员，除依法享有工伤保险外，依照有关民事法律尚有获得赔偿的权利的，有权向本单位提出赔偿要求。

（7）劳动防护权。有权获得符合国家标准或行业标准劳动防护用品的权利。

（8）培训教育权。从业人员有权接受安全生产教育和培训，掌握本职工作所需的安全生产知识，提高安全生产技能，增强事故预防和应急处理能力的权利。

（9）从业人员的义务。从业人员在作业过程中，应当严格遵守本单位的安全生产规章制度和操作规程，服从管理；从业人员发现事故隐患或者其他不安全因素，应当立即向现场安全生产管理人员或者本单位负责人报告；接到报告的人员应当及时予以处理。

5. 技术、管理服务

依法设立的为安全生产提供技术、管理服务的机构，依照法律、行政法规和执业准则，接受生产经营单位的委托为其安全生产工作提供技术、管理服务。承担安全评价、认证、检测、检验的机构应当具备国家规定的资质条件，并对其作出的安全评价、认证、检测、检验的结果负责。

6. 安全生产责任追究

生产经营单位发生事故，必须按规定报告当地负有安全生产监督管理职责的部门，不得隐瞒不报、谎报或者迟报，不得故意破坏事故现场、毁灭有关证据。安全生产监督管理职责的部门接到事故报告后，应当立即按照国家有关规定上报事故情况，并按照生产安全事故应急救援预案的要求立即赶到事故现场，组织事故抢救。

生产经营单位的主要负责人有违法行为，导致发生生产安全事故的，应当承担行政责任和民事责任，给予撤职处分；构成犯罪的，依照刑法有关规定追究刑事责任。

7. 事故应急救援和调查处理

县级以上地方各级人民政府应当组织有关部门制定本行政区域内生产安全事故应急救援预案，建立应急救援体系。生产经营单位应当制定本单位生产安全事故应急救援预案，与所在地县级以上地方人民政府组织制定的生产安全事故应急救援预案相衔接，并定期组织演练。

危险物品的生产、经营、储存单位以及矿山、金属冶炼、城市轨道交通运营、建筑施工单位应当建立应急救援组织；生产经营规模较小的，可以不建立应急救援组织，但应当指定兼职的应急救援人员；配备必要的应急救援器材、设备和物资，进行经常性维护、保养，保证正常运转。

生产经营单位发生生产安全事故后，单位负责人应当迅速采取有效措施，组织抢救，防止事故扩大，减少人员伤亡和财产损失。地方人民政府和负有安全生产监督管理职责的部门负责人接到生产安全事故报告后，应当按照生产安全事故应急救援预案的要求立即赶到事故现场，组织事故抢救。

事故调查处理应当按照科学严谨、依法依规、实事求是、注重实效的原则，及时、准确地查清事故原因，查明事故性质和责任，总结事故教训，提出整改措施，并对事故责任者提出处理意见。事故调查报告应当依法及时向社会公布。经调查确定为责任事故的，除了应当查明事故单位的责任并依法予以追究外，还应当查明对安全生产的有关事项负有审批和监督职责的行政部门的责任，对有失职、渎职行为的，按照《安全生产法》追究其法律责任。

为了更好地贯彻落实《安全生产法》，相继制定了许多与之配套的法规、规章和标准，如2007年6月1日起施行的国务院第493号令《生产安全事故报告和调查处理条例》、国发〔2010〕23号《国务院关于进一步加强企业安全生产工作的通知》等。

三、其他安全生产法律法规

除了《安全生产法》及其配套的法规、规章和标准之外，还有很多安全生产法律法规，例如“三大规程”“五项规定”和《矿山安全法》等。

1.“三大规程”

1956年，国务院发布了《工厂安全卫生规程》《建筑安装工程安全技术规程》《工人职员伤亡事故报告规程》及《关于防止厂、矿企业中的硅尘危害的决定》，其中前三者被统称为“三大规程”。随着时间的推移它们已经被废止，由新的法规取代。

2.“五项规定”

在1963年5月国务院颁发的《关于加强企业生产中事故预防工作的几项规定》中，规定从安全生产责任制、安全技术措施计划、安全生产教育、安全生产定期检查和伤亡事故的调查和处理5个方面加强安全管理工作。它们构成了我国企业安全管理基本制度，故又称“五项规定”。

3.《中华人民共和国矿山安全法》

《中华人民共和国矿山安全法》于 1992 年 11 月 7 日通过，1993 年 5 月 1 日起施行。2009 年 8 月 27 日予以修正。该法是在我国境内从事矿产资源开采活动的企业必须遵守的法律。它以法律条文的形式对矿山建设的安全保障、矿山开采的安全保障、矿山企业的安全管理、矿山事故处理、矿山安全的行政管理及法律责任等做了明确规定。

4. 主要安全规程、规范和标准

我国颁布了大量安全规程、规范、标准，其中主要有工厂企业厂内运输安全规程、建筑设计防火规范、起重机械安全规程、厂矿道路设计规范、电气设备安全、设备安全设计守则、氧气站设计规范、特种作业人员安全技术考核管理规则、工业企业煤气安全规程、爆破安全规程、蒸汽锅炉安全技术监察规程、压力容器安全监察规程、高处作业分级等。

5. 主要职业卫生标准

我国颁布了大量职业卫生标准，其中主要标准有工业企业设计卫生标准、生产设备卫生设计总则、高温作业分级、工业企业噪声卫生标准、生产性粉尘作业危害程度分级、工业企业照明设计标准等。

四、企业安全生产管理制度

在我国，企业必须建立以安全生产责任制为核心的安全生产管理制度。

根据 1963 年 5 月国务院颁发的《关于加强企业生产中事故预防工作的几项规定》的要求，企业必须建立安全生产责任制度、编制安全技术措施计划制度、安全生产教育制度、安全生产定期检查制度和伤亡事故的调查和处理制度，它们构成了我国企业安全生产管理基本制度。在此基础上国家又制定了建设项目安全审查制度。

2018 年 1 月 3 日，习近平主持召开中央全面深化改革领导小组第二次会议通过了《地方党政领导干部安全生产责任制规定》。

强调实行地方党政领导干部安全生产责任制，要坚持党政同责、一岗双责、齐抓共管、失职追责，牢固树立发展决不能以牺牲安全为代价的红线意识，明确地方党政领导干部主要安全生产职责，综合运用巡查督查、考核考察、激励惩戒等措施，强化地方各级党政领导干部“促一方发展、保一方平安”的政治责任。

1. 安全生产责任制度

安全生产责任制度是企业岗位责任制度的重要组成部分，是企业中安全生产管理制度的核心。

“安全生产人人有责”。安全生产责任制度规定各级领导应对本单位安全生产负总的领导责任，以及各级工程技术人员、职能科室和生产工人在各自的职责范围内，对安全生产应负的责任，形成“纵向到底、横向到边”的安全生产责任制体系。

我国企业实行以“一把手”负责制为核心的安全生产责任制。企业法人代表对整个企业的安全生产负责，各部门、单位的“一把手”对自己管辖部门、单位的安全生产负责。他们的任务是贯彻执行国家有关安全生产的法令、制度和保持管辖范围内的从业人员的安全和健康。在管理生产、经营的同时，必须负责管理安全工作，做到“五同时”，即在计划、布置、检查、总结、评比生产的时候，同时计划、布置、检查、总结、评比事故预防工作。

在明确了“一把手”的安全生产责任的基础上，规定各级人员的安全生产责任。

“管生产的必须管安全”。安全寓于生产之中，各级负责生产管理的领导者必须同时负责安全管理。

“谁主管谁负责”。担负企业各方面管理责任的领导者必须对自己主管领域的安全管理负责。

2. 安全生产教育制度

安全生产教育制度是对企业各类人员进行安全生产教育的制度。它包括：“三级教育”、特种作业人员教育和训练、企业负责人和管理人员的安全教育、经常性安全教育等内容。

（1）“三级教育”。三级教育制度是企业必须坚持的基本安全教育制度和主要形式。所谓“三级教育”，是对新工人、参加生产实习的人员、参加生产劳动的学生和新调到本厂工作的工人集中一段时间，连续进行入厂教育、车间教育和岗位教育3个级别的安全教育。

（2）特种作业人员教育和训练。对操作者本人，尤其对他人和周围设施的安全有重大危害因素的作业，称为特种作业。直接从事特种作业者，称为特种作业人员。特种作业范围包括电工作业、锅炉司炉、压力容器操作、起重机械作业、爆破作业、金属焊接（气割）作业、煤矿井下瓦斯检验、机动车辆驾驶、机动船舶驾驶和轮机操作、建筑登高架设作业以及符合特种作业基本定义的其他作业。对从事特种作业的人员，要进行专门的安全技术和操作知识的教育和训练。特种作业人员的安全教育由具有相应资质的安全生产培训机构进行，经过政府有关部门考核合格后，发给“特种作业人员操作证”。特种作业人员在进行作业时，必须随身携带“特种作业人员操作证”。

（3）企业主要负责人和管理人员的安全教育。企业主要负责人和管理人员肩负着重大的安全生产责任，对他们的安全教育越来越受到重视。按规定，企业主要负责人和管理人员每年都要接受一次安全培训，他们的培训由具有相应资质的安全生产培训机构进行，政府有关部门考核发证。

（4）经常性安全教育。企业经常性安全生产教育可以采用多种形式进行。例如，建立安全活动日和在班前班后会上布置、检查安全生产情况等制度，对职工经常进行安全教育，并且注意结合职工文化生活，进行各种安全生产的宣传活动；在采用新的生产方法，添增新的技术、设备，制造新的产品或调换工人工作的时候，要对工人进行新操作法和新工作岗位的安全教育等。

3. 安全生产检查制度

安全生产检查是安全生产管理工作的一项重要内容，是多年来从生产实践中创造出来的一种好形式；是安全生产工作中运用群众路线的方法，发现不安全状态和不安全行为的有效途径；是消除不安全因素，落实整改措施，改善劳动条件，防止事故的重要手段。

企业要制定安全生产检查制度，除了进行经常的检查外，每年还应该定期地进行2～4次群众性的检查。这些检查包括普遍检查、专业检查和季节性检查，也可以把这几种检查结合起来进行。

开展安全生产检查，必须有明确的目的、要求和具体计划，并且建立由企业领导负责、有关人员参加的安全生产检查组织，以加强领导，做好这项工作。安全生产检查应该始终贯彻领导与群众相结合的原则，依靠群众，边检查、边改进，并且及时地总结和推广先进经验；有些限于物质技术条件当时不能解决的问题，也应订出计划，按期解决。

4. 编制安全技术措施计划制度

安全技术措施计划是企业计划的重要组成部分，是有计划地改善劳动条件的重要手段；也是做好安全生产工作，防止工伤事故和职业病的重要措施。

企业在编制生产技术、财务计划的同时，必须编制安全技术措施计划。企业领导人应对安全技术措施计划的编制和贯彻执行负责。通过编制和实施安全技术措施计划，可以把改善劳动条件工作纳入企业的生产经营计划中，有计划、有步骤地解决企业中一些重大安全技术问题，使企业劳动条件的改善逐步走向计划化和制度化。把安全技术措施中所需要的费用、设备、器材以及设计、施工力量等纳入了计划，就可以统筹安排、合理使用，使企业在改善劳动条件方面的投资发挥最大的作用。

5. 伤亡事故报告和处理制度

伤亡事故报告和处理一直是企业安全管理的主要内容。

国家的有关法律法规是伤亡事故报告制度的法律依据。作为“三大规程”之一的《工人职员伤亡事故报告规程》中，对员工因工伤亡事故的报告、调查、处理、统计和分析都做了具体规定。在此基础上，又制定了 GB 6441—1986《企业员工伤亡事故分类标准》、GB 6442—1986《企业员工伤亡事故经济损失统计标准》。1991 年国务院发布 75 号令《企业员工伤亡事故报告和处理规定》，同时废止了《工人职员伤亡事故报告规程》。2007 年国务院发布 493 号令《生产安全事故报告和调查处理条例》，同时废止了《企业员工伤亡事故报告和处理规定》和《企业员工伤亡事故经济损失统计标准》。

根据《生产安全事故报告和调查处理条例》，事故发生后，事故现场有关人员应当立即向本单位负责人报告；单位负责人接到报告后，应当于 1 h 内向事故发生地县级以上人民政府安全生产监督管理部门和负有安全生产监督管理职责的有关部门报告。情况紧急时，事故现场有关人员可以直接向事故发生地县级以上人民政府安全生产监督管理部门和负有安全生产监督管理职责的有关部门报告。

事故发生后企业应当保护事故现场，并迅速采取必要措施抢救人员和财产，防止事故扩大。

通过事故调查查明事故发生的原因、过程和人员伤亡、经济损失情况；确定事故责任者；提出事故处理意见和防范措施的建议；写出事故调查报告。

在处理伤亡事故时要坚持“四不放过”的原则，即事故原因分析不清不放过，事故责任者和群众没有受到教育不放过，没有制订出防范措施不放过，事故责任者没受到处理不放过。

事故处理结束后，应当把事故资料归档。

6. 建设项目安全审查制度

建设项目的安全审查包括由可行性研究报告开始到初步设计、施工直至竣工验收的全过程的审查。

我国境内的新建、改建、扩建的基本建设项目（工程）、技术改造项目（工程）和引进的建设项目（工程）的安全设施必须符合国家规定的标准，必须与主体工程同时设计、同时施工、同时投产使用。习惯上，把建设项目安全审查叫做“三同时”审查。做好建设项目的安全审查工作，是管理部门、设计部门、监督检查部门和建设单位的共同责任，也是广大工程技术人员、安全专业工作者的重要使命。

借助设计消除和控制事故危险性是安全工程的重要组成部分和原则，也是安全审查的重点。安全审查包含着对建设项目安全性的分析、评价、监督和检查。实施安全审查就是运用科学技术原理、技术知识和标准识别、消除或控制不安全因素，保证从早期的设计阶段就把事故危险性降到最低的程度。

（1）可行性研究报告的审查。可行性研究报告的审查是根据国民经济发展近期和远期规划、地区规划、行业规划的要求，对工程项目的安全技术、工程等方面进行多方案综合分析论证，主要包括技术先进性、经济合理性、生产可行性、各种指标的定性与定量的初步分析等，以确定建设项目的安全措施方案是否可行。

可行性研究报告的审查以建设项目安全预评价的方式进行。

（2）初步设计审查。初步设计审查是在可行性研究报告的基础上，根据有关标准、规范对《安全设施设计专篇》进行全面深入的分析，提出建设项目中安全对策措施方面的结论性意见。

初步设计中的《安全设施设计专篇》主要包括：设计依据，工程概述，建筑及场地布置，生产过程中危险、危害因素的分析，安全设计中采用的主要防范措施，安全机构设置及人员配备情况，专用投资概算，建设项目安全预评价的主要结论，预期效果，存在的问题与建议等。

（3）竣工验收审查。竣工验收审查是按照《安全设施设计专篇》规定的内容和要求，对安全工程质量及其方案的实施进行全面系统的分析和审查，并对建设项目作出安全措施的效果评价。竣工验收审查以建设项目安全验收评价的方式进行。

建设项目安全预评价报告和安全验收评价报告由有资质的中介机构完成，由政府主管部门或者企业组织专家评审通过。

复习思考题

1. 叙述安全工程研究的对象及基本内容。
2. 我国安全生产方针是什么？如何贯彻执行？
3. 简述我国安全生产法的主要内容。
4. 根据安全生产法，企业的安全生产责任有哪些？
5. 企业的安全生产管理基本制度有哪些？

第二章 伤亡事故总论

第一节 伤亡事故分类及统计

一、伤亡事故的基本概念

事故是人（个人或集体）在实现某种意图而进行的活动过程中，突然发生的、违反人的意志的、迫使活动暂时或永久停止的事件。

我们可以从以下 3 个方面认识事故：

(1) 事故是一种发生在人类生产、生活活动中的特殊事件，人类的任何生产、生活活动过程中都可能发生事故。因此，人们若想把活动按自己的意图进行下去，就必须努力掌握有关规律，采取措施来防止事故的发生。

(2) 事故是一种突然发生的、违反人们意志的意外事件。这是由于导致事故发生的因素非常复杂，往往是由许多偶然因素引起的，事故的发生具有随机性质。因而认识事故、弄清事故发生的规律及防止事故发生，对于保障人们安全健康和安全生产具有重要的社会和经济意义。

(3) 事故是一种迫使进行着的生产、生活活动暂时或永久停止的事件。它必然给人们的生产、生活带来某种形式的不良后果。事故是一种违背人们意志的且人们不希望发生的事件。事故这种意外事件除了影响人们的生产、生活活动顺利进行之外，往往还可能造成人员伤害、财物损坏或环境污染等其他形式的后果。

事故和事故后果是具有因果关系的两件事情：由于事故的发生必然产生某种后果，但是在日常生产、生活中人们往往把事故和事故后果看成为一个事件，只注意造成人员伤亡、物质损失等严重后果的事故，而忽视没有造成人员伤亡、物质损失等后果轻微的未遂事故，这是不正确的。

根据事故发生后造成后果的情况，把事故划分为伤亡事故和未遂事故。

1. 未遂事故

既没有造成人员伤害也没有造成财物损坏和环境污染的事故，叫做未遂事故或险兆事故。安全工作的任务是控制事故包括未遂事故的发生概率为最小。虽然统计研究结果表明，事故中未遂者占多数，伤亡只是个别者。但从致因分析中又证明，形成两种事故的基本事件几乎是安全相同的，只是个别事件的发生造成严重后果。

2. 伤亡事故

在安全管理工作中，从事故统计的角度把造成损失工作日达到或超过 1 天的人身伤害或急性中毒事故称作伤亡事故。其中，在生产区域中发生的与生产有关的伤亡事故称作工伤事故。

根据人员受到伤害的严重程度和伤害后的恢复情况，把伤害分为 4 类：

(1) 暂时性失能伤害。受伤害者或中毒者暂时不能从事原岗位工作，经过一段时间的治疗或休息可以恢复工作能力的伤害。

（2）永久性部分失能伤害。导致受伤害者或中毒者的肢体或某些器官的功能不可逆丧失的伤害。

（3）永久性全失能伤害。使受伤害者或中毒者完全残废的伤害。

（4）死亡。

在伤亡事故统计的国家标准 GB 6441—1986 中，把受伤害者的伤害分成3类：

（1）轻伤。损失工作日低于105日的失能伤害。

（2）重伤。损失工作日等于或大于105日的失能伤害。

（3）死亡。

二、伤亡事故分类

1. 按照伤害程度分类

为了研究事故发生的原因，便于对伤亡事故进行统计分析，国家标准 GB 6441—1986 按伤害严重程度把伤亡事故分为3类：

（1）轻伤事故。只发生轻伤的事故。

（2）重伤事故。发生了重伤但是没有死亡的事故。

（3）死亡事故。发生了死亡的事故。

2. 按照人员伤亡或者直接经济损失分类

按照《生产安全事故报告和调查处理条例》（国务院令〔2007〕第493号）的规定，根据事故造成的人员伤亡或者直接经济损失，事故一般分为以下4类（4个等级）：

（1）特别重大事故。造成30人以上死亡，或者100人以上重伤（包括急性工业中毒，下同），或者1亿元以上直接经济损失的事故。

（2）重大事故。造成10人以上30人以下死亡，或者50人以上100人以下重伤，或者5000万元以上1亿元以下直接经济损失的事故。

（3）较大事故。造成3人以上10人以下死亡，或者10人以上50人以下重伤，或者1000万元以上5000万元以下直接经济损失的事故。

（4）一般事故。造成3人以下死亡，或者10人以下重伤，或者1000万元以下直接经济损失的事故。

上述事故分类或等级划分中所称的“以上”包括本数，所称的“以下”不包括本数。

3. 按照致伤原因分类

我国按致伤原因把伤亡事故分为20类，见表2-1。

表2-1　按致伤原因的事故分类

序号	事故类别	注
1	物体打击	指被落物、滚石、捶击、碎裂、崩块砸伤，不包括爆炸引起的物体打击
2	车辆伤害	包括挤、压、撞、颠覆等
3	机械伤害	包括铰、碾、割、戳

表2-1（续）

序 号	事故类别	注
4	起重伤害	挤压、坠落、物体打击、触电、相撞、烧伤等
5	触电	包括雷击
6	淹溺	
7	灼烫	
8	火灾	
9	高处坠落	包括由高处落地和由平地落入地坑
10	坍塌	
11	冒顶片帮	
12	透水	
13	爆破	
14	火药爆炸	生产、运输和储藏过程中的意外爆炸
15	瓦斯爆炸	包括粉尘爆炸
16	锅炉爆炸	
17	压力容器爆炸	
18	其他爆炸	
19	中毒和窒息	
20	其他	

三、伤亡事故报告

（一）事故报告程序

安全生产监督管理部门和负有安全生产监督管理职责的有关部门均建立值班制度，其值班电话向社会公布，并受理事故报告和举报。

（1）事故发生后，事故现场有关人员应当立即按照《生产安全事故报告和调查处理条例》所规定的时间、程序等要求向有关部门报告。

（2）安全生产监督管理部门和负有安全生产监督管理职责的有关部门接到事故报告后，应当依照下列规定上报事故情况，并通知公安机关、劳动保障行政部门、工会和人民检察院。

特别重大事故、重大事故逐级上报至国务院安全生产监督管理部门和负有安全生产监督管理职责的有关部门。

较大事故逐级上报至省、自治区、直辖市人民政府安全生产监督管理部门和负有安全生产监督管理职责的有关部门。

一般事故上报至设区的市级人民政府安全生产监督管理部门和负有安全生产监督管理职责的有关部门。

安全生产监督管理部门和负有安全生产监督管理职责的有关部门依照规定上报事故情况，且应当同时报告本级人民政府。国务院安全生产监督管理部门和负有安全生产监督管理职责的有关部门以及省级人民政府接到发生特别重大事故、重大事故的报告后，应当立即报告国务院。必要时，安全生产监督管理部门和负有安全生产监督管理职责的有关部门可以越级上报事故情况。

（3）安全生产监督管理部门和负有安全生产监督管理职责的有关部门逐级上报事故情况，每级上报的时间不得超过 2 h。

（4）事故报告后出现新情况的，应当及时补报。自事故发生之日起 30 日内，事故造成的伤亡人数发生变化的，应当及时补报。道路交通事故、火灾事故自发生之日起 7 日内，事故造成的伤亡人数发生变化的，应当及时补报。

（二）事故报告内容

报告事故应当包括下列内容。

（1）事故发生单位概况。

（2）事故发生的时间、地点以及事故现场情况。

（3）事故的简要经过。

（4）事故已经造成或者可能造成的伤亡人数（包括下落不明的人数）和初步估计的直接经济损失。

（5）已经采取的措施。

（6）其他应当报告的情况。

（三）事故应急响应

（1）事故发生单位负责人接到事故报告后，应当立即启动事故相应应急预案，或者采取有效措施，组织抢救，防止事故扩大，减少人员伤亡和财产损失。

（2）事故发生地有关地方人民政府、安全生产监督管理部门和负有安全生产监督管理职责的有关部门接到事故报告后，其负责人应当立即赶赴事故现场，组织事故救援。根据事故情况决定启动何种类别和何种等级事故预案。

（四）事故现场保护

（1）事故发生后，有关单位和人员应当妥善保护事故现场以及相关证据，任何单位和个人不得破坏事故现场、毁灭相关证据。

（2）因抢救人员、防止事故扩大以及疏通交通等原因，需要移动事故现场物件的，应当做出标志，绘制现场简图并做出书面记录，妥善保存现场重要痕迹、物证。

另外，事故发生地公安机关根据事故的情况，对涉嫌犯罪的，应当依法立案侦查，采取强制措施和侦查措施。犯罪嫌疑人逃匿的，公安机关应当迅速追捕归案。

（五）事故调查与处理

特别重大事故由国务院或者国务院授权有关部门组织事故调查组进行调查。重大事故、较大事故、一般事故分别由事故发生地省级人民政府、设区的市级人民政府、县级人民政府负责调查。省级人民政府、设区的市级人民政府、县级人民政府可以直接组织事故调查组进行调查，也可以授权或者委托有关部门组织事故调查组进行调查。未造成人员伤亡的一般事故，县级人民政府也可以委托事故发生单位组织事故调查组进行调查。

1. 事故调查组职责

（1）查明事故发生的经过、原因、人员伤亡情况及直接经济损失。

（2）认定事故的性质和事故责任。

（3）提出对事故责任者的处理建议。

（4）总结事故教训，提出防范和整改措施。

（5）提交事故调查报告。

2. 事故调查报告内容

（1）事故发生单位概况。

（2）事故发生经过和事故救援情况。

（3）事故造成的人员伤亡和直接经济损失。

（4）事故发生的原因和事故性质。

（5）事故责任的认定以及对事故责任者的处理建议。

（6）事故防范和整改措施。

（7）事故调查报告应当附具有关证据材料。事故调查组成员应当在事故调查报告上签名。

3. 事故处理基本要求

重大事故、较大事故、一般事故，负责事故调查的人民政府应当自收到事故调查报告之日起15日内做出批复；特别重大事故，30日内做出批复，特殊情况下，批复时间可以适当延长，但延长的时间最长不超过30日。

有关机关应当按照人民政府的批复，依照法律、行政法规规定的权限和程序，对事故发生单位和有关人员进行行政处罚，对负有事故责任的国家工作人员进行处分。

事故发生单位应当按照负责事故调查的人民政府的批复，对本单位负有事故责任的人员进行处理。

负有事故责任的人员涉嫌犯罪的，依法追究刑事责任。

四、伤亡事故统计指标

为了便于统计、分析、评价企业的伤亡事故发生情况，需要规定一些通用的、统一的统计指标。在1948年8月召开的国际劳工局会议上，确定了以伤亡事故频率和伤亡事故严重率为伤亡事故统计指标。

1. 伤亡事故频率

按定义，伤亡事故发生频率是单位时间内发生的伤亡事故的次数，即：

$$伤亡事故发生频率 = \frac{伤亡事故发生次数}{活动进行时间}$$

生产过程中发生的伤亡事故次数与参加生产的职工人数、经历的时间及企业的安全状况等因素有关。在一定的时间内参加生产的职工人数不变的场合，伤亡事故发生次数主要取决于企业的安全状况。于是，可以用伤亡事故频率作为表征企业安全状况的指标：

$$a = \frac{A}{NT} \tag{2-1}$$

式中 a——伤亡事故频率；

A——伤亡事故发生次数；

N——参加生产的职工人数；

T——统计期间。

世界各国的伤亡事故统计指标的规定不尽相同。我国的国家标准 GB 6441—1986 规定，按千人死亡率、千人重伤率和伤害频率计算伤亡事故频率。

（1）千人死亡率。某时期内平均每千名职工中因工伤事故造成死亡的人数：

$$千人死亡率=\frac{死亡人数}{平均职工数}\times 10^3 \tag{2-2}$$

（2）千人重伤率。某时期内平均每千名职工中因工伤事故造成重伤的人数：

$$千人重伤率=\frac{重伤人数}{平均职工数}\times 10^3 \tag{2-3}$$

（3）伤害频率。某时期内平均每百万工时由于工伤事故造成的伤害人数：

$$伤害频率=\frac{伤害人数}{实际总工时数}\times 10^6 \tag{2-4}$$

目前我国仍然沿用原劳动部门规定的工伤事故频率作为统计指标：

$$工伤事故频率=\frac{本时期内工伤事故人次}{本时期内在册职工人数}\times 10^3 \tag{2-5}$$

习惯上把它叫做千人负伤率。

在一些行业按产品产量计算死亡率，这种统计指标适用于以吨、立方米为产量计算单位的企业、部门，例如：

$$百万吨钢(或煤)死亡率=\frac{死亡人数}{实际产量}\times 10^6 \tag{2-6}$$

$$万立方米木材死亡率=\frac{死亡人数}{木材产量}\times 10^4 \tag{2-7}$$

2. 伤亡事故严重率

伤亡事故后果严重度是事故发生后其后果带来的损失大小的度量，通常以伤亡事故发生和人员受到伤害不能工作的日数，即损失工作日数来描述伤亡事故后果严重度。

我国的国家标准 GB 6441—1986 规定，按伤害严重率、伤害平均严重率和按产品产量计算死亡率等指标计算伤亡事故严重率。

（1）伤害严重率。某时期内平均每百万工时由于事故造成的损失工作日数：

$$伤害严重率=\frac{总损失工作日数}{实际总工时数}\times 10^6 \tag{2-8}$$

国家标准中规定了工伤事故损失工作日算法，其中规定永久性全失能伤害或死亡的损失工作日为6000个工作日。

（2）伤害平均严重率。受伤害的每人次平均损失工作日数：

$$伤害平均严重率=\frac{总损失工作日数}{伤害人数} \tag{2-9}$$

第二节　事故因果连锁论

一、海因里希事故因果连锁论

在与各种工业伤亡事故斗争中，人们不断积累经验，探索伤亡事故发生规律，相继提出了许多阐明事故为什么会发生，事故是怎样发生的，以及如何防止事故发生的理论，用以指导安全工作。

海因里希在20世纪30年代首先提出了事故因果连锁论，认为伤亡事故的发生是许多互为因果的原因因素连锁作用的结果，即：人员伤亡的发生是由于事故；事故的发生是因为人的不安全行为或机械、物质的不安全状态（简称物的不安全状态）；人的不安全行为或物的不安全状态是由于人的缺点错误造成的；人的缺点起源于不良的环境或先天的遗传因素。

所谓人的不安全行为或物的不安全状态，是指那些曾经引起过事故，或可能引起事故的人的行为或机械、物质的状态。在我国的安全工程实践中，人的不安全行为往往指“三违（违章操作、违章指挥、违反劳动纪律）”行为；物的不安全状态往往指事故隐患等。

人们用多米诺骨牌来形象地表示这种事故因果连锁关系，如图2－1所示。如果骨牌系列中的第一颗骨牌被碰倒了，则由于连锁作用其余的骨牌相继被碰倒。该理论认为，生产过程中出现的人的不安全行为和物的不安全状态是事故的直接原因，企业安全工作的中心就是防止人的不安全行为，消除机械的或物质的不安全状态，中断事故连锁过程而避免事故发生。这相当于移去骨牌系列的中间一颗骨牌，使连锁被破坏，事故过程被中止。

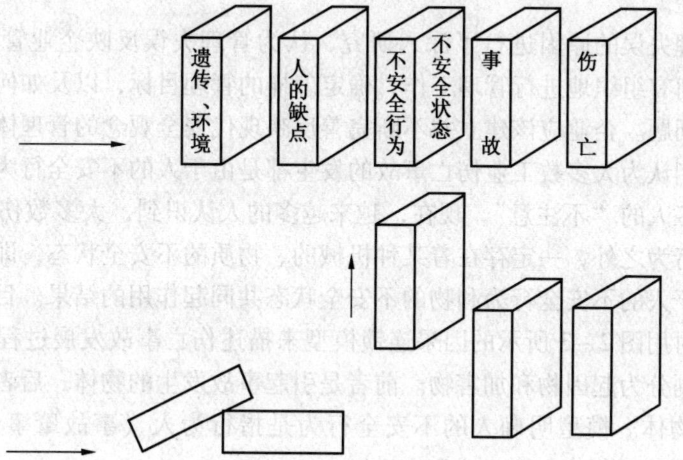

图2－1　海因里希事故因果连锁关系

该因果连锁论把不安全行为和不安全状态的发生归因于人的缺点，强调遗传因素的作用，反映了时代的局限性。随着科学技术的进步，工业生产面貌的变化，在海因里希因果连锁论的基础上，提出了反映现代安全观念的事故因果连锁论。

二、现代事故因果连锁论

现代安全观念认为，发生在生产现场的人的不安全行为或物的不安全状态作为事故的直接原因必须加以追究。但是，它们只是一种表面现象，是其背后的间接原因的征兆，是根本原因——管理失误的反映。这种管理失误论的事故因果连锁关系如图2－2所示。

在该事故因果连锁中，人的不安全行为或物的不安全状态的发生是由于个人原因及工

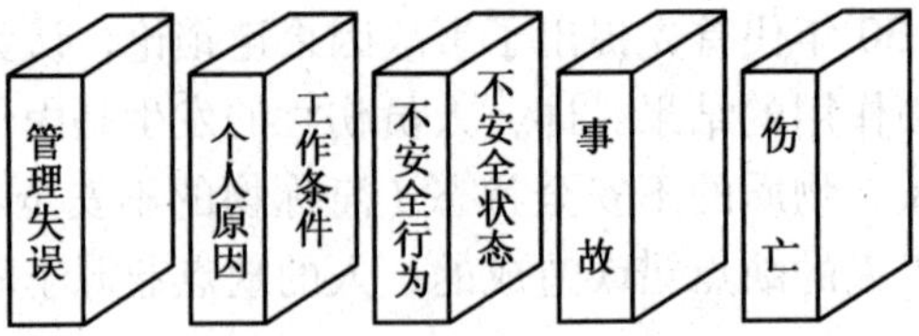

图2－2　管理失误论的事故因果连锁关系

作条件方面原因造成的。在安全工作中只有找出这些间接原因，采取恰当措施消除出现，才能有效地防止事故的发生。

管理失误是该事故因果连锁中最重要的原因因素。安全管理是企业管理的一个部分。在计划、组织、指导、协调和控制等管理机能中，控制是安全管理的核心。它从对间接原因因素的控制入手，通过对人的不安全行为和物的不安全状态的控制，达到防止伤亡事故发生的目的。所谓管理失误，主要是指在控制机能方面的缺欠，使得最终能够导致事故的个人原因及工作条件方面原因得以存在。按此理论，加强企业管理和安全管理是防止伤亡事故的重要途径。

人们对管理失误的原因进行了深入研究，认为管理失误反映企业管理体系方面的问题。它涉及如何有组织地进行管理工作，确定怎样的管理目标，以及如何计划、实现确定目标等方面的问题。企业应该建立并不断完善反映现代安全观念的管理体系。

以前，人们认为大多数工业伤亡事故的发生都是由于人的不安全行为造成的，把事故的发生归因于工人的“不注意”。现在，越来越多的人认识到，大多数伤亡事故的发生除了人的不安全行为之外，一定存在着某种机械的、物质的不安全状态，即工业伤亡事故的发生往往是由于人的不安全行为和物的不安全状态共同起作用的结果。目前，我国在伤亡事故统计分析时用图2－3所示的因果连锁模型来描述伤亡事故发展过程。该模型中把物的因素进一步划分为起因物和加害物。前者是引起事故发生的物体；后者是作用于人体导致人员伤害的物体。模型明确人的不安全行为是指行为人（事故肇事者）的不安全行为。

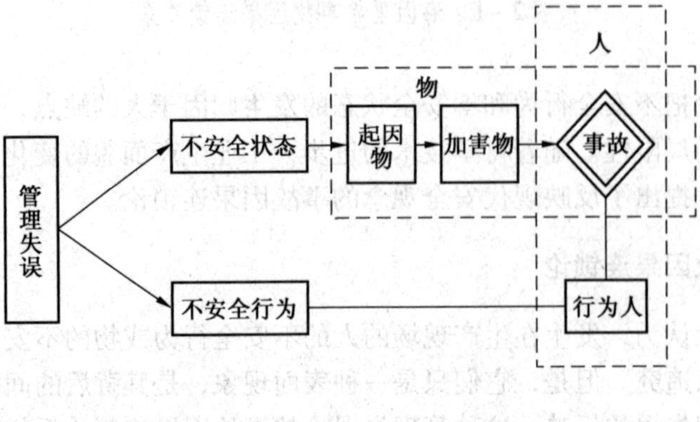

图2－3　现代事故因果连锁模型

三、预防事故对策

根据事故因果连锁论，人的不安全行为及物的不安全状态是事故发生的直接原因。因此，应该消除或控制人的不安全行为及物的不安全状态来防止事故发生。

1. 引起人的不安全行为的原因

（1）态度不端正。由于对安全生产缺乏正确的认识而故意采取不安全行为，或由于某种心理、精神方面的原因而忽视安全。

（2）缺乏安全生产知识，缺少经验或操作不熟练等。

（3）生理或健康状况不良（如视力、听力低下），反应迟钝，疾病，醉酒或其他生理机能障碍。

（4）不良的工作环境。工作场所照明、温度、湿度或通风不良，强烈的噪声、振动，作业空间狭小，物料堆放杂乱，设备、工具缺陷及没有安全防护装置等。

针对这些问题，可以通过教育提高职工的安全意识，增强职工搞好安全生产的自觉性，变“要我安全”为“我要安全”，通过教育培训增加职工的安全知识，提高生产操作技能。并且，要经常注意职工的思想情绪变化，采取措施减轻他们的精神负担。在安排工作任务时，要考虑职工的生理、心理状况对职业的适应性，为职工创造整洁、安全、卫生的工作环境。

通过改进生产工艺，采用先进的机械设备、装置，设置有效的安全防护装置等，可以消除或控制生产中的不安全因素。生产过程、机械设备等生产条件的安全被称为本质安全。

2. 预防事故对策

在所有的预防事故措施中，首先应该考虑消除物的不安全状态，实现生产过程、机械设备等生产条件的本质安全。

受企业实际经济、技术条件等方面的限制，完全地消除生产过程中的不安全因素几乎是不可能的。我们只能努力减少、控制不安全因素，防止出现不安全状态；或一旦出现了不安全状态及时采取措施消除，使得事故不容易发生。因此，在任何情况下，通过科学的安全管理，加强对职工安全教育及训练，建立健全并严格执行必需的规章制度，规范职工的行为都是非常必要的。

上述预防事故的措施被归纳为3E对策，作为指导安全工作的一般原则，其具体含义如下：

（1）Engineering，工程技术。利用工程技术手段实现生产工艺、机械设备等生产条件的安全。

（2）Education，教育。通过各种形式的安全教育使职工树立“安全第一”的思想，掌握安全生产所必需的知识和技能。

（3）Enforcement，强制。借助规章制度、法规约束人们的行为。

四、事故发生频率与伤害严重度

海因里希根据大量事故统计结果发现，在同一个人发生的330起同类事故中，300起事故没有造成伤害，29起发生了轻微伤害，一起导致了严重伤害，即严重伤害、轻微伤害和没有伤害的事故件数之比为1：29：300。该比例说明，同一种事故其结果可能极不相同，事故能否造成伤害及伤害的严重程度如何具有随机性质。

事故发生后造成严重伤害的情况是很少的，轻伤及无伤害的情况是大量的。在造成轻伤及无伤害的事故中包含着与产生严重伤害事故相同的原因因素。因此，有时事故发生后虽然没有造成伤害或严重伤害，却不能掉以轻心，应该认真追究事故原因，及时采取措施防止同类事故再度发生。

比例1：29：300是根据同一个人发生的同类事故的统计资料得到的结果，并以此来定性地表示事故发生频率与伤害严重度间的一般关系。实际上，不同的人、不同种类的事故导致严重伤害、轻微伤害及无伤害的比例是不同的。特别是不同工业部门及不同生产作业中发生事故造成严重伤害的可能性是不同的。

第三节　可靠性与安全

一、可靠性的基本概念

可靠性是判断和评价系统或元素性能的一个重要指标。可靠性是指系统或元素在规定的条件下和规定的时间内，完成规定的功能的性能。当系统或元素在运行过程中因为性能低下而不能实现预定的功能时，则称发生了故障。故障的发生是人们所不希望的，却又是不可避免的。故障迟早总会发生，人们只能设法使故障发生得晚些，让系统、元素能够尽可能长时间地工作。

一般来说，机械设备、装置、用具等物的系统或元素的故障，可能导致物的不安全状态或引起人的不安全行为。因此，可靠性与安全性有着密切的因果关系。

系统或元素在规定的条件下和规定的时间内，完成规定功能的概率叫做可靠度。可靠度是可靠性的定量描述，其数值在0～1之间。可靠度与运行时间有关。随着运行时间的增加，可靠度逐渐降低。用R表示可靠度，则可靠度随运行时间t的变化规律可以表达为

$$R(t) = e^{-\int_0^t \lambda(t)\mathrm{d}t} \qquad (2-10)$$

式中　$\lambda(t)$——故障率（等于单位时间里发生故障的比率，表明系统、元素发生故障的难易程度）。

根据故障率随时间变化的情况，把故障分为初期故障、随机故障及磨损故障3种类型。

初期故障发生在系统或元素投入运行的初期，是由于设计、制造、装配不良或使用方法不当等原因造成的，其特点是故障率随运行时间的增加而减少。随机故障发生在系统或元素正常运行阶段，是由于一些复杂的、不可控制的甚至未知的因素造成的，其故障率基本恒定。磨损故障发生在运行时间超过寿命期间之后，由于磨损、老化等原因故障率急剧上升。图2－4为典型的故障率随时间变化曲线，习惯上把它叫做浴盆曲线。

生产中经常遇到的系统或元素故障主要是随机故障。由于随机故障的故障率近似于常数，即$\lambda(t)=\lambda$，因此式（2－10）变为

$$R(t) = e^{-\lambda t} \qquad (2-11)$$

到t时刻系统或元素发生故障的概率$F(t)$为

$$F(t) = 1 - R(t) = 1 - e^{-\lambda t} \qquad (2-12)$$

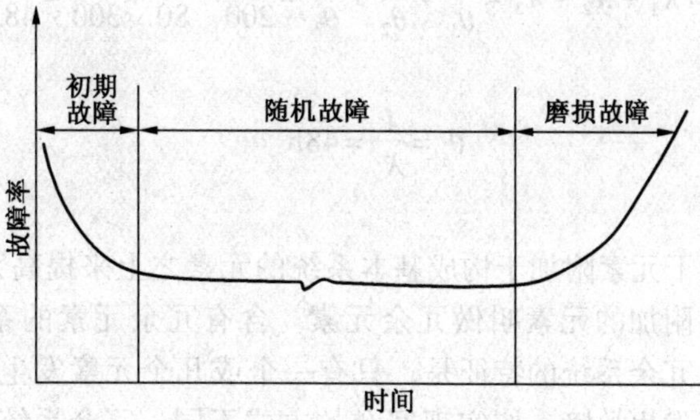

图 2-4　浴盆曲线

系统或元素自投入运行开始到故障发生的时间经过叫做故障时间。故障时间的平均值 θ 是故障率 λ 的倒数，即 $\theta = \frac{1}{\lambda}$。在故障发生后不再修复使用的场合，故障时间的平均值称为平均故障时间，记为 *MTTF*（Mean time to failure）；对于故障后经修理重复使用的情况，把它叫做平均故障间隔时间，记为 *MTBF*（Mean time between failure）。

二、简单系统的可靠性

系统是由若干元素构成的。系统的可靠性取决于元素可靠性及系统结构。按系统故障与元素故障之间的关系，可以把简单系统分为串联系统和冗余系统两大类。

1. 串联系统

串联系统又称基本系统，从实现系统功能的角度，它是由各元素串联组成的系统。串联系统的特征是，只要构成系统元素中的一个元素发生了故障，就会造成系统故障。图 2-5 为表示串联系统的可靠性框图。

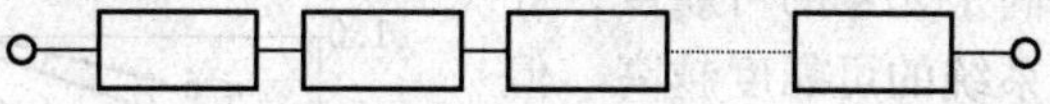

图 2-5　串联系统的可靠性框图

由 n 个元素组成的串联系统的可靠度 R_s 等于各元素可靠度 R_i 的乘积：

$$R_s = R_1 R_2 \cdots R_i \cdots R_{n-1} R_n = \prod_{i=1}^{n} R_i \qquad (2-13)$$

由于可靠度是 0 ~ 1 之间的数，所以系统的可靠度低于元素的可靠度，并且组成系统的元素越多，系统的可靠度越低。

【例 2-1】组成串联系统的 3 个元素的平均故障时间分别为 200 h、80 h、300 h，求系统的平均故障时间。

解　由式（2-13）和式（2-11），系统可靠度为

$$R_s = R_1 R_2 R_3 = \mathrm{e}^{-\lambda_1 t} \cdot \mathrm{e}^{-\lambda_2 t} \cdot \mathrm{e}^{-\lambda_3 t} = \mathrm{e}^{-(\lambda_1 + \lambda_2 + \lambda_3)}$$

于是：

$$\lambda_3=\lambda_1+\lambda_2+\lambda_3=\frac{1}{\theta_1}+\frac{1}{\theta_2}+\frac{1}{\theta_3}=\frac{1}{200}+\frac{1}{80}+\frac{1}{300}=\frac{1}{48}$$

系统的平均故障时间为

$$\theta_s=\frac{1}{\lambda_s}=48\text{h}$$

2. 冗余系统

所谓冗余，是把若干元素附加于构成基本系统的元素之上来提高系统可靠性的方法。附加的元素叫做冗余元素。含有冗余元素的系统叫做冗余系统。冗余系统的特征是，只有一个或几个元素发生故障时系统不一定发生故障。按实现冗余的方式不同，冗余系统分为并联系统、备用系统及表决系统。

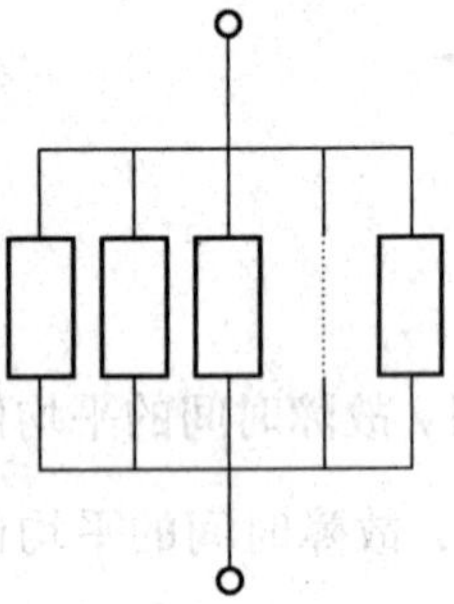

图2－6　并联系统的可靠性框图

（1）并联系统。在并联系统中冗余元素与原有元素同时工作，只要其中的一个元素不发生故障，系统就能正常运行。图2－6为表示并联系统的可靠性框图。并联系统的故障概率 F_s 等于各元素故障概率 F_i 的乘积：

$$F_s=\prod_{i=1}^{n}F_i \tag{2-14}$$

系统的可靠度与元素可靠度之间的关系可用下式表达：

$$R_s=1-F_s=1-\prod_{i=1}^{n}(1-R_i) \tag{2-15}$$

【例2－2】某种元素的故障率为0.0021，试计算由3个这种元素构成的并联系统投入运行100 h后的可靠度。

解　按式（2－11）计算元素运行到100 h后的可靠度为

$$R_i=\mathrm{e}^{-\lambda t}=\mathrm{e}^{-0.0021\times100}=0.81$$

根据式（2－15），系统可靠度为

$$R_s=1-(1-R_i)^3=1-(1-0.81)^3=0.993$$

并联系统的可靠度高于元素的可靠度，并且并联的元素越多，则系统的可靠度越高。但是，随着并联元素数目的增加，系统可靠度提高的幅度却越来越小，如图2－7所示。

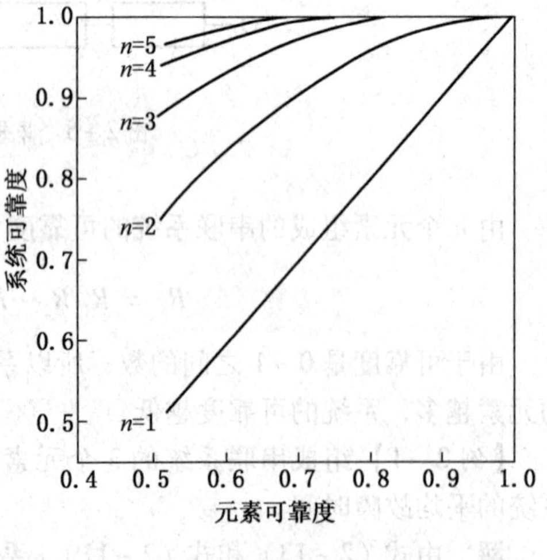

图2－7　并联系统可靠度

（2）备用系统。备用系统的冗余元素平时处于备用状态，当原有元素故障时才投入运行。为了保证备用系统的可靠性，必须有可靠的故障检测机构和使备用元素及时投入运行的转换机构。

（3）表决系统。构成系统的 n 个元素中有 k 个不发生故障，系统就能正常运行的系统叫做表决系统。表决系统的性能处于串联系统和并联系统性能之间，多用于各种安全监测系统，使之有较高的灵敏度和一定的抗干扰性能。

三、提高系统可靠性的途径

一般来说，可以从如下几方面采取措施来提高系统的可靠性：

（1）选用可靠度高的元素。高质量的元件、设备的可靠性高，由它们组成的系统可靠度也高。

（2）采用冗余系统。根据具体情况，可以采用并联系统、备用系统或表决系统。

（3）改善系统运行条件。控制系统运行环境中的温度、湿度，防止冲击、振动、腐蚀等，可以延长元素、系统的寿命。

（4）加强预防性维修保养。及时、正确的维修保养可以延长元素的使用寿命；在元素进入磨损故障阶段之前及时更换，可以维持恒定的故障率。

第四节　人、机、环境匹配

生产作业是由人员、机械设备所组成的人机系统来完成的。该人机系统必定处在一定的环境中，所以有时将人机系统扩展为人机环境系统。这里的“机”是广义的“机”，泛指一切机械设备、设施、工具和用品，当然也包括作业环境。在这个系统中人员接受信息、处理信息和输出信息，完成工作任务。

利用科学技术成果设计和制造机械设备和设施（指广义的“机”），使其符合人的使用要求；改进作业环境，使环境对人无害；加强对人员的技能培训和选拔，提高人员的适应性和可靠性；优化人机环境系统，使三者达到最佳配合。从而创造安全、高效、健康、舒适、方便的工作条件，使其符合人的生理和心理特征，以便用最小的代价获取最大的经济效果。

人、机、环境匹配问题主要包括机器的人机学设计，人、机功能的合理分配及生产作业环境的人机学要求等。机器的人机学设计主要是指机器的显示器和操纵器的人机学设计。设计良好的人机交接面，可以有效地减少人员在接受信息及信息输出过程中的人失误。

一、显示器的人机学设计

机械、设备的显示器是一些用来向人员传达有关机械、设备运行状况信息的仪表或信号等。显示器主要传达视觉信息，它们的设计应该符合人的视觉特性，具体地讲，应该符合准确、简单、一致及排列合理的原则。

（1）准确。仪表类显示器的设计应该让人员容易正确地读数，减少读数时的失误。据研究，仪表面板刻度形式对读数失误率有较大影响。在图 2－8 所示的 5 种面板刻度

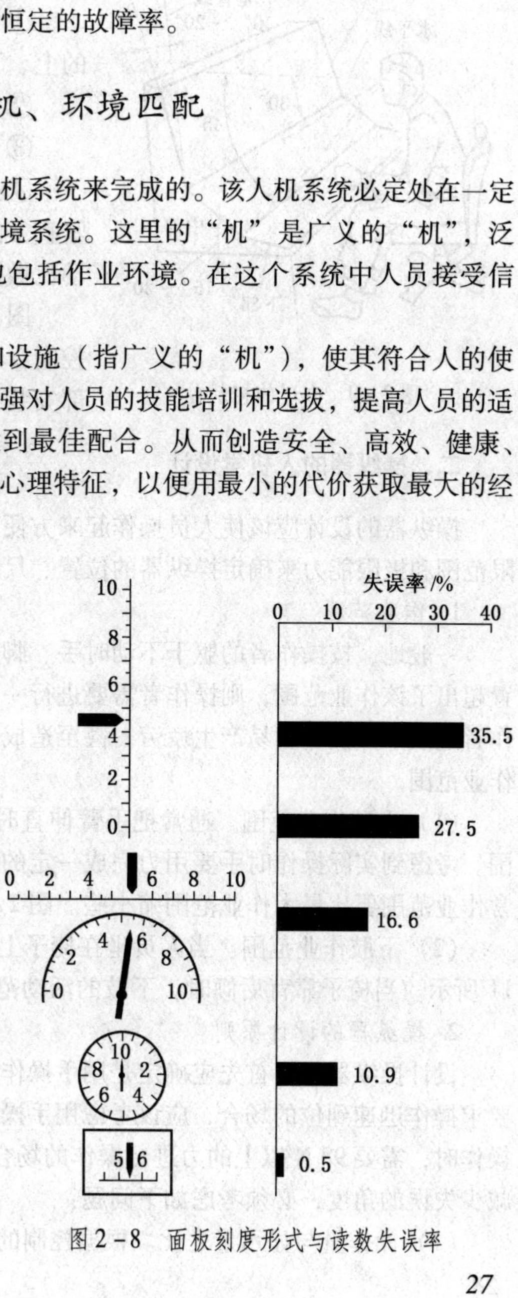

图 2－8　面板刻度形式与读数失误率

形式中，以窗口形为最好，然后为圆形刻度，以下依次为半圆形、水平及竖直形刻度。

（2）简单。根据显示器的使用目的，在满足功能要求的前提下越简单越好，以减轻人员的视觉负担，减少失误。

（3）一致。显示器指示的变化应该与机械、设备状态变化的方向一致。例如，仪表读数增加应该表示机器的输出增加；仪表指针的移动方向应该与机器的运动方向一致，或者与人的习惯一致；否则，很容易引起操作失误。

（4）合理排列。当显示器的数目较多时，例如大型设备、装置控制台（或控制盘）上的仪表、信号等，把它们合理地排列可以有效地减少失误。一般地，排列显示器时应该注意如下问题：

① 重要的、常用的显示器应该安排在视野中心的上、下30°角范围内，这是视觉效率最高的范围。

② 按其功能把显示器分区排列。

③ 尽量把显示器集中安排在最优视野范围内。

④ 显示器在水平方向上的排列范围可以大于在竖直方向上的排列范围，这是因为人的眼睛做水平运动比做垂直运动的速度快、幅度大。

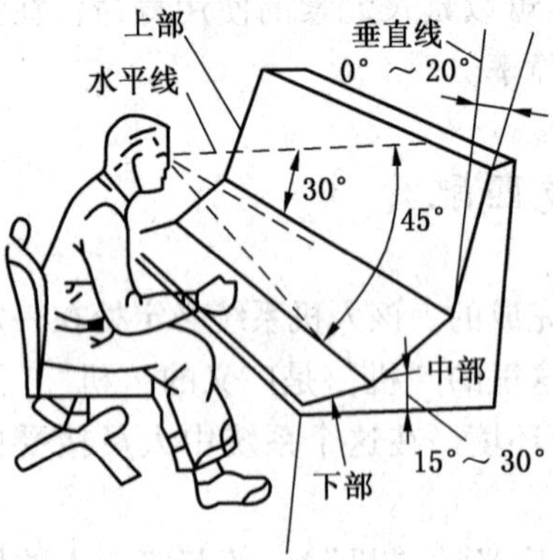

图2－9　合理的控制台

图2－9为人员坐位时的最优视野范围及合理的控制台形状。在控制台的上部排列各种显示器，在中部安装各种开关，在下部排列各种操纵器。

二、操纵器的人机学设计

操纵器的设计应该使人员操作起来方便、省力、安全。为此，要依据人的肢体活动极限范围和极限能力来确定操纵器的位置、尺寸、驱动力等参数。

1. 作业范围

一般地，按操作者的躯干不动时手、脚达及的范围来确定作业范围。如果操纵器的布置超出了该作业范围，则操作者需要进行一些不必要的动作才能完成规定的操作。这给操作者造成不方便，容易产生疲劳，甚至造成误操作。下面分别讨论用手操作和用脚操作的作业范围。

（1）上肢作业范围。通常把手臂伸直时指尖到达的范围作为上肢作业的最大作业范围。考虑到实际操作时手要用力完成一定的操作而不能充分伸展以及肘的弯曲等情况，正常作业范围要比最大作业范围缩小些。图2－10为上肢水平作业范围。

（2）下肢作业范围。当人员坐在椅子上用脚操作时，脚跟和脚尖的活动范围如图2－11所示。当椅子靠背后倾时，下肢的活动范围缩小。

2. 操纵器的设计原则

设计操纵器时，首先应确定是用手操作还是用脚操作。一般地，要求操作位置准确或要求操作迅速到位的场合，应该考虑用手操作；要求连续操作、手动操纵器较多或非站立操作时，需要98 N以上的力进行操作的场合应该考虑用脚操作。其次，从适合人员操作、减少失误的角度，必须考虑如下问题：

（1）操作量与显示量之比。根据控制的精确度要求选择恰当的操作量与显示量之比。

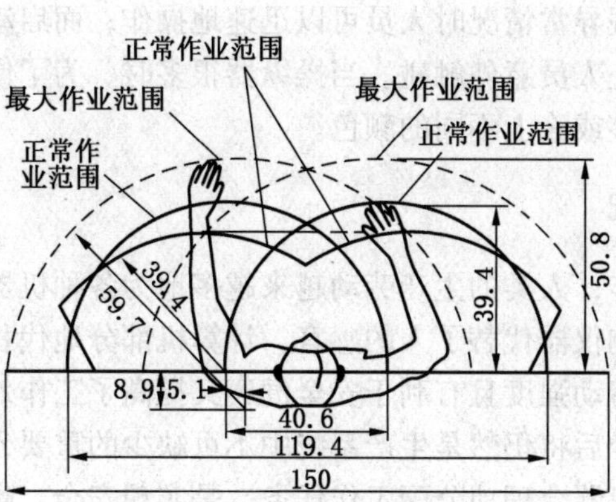

图 2-10　上肢水平作业范围

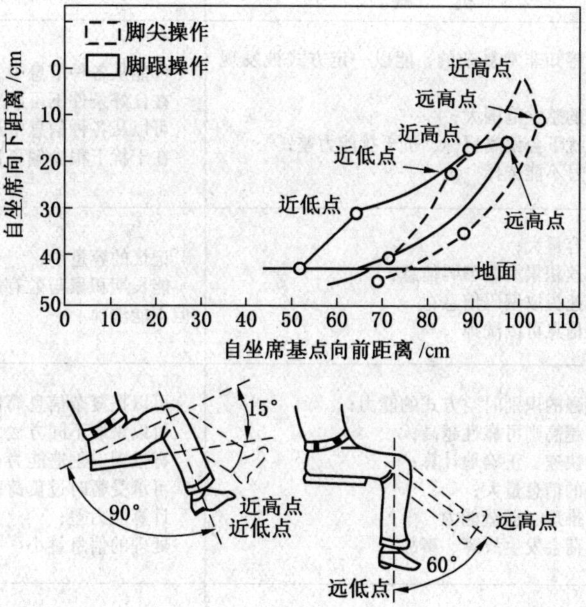

图 2-11　下肢作业范围

当要求被控制对象的运动位置等参数变化精确时，操作量与显示量之比应该大些。

（2）操作方向的一致性。操纵器的操作方向与被控对象的运动方向及显示器的指示方向应该一致。

（3）操纵器的驱动力。操纵器的驱动力应该根据操纵器的操作准确度和速度、操作的感觉及操作的平滑性等确定。除按钮之外的一般手动操纵器的驱动力不应超过 9.8 N。操纵器的驱动力并非越小越好，驱动力过小会由于意外地触碰而引起机器的误动作。

（4）防止误操作。操纵器应该能够防止被人员误操作或意外触动造成机械、设备的误运转。除了加大必要的驱动力之外，可针对具体情况采取适当的措施。例如，紧急停止按钮应该突出，一旦出现异常情况时人员可以迅速地操作；而启动按钮应该稍微凹陷，或在周围加上保护圈，防止人员意外触碰。当操纵器很多时，为了便于识别，可以采用不同的形状、尺寸，附上标签或涂上不同的颜色。

三、人、机功能分配

随着科学技术的进步，人类的生产劳动越来越多地为各种机器所代替。例如，各类机械取代了人的手脚，检测仪器代替了人的感官，计算机部分地代替了人的大脑等。用机器代替人，既减轻了人的劳动强度且有利于安全健康又提高了工作效率。然而，由于人具有机器无法比拟的优点，今后将仍然是生产系统中不可缺少的重要元素。充分发挥人与机器各自的优点，让人员和机器合理地分配工作任务，是实现安全、高效生产的重要方面。

表2-2中列出了机械与人的主要特征。

表2-2 机械与人的主要特征

特性	机械	人
信息感知能力	可能感知非常复杂的，能以一定方式被发现的信息； 较人的感觉范围大； 在干扰下会偏离目标，抗干扰能力差； 对信号不能选择	可能从各种信息中发现不常出现的信息； 在良好条件下可以感知各种形式物理量； 可以从各种信息中选择必要的信息； 在干扰下很少偏离目标
信息贮存能力	记忆容量大； 能迅速积累大量编码信息； 能迅速提取编码信息； 贮存信息可以洗掉	记忆的容量小； 能长期积累与贮存大量信息，可随时提取，但不能洗掉
信息处理能力	有较强的识别时空方式的能力； 成本越高则可靠性越高； 可以快速、正确地计算； 处理的信息量大； 没有推理、创造能力； 过负荷会发生故障、事故	可以把复杂信息简化后再处理； 可以采取不同方法，因而提高可靠性； 有推理、创造能力； 可承受暂时过负荷； 计算能力差； 处理的信息量小
信息输出能力	功率大、持续性好； 同时多种输出； 滞后时间短； 需要经常维修保养	力气小，耐力差； 模仿能力差； 持续作业时能力随时间下降，休息后又恢复； 滞后时间长
其他	消耗能源多； 只要一个零件损坏，即可导致整机失灵； 能在恶劣环境下操作，不怕单调，不会疲劳； 无情感、意识、个性、创造力和能动性； 无自修能力； 不能应付突然事件，一般不能随机应变； 不受情绪影响	所需能源物质少； 可靠度高，每天死去2万~3万个神经元，不影响功能； 自动维修力强； 会疲劳，怕单调，怕恶劣环境； 能应付突然事件； 有情感、意识、个性、创造力和能动性； 能随机应变； 易受情绪影响

概略地说，在进行人、机功能分配时，应该考虑人的准确度、体力、动作的速度及知觉能力等方面的基本界限，以及机器的性能维持能力、正常动作能力、判断能力及成本等方面的基本界限。人员适合从事要求智力、视力、听力、综合判断力、应变能力及反应能力的工作；机器适于承担功率大、速度快、重复性作业及持续作业的任务。应该注意，即使是高度自动化的机器，也需要人员来监视其运行情况，另外在异常情况下需要由人员来操作，以保证安全。

四、人机系统变化的特点

随着科学技术的进一步发展，人机系统也将发生新的变化，其特点是：

(1) 人的体力负荷减轻，心理负荷加重。

(2) 人将远离机器，管理方式多是间接的。

(3) 信息时空的密集化，要求人的作业速度更快、准确性更高。

(4) 系统越来越复杂，对人的要求越来越高，小的失误可造成严重的后果。

五、生产作业环境的人机学要求

许多伤害事故的发生都与不良的生产作业环境有着密切的关系。生产作业环境问题主要包括温度、湿度、采光、照明、噪声、振动、粉尘、电磁辐射、有毒有害物质及生物性污染等问题（第八章）。

复习思考题

1. 简述事故含义、伤害类型、事故等级划分及伤亡事故分类原则。
2. 简述事故报告程序和事故报告内容。
3. 伤亡事故统计的指标及作用有哪些？
4. 简述事故因果连锁论的基本原理及实际意义。
5. 怎样理解控制是安全管理的核心？
6. 试述可靠性、冗余系统的定义及提高系统可靠性的途径。
7. 人、机、环境匹配有哪些主要原则？
8. 显示器、操纵器设计的内容和原则是什么？
9. 人、机功能分配应考虑哪些基本界限？
10. 简述生产作业环境的人机学要求。

第三章　危险源辨识、控制与评价

第一节　能量意外释放论及两类危险源

一、能量意外释放论

吉布森和哈登认为，事故是一种不正常的或不希望的能量释放，各种形式的能量构成伤害的直接原因。于是，应该通过控制能量，或控制作为能量达及人体媒介的能量载体来预防伤害事故。

能量在生产过程中是不可缺少的，人类利用能量做功以实现生产的目的。在正常生产过程中能量受到种种约束和限制，按照人们的意图流动、转换和做功。如果由于某种原因能量失去了控制，超越了人们设置的约束或限制而意外地逸出或释放，则发生了事故。

如果失去控制的、意外释放的能量达及人体，并且能量的作用超过了人体的承受能力，则人员将受到伤害。人体自身也是一个能量系统。人的新陈代谢过程是吸收、转换、消耗能量，与外界进行能量交换的过程。由于某些危险物质（如窒息性气体、水等）的存在，会干扰人体与外界的能量交换，使得人体不能进行正常的新陈代谢，人员将受到伤害，甚至死亡。可以说，所有伤害的发生都是因为人体接触了超过机体组织抵抗力的某种形式的过量能量，或人体与外界的正常能量交换受到了干扰（如窒息、淹溺等）。因此，各种形式的能量构成了伤害的直接原因。

导致人员伤害的能量形式有机械能、电能、热能、化学能、电离及非电离辐射、声能和生物能等。在伤害事故中机械能造成伤害的情况最为常见，其次是电能、热能及化学能造成的伤害。

研究表明，人体对每一种形式能量的作用都有一定的抵抗能力，或者说有一定的伤害阈值。当人体与某种形式的能量接触时是否产生伤害及伤害的严重程度如何，主要取决于作用于人体能量的大小。作用于人体的能量越多，造成严重伤害的可能性越大。例如，球形弹丸以 4.9 N 的冲击力打击人体时，只能轻微地擦伤皮肤；重物以 68.6 N 的冲击力打击人的头部，会造成头骨骨折。此外，人体接触能量的时间和频率，能量的集中程度，以及接触能量的部位等也影响人员伤害的发生情况。

该理论阐明了伤害事故发生的物理本质，预防伤害事故就是防止能量或危险物质的意外释放，防止人体与过量的能量或危险物质接触。它提醒人们要经常注意生产过程中能量的流动、转换以及不同形式能量的相互作用，防止能量或危险物质的意外释放。

二、两类危险源

20 世纪 60 年代以后出现的“系统安全”认为，系统中存在的危险源是事故发生的根本原因。按定义，危险源是可能导致事故的潜在的不安全因素，系统中不可避免地会存在着某些种类的危险源。为了实现系统安全，就必须辨识系统中的危险源，采取措施消除和控制系统中的危险源。

根据危险源在事故发生、发展中的作用，把危险源划分为两大类：第一类危险源、第二类危险源。

1. 第一类危险源

根据能量意外释放论，把系统中存在的、可能发生意外释放的能量或危险物质称为第一类危险源。

一般地，能量被解释为物体做功的本领。做功的本领是无形的，只有在做功时才显现出来。因此，实际工作中往往把产生能量的能量源或拥有能量的能量载体看做第一类危险源来处理。例如，带电的导体、奔驰的车辆等。

常见的第一类危险源有如下 8 种。

（1）产生、供给能量的装置及设备。

（2）使人体或物体具有较高势能的装置、设备、场所。

（3）能量载体。

（4）一旦失控可能产生巨大能量的装置、设备、场所，如强烈放热反应的化工装置等。

（5）一旦失控可能发生能量蓄积或突然释放的装置、设备、场所，如各种压力容器等。

（6）危险物质，如各种有毒、有害、可燃烧爆炸的物质等。

（7）生产、加工、储存危险物质的装置、设备及场所。

（8）人体一旦与之接触将导致人体能量意外释放的物体。

导致各种伤害事故的典型的第一类危险源，见表 3－1。

表 3－1　伤害事故类型与第一类危险源

事故类型	能量源	能量载体或危险物质
物体打击	产生物体落下、抛出、破裂、飞散的设备、场所及操作	落下、抛出、破裂、飞散的物体
车辆伤害	车辆、使车辆移动的牵引设备及坡道	运动的车辆
机械伤害	机械的驱动装置	机械的运动部分、人体
起重伤害	起重、提升机械	被吊起的重物
触电	电源装置	带电体、高跨步电压区域
灼烫	热源设备、加热设备、炉、灶、发热体	高温物体、高温物质
火灾	可燃物	火焰、烟气
高处坠落	高差大的场所、人员借以升降的设备、装置	人体
坍塌	土石方工程的边坡、料堆、料仓、建筑物、构筑物	边坡土（岩）体、物料、建筑物、构筑物、载荷
冒顶片帮	矿山采掘空间的围岩体	顶板、两帮围岩
爆破、火药爆炸	炸药	

表3-1（续）

事故类型	能量源	能量载体或危险物质
瓦斯爆炸	可燃性气体、可燃性粉尘	
锅炉爆炸	锅炉	蒸汽
压力容器爆炸	压力容器	内容物
危险物质伤害	危险物质的产生、贮存	危险物质
淹溺	江、河、湖、海、池塘、洪水、贮水容器	水
中毒窒息	产生、储存、聚积有毒有害物质的装置、容器、场所	有毒有害物质

第一类危险源具有的能量和危险物质的情况影响事故后果的严重程度。一般地，第一类危险源具有的能量越多，一旦发生事故其后果越严重；相反，第一类危险源处于低能量状态时比较安全。

2. 第二类危险源

为了利用能量，让能量按照人们的意图在系统中流动、转换和做功，必须采取措施约束、限制能量，即必须控制第一类危险源。约束、限制能量的措施应该可靠地控制能量，防止能量意外地释放。实际上，绝对可靠的控制措施并不存在。导致约束、限制能量措施失效或破坏的各种不安全因素称为第二类危险源。

第二类危险源包括人、物、环境3个方面的问题。

人的因素问题包括人的不安全行为和人失误两类问题。所谓人失误，是指人的行为的结果超出了某种可接受的界限。换言之，人失误是指人在生产操作过程中，实际实现的功能与被要求的功能之间的偏差，其结果可能以某种形式给系统带来不良的影响。人的不安全行为也属于人失误的范畴。人失误可能直接破坏对第一类危险源的控制，造成能量或危险物质的意外释放。例如，合错了开关使检修中的线路带电，误开阀门使有害气体泄放等。人失误也可能造成物的故障，进而导致事故。例如，超载起吊重物造成钢丝绳断裂，发生重物坠落事故。

物的因素问题包括物的不安全状态和物的故障。物的因素问题可能直接使约束、限制能量或危险物质的措施失效而发生事故。例如，电线绝缘损坏发生漏电，管路破裂使其中的有毒有害介质泄漏等。物的因素问题有时会诱发人的因素问题；人的因素问题会造成物的因素问题，实际情况比较复杂。

环境因素主要指系统运行的环境，包括温度、湿度、照明、粉尘、通风换气、噪声和振动等物理环境，以及企业和社会的软环境。不良的物理环境会引起物的故障或人失误，例如：潮湿的环境会加速金属腐蚀而降低结构或容器的强度；工作场所强烈的噪声影响人的情绪，分散人的注意力而发生人失误。企业的管理制度、人际关系或社会环境影响人的心理，可能引起人失误。

3. 危险源与事故

一起事故的发生是两类危险源共同起作用的结果。一方面，第一类危险源在事故时释放出的能量是导致人员伤害或财物损坏的能量主体，决定事故后果的严重程度，它的存在是事故发生的前提。另一方面，如果没有第二类危险源破坏对第一类危险源的控制，也不会发生能量的意外释放。第二类危险源的出现是第一类危险源导致事故的必要条件，其出现的难易决定事故发生的可能性的大小。

第二类危险源是围绕着第一类危险源随机出现的人、物、环境方面的问题，其辨识、评价和控制应该在第一类危险源辨识、控制、评价的基础上进行。并且，与第一类危险源的辨识、评价和控制相比，第二类危险源的辨识、控制和评价更为困难。

第二节　危 险 源 辨 识

一、两类危险源辨识

危险源辨识是发现、识别系统中危险源的工作。这是一件非常重要的工作，它是危险源控制的基础。只有辨识了危险源之后，才能有的放矢地考虑如何采取措施控制危险源。

1. 第一类危险源辨识

第一类危险源辨识原则是应该认真考察系统中能量的利用、产生和转换情况，弄清系统中出现的能量或危险物质的类型，研究它们对人或物的危害，在此基础上来辨识危险源。

在实际工作中，人们根据以往的事故经验弄清导致各种事故发生的主要危险源类型，然后到实际中去发现这些类型的危险源。在人们已经拥有了与对象系统类似系统的危险源辨识经验之后，就可以容易地进行危险源辨识工作。

从实际安全工作的角度，并非所有的能量或危险物质都作为危险源控制，只有其危险性超过一定限度的危险源才算作危险源。因此，第一类危险源辨识工作必须与危险源的危险性评价工作结合起来。此处危险性评价的着眼点在于危险源导致事故后果的严重程度是否到达或超过某种限度。对于许多种类的危险源，已经确定了危险源辨识的标准。例如，我国规定 42 V 及以下的电压为安全电压，于是把电压超过 42 V 的电源、电气设备或带电体视为触电事故的危险源。又如，规定距基准面高差 2 m 以上的场所为“高处”，于是把达到或超过 2 m 高差的场所视为高处坠落事故的危险源。

2. 第二类危险源辨识

第二类危险源辨识原则是在辨识第一类危险源的基础上，找寻可能使对第一类危险源控制措施失效的不安全因素。

由于第二类危险源是一些围绕第一类危险源随机出现的不安全因素，所以第二类危险源辨识是件非常困难的工作。在系统比较复杂的场合，需要利用专门的方法。

第二类危险源辨识方法可以粗略地分为以下两大类。

(1) 对照法。与有关的标准、规范、规程或经验相对照来辨识危险源。有关的标准、规范、规程，以及常用的安全检查表，都是在大量实践经验的基础上编制而成的。因此，对照法是一种基于经验的方法，适用于有以往经验可供借鉴的情况。

(2) 系统安全分析。系统安全分析是从安全角度进行的系统分析，通过揭示系统中可能导致系统故障或事故的各种因素及其相互关联来辨识系统中的危险源。系统安全分析方法经常被用来辨识可能带来严重事故后果的危险源，也可用于辨识没有事故经验的系统的危险源。系统越复杂，越需要利用系统安全分析方法来辨识危险源。

二、系统安全分析方法

目前常用的系统安全分析方法有：预先危害分析（PHA）、故障类型和影响分析（FMEA）、危险性和可操作性研究（HAZOP）、事件树分析（ETA）和故障树分析（FTA）等。

（一）预先危害分析

预先危害分析主要用于新系统设计及已有系统改造之前的方案设计、选址阶段，人们还没有掌握其详细资料时，用来分析、辨识可能出现或已经存在的危险源，并尽可能在付诸实施之前找出预防、改正、补救措施，消除或控制危险源。

进行预先危害分析时，首先利用安全检查表、经验和技术判断的方法查明第一类危险源存在部位，然后识别使危险源演变为事故的触发因素和必要条件，即第二类危险源，研究事故可能的后果及应该采取的措施。

例如，把硫化氢（H_2S）输送到反应装置的设计的预先危害分析：在设计之初分析者只知道在工艺过程中处理的物质是硫化氢，以及硫化氢有毒、可燃烧。于是，把硫化氢意外泄漏作为可能的事故，分析导致事故发生的原因。考察事故后果及提出应采取的危险源控制措施的建议。最后，得到硫化氢输送系统预先危害分析结果汇总表（表3-2）。

表3-2　硫化氢输送系统预先危害分析（部分）

事　故	事故原因	事故后果	危险级别	建议的安全措施
毒物泄漏	储罐破裂	大量泄漏导致人员伤亡	Ⅳ	采用泄漏报警系统； 最小储存量； 制定巡检规程
	反应过剩		Ⅲ	过剩硫化氢收集处理系统； 安全监控系统； 制定规程保证收集系统先于装置运行

（二）故障类型和影响分析

故障类型和影响分析是对系统的各组成部分、元素的故障及其影响进行的分析。系统的组成部分或元素在运行过程中会发生故障，并且往往可能发生不同类型的故障，不同类型的故障对系统的影响是不同的。这种分析方法首先找出系统中各组成部分及元素可能发生的故障及其类型，查明各种类型故障对邻近部分或元素的影响以及最终对系统的影响，然后提出避免或减少这些影响的措施。

故障类型和影响分析一般包括4方面的工作：定义对象系统；分析系统元素的故障类型和产生原因；研究故障类型的影响；结论和建议。

例如，压缩空气站的储气罐由储气罐体及其附属安全装置安全阀组成。对各元素的故障类型和影响分析情况列于表3-3中。

表3-3 储气罐元素的故障类型和影响分析

元素	故障类型	故障的影响	故障原因	故障的识别	校正措施
储气罐罐体	轻微漏气	能耗增加	接口不严	漏气噪声，空压机频繁打压	加强维修保养
	严重漏气	压力迅速下降	焊缝有裂隙	压力表读数下降，巡回检查	停机修理
	破裂	压力迅速下降，损伤周围设备和人员	材料缺陷，受冲击等	压力表度数下降，巡回检查	停机修理
安全阀	漏气	能耗增加	弹簧疲劳	漏气噪声，空压机频繁打压	加强维修保养
	误开启	压力迅速下降	弹簧折断	压力表度数下降，巡回检查	停机修理
	不开启	超压时失去功能，储气罐内超压	锈蚀，污物，调节错误	无，只有在检验安全阀时发现	修理

故障类型和影响分析是一种归纳的系统安全分析方法。

（三）危险性和可操作性研究

全面地审查生产工艺过程，对各个部分进行系统提问，发现可能偏离设计意图的情况，分析其产生原因及其后果，并针对其产生原因采取恰当的控制措施。

当工艺的某个部分或某操作步骤的工艺参数偏离了设计意图时，则将使系统的运行状态发生变化，甚至导致整个系统故障或事故。在进行危险性和可操作性研究时，依次利用引导词，如“不（没有）”“多”“少”等来设想对象部分或操作步骤出现了由引导词与工艺参数相结合而构成的与意图的偏离，如“没流量”“流量过大”等，于是可以详细地分析出现偏离的可能的原因，偏离可能造成的后果，进而研究为防止出现偏离应该采取的安全措施。

例如，图3-1所示的DAP（磷酸氢二铵）工艺系统，DAP由氨水与磷酸反应生成。生产过程中调节氨水储罐与反应釜之间管线上的阀门A，磷酸储罐与反应釜之间管线上的阀门B，分别控制进入反应釜的氨和磷酸的速率。

选择磷酸储罐与反应釜之间的管线部分为分析对象，则该部分的设计意图是向反应釜输送一定量的磷酸，其工艺参数是流量。把7个引导词与工艺参数“流量”相结合，设想各种可能出现的偏离。

该工艺部分危险性与可操作性研究的结果列于表3-4。

（四）事件树分析

事件树分析是一种按事故发展的时间顺序由初始事件开始推论可能的后果，从而进行危险源辨识的方法。事件树分析包括定性分析和定量分析，定性分析是定量分析的基础。

1. 事件树定性分析

事件树定性分析包括编制事件树及找出事故连锁和预防事故的途径。

通过编制事件树，研究系统中的危险源如何相继出现而最终导致系统故障或事故。

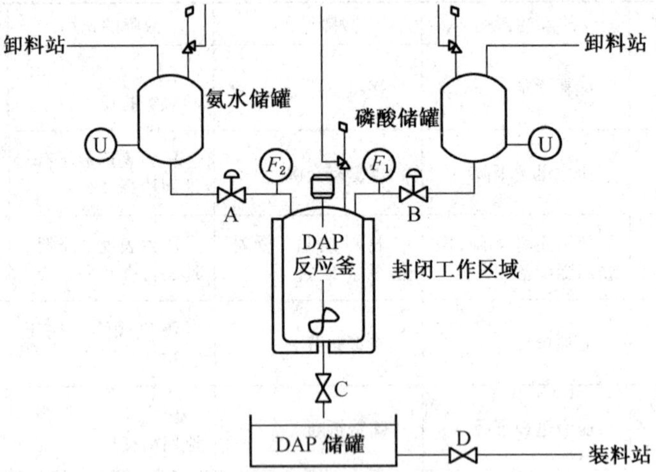

图 3－1　DAP 工艺系统

表 3－4　DAP 工艺危险性与可操作性研究（部分）

引导词	偏　离	可能原因	后　　果	措　　施
没有	没有流量	磷酸储罐中无料； 流量计故障（指示偏离）； 操作者调节磷酸量为零； 阀门 B 故障而关闭； 管线堵塞； 管线泄漏或破裂	反应釜中氨过量而进入 DAP 储罐并挥发到工作区域	定期维修和检查阀门 B； 定期维护流量计； 安装氨检测器和报警器； 流量监控报警、紧急停车系统； 工作区域通风； 采用封闭式储罐
多	流量大	阀门 B 故障； 流量计故障（指示偏低）； 操作者调节磷酸量过大	反应釜中磷酸过量，若氨量也大则反应释放大量热； 生成不需要的物质； DAP 储罐液位过高	定期维护和检查阀门 B； 定期维护流量计； 安装液位监控报警、紧急停车系统
少	流量小	阀门 B 故障； 流量计故障（指示偏高）； 操作者调节磷酸量过小	同“没有流量”的后果	同“没有流量”的措施
以及	输送磷酸和其他物质	原料不纯； 原料入口处混入其他物质	生成不需要的物质； 混入物或生成物可能有害	定期检查原料成分； 定期维护和检查管路系统
部分	磷酸含量不足	原料不纯	生成不需要的物质； 混入物或生成物可能有害	定期检查原料成分
反向	反向输送	反应釜泄放口堵塞	磷酸溢出	定期维护和检查反应釜
其他	送入的不是磷酸	磷酸储罐中物料不是磷酸	可能发生意外反应； 可能带来潜在危险； 可能使反应釜中氮过量	定期检查原料成分

编制事件树从初始事件开始，自左至右发展事件树。首先考察初始事件一旦发生时应该最先起作用的安全功能。把可能发挥功能（又称正常或成功）的状态画在上面的分支；把不能发挥功能（又称故障或失败）的状态画在下面的分支。然后，依次考虑各种安全功能的两种可能状态，把发挥功能的状态画在上面的分支，把不能发挥功能的状态画在下面的分支，直到达到系统故障或事故为止。

事件树的各分支代表初始事件一旦发生后其可能的发展途径，其中最终导致事故的途径即为事故连锁。一般地，导致事故连锁越多则系统越不安全。事件树中最终达到安全的途径指导我们如何采取措施预防事故。一般地，可以通过若干途径来防止来故发生。由于事件树表现了事件间的时间顺序，所以应该尽可能地从最先发挥功能的安全功能着手采取措施。

2. 事件树定量分析

在定性分析基础上，由各事件的发生概率计算系统故障或事故发生的概率。当各事件之间相互统计独立时，事故发生概率等于导致事故的各发展途径的概率和；各发展途径的概率等于自初始事件开始的各事件发生概率的乘积。

例如，氧化反应釜缺少冷却水会反应过热而导致事故。以氧化反应釜缺少冷却水事件为初始事件，相关的安全功能有如下3种：

（1）当温度达到了t_1时，高温报警器提醒操作者。

（2）操作者增加供给反应釜冷却水。

（3）当温度达到t_2时，自动停车系统停止氧化反应。

编制的事件树如图3－2所示。

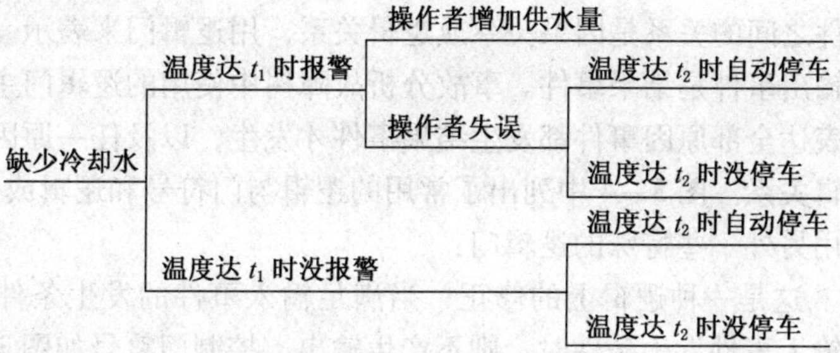

图3－2 “缺少冷却水”导致氧化反应釜事故分析事件树

（五）故障树分析

故障树分析是从特定的故障事件（或事故）开始，利用故障树考察该事件发生的各种原因事件及其相互关系的系统安全分析方法。

1. 故障树

故障树是演绎表示故障事件发生原因及其逻辑关系的逻辑树图。因其形状像一棵倒置的树，并且其中的事件一般都是故障事件，故而得名。

在故障树中，作为被分析对象的特定故障事件（或事故）被画在故障树的顶端，叫做顶事件。导致顶事件发生的最初始原因事件位于故障树各分支的终端，叫做基本事件。

处于顶事件和基本事件之间的事件叫做中间事件，它们既是造成顶事件的原因，又是基本事件产生的结果。

故障树的各种事件的内容写在事件符号之内。常用的事件符号有以下几种(图3－3)：

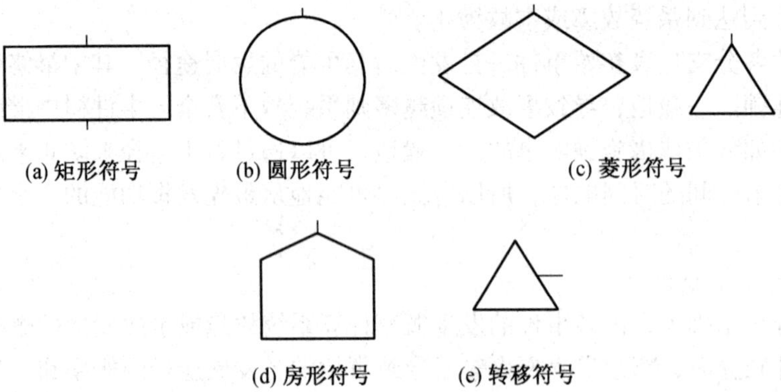

图3－3　故障树的事件符号

矩形符号是表示需要进一步被分析的事件，如顶事件和中间事件。

圆形符号是表示基本事件。

菱形符号是一种省略符号，表示目前不能分析或不必要分析的事件。

房形符号是表示属于基本事件的正常事件，一些对输出事件的发生必不可少的事件。

转移符号是表示与同一故障树中的其他部分内容相同。

故障树中事件之间的关系是因果关系或逻辑关系，用逻辑门来表示。逻辑门的输入事件是原因事件，输出事件是结果事件。事故分析故障树中使用的逻辑门主要为逻辑与门和逻辑或门，分别表达全部原因事件都发生结果事件才发生，以及任一原因事件发生结果事件就会发生的逻辑关系。图3－4中列出了常用的逻辑与门符号和逻辑或门符号的画法。

故障树中还用另外一些特殊的逻辑门：

(1) 控制门。这是一种逻辑上的修正，当满足输入事件的发生条件时输出事件才发生，如果不满足输入事件发生条件时，则不产生输出。控制门符号如图3－4c所示。

(2) 条件门。把逻辑与门或逻辑或门与条件事件结合起来，构成附有各种条件的逻辑门。图3－4d、图3－4e为条件与门和条件或门符号。

在故障树分析中，控制门和条件门在性质上相当于逻辑与门，而要求满足的条件相当于输入到逻辑与门的一个基本事件。

图3－5所示为“从脚手架上坠落死亡”事故原因分析故障树。“从脚手架上坠落死亡”为故障树的顶事件，其发生是由于“从脚手架上坠落”。“不慎坠落”和“安全带没起作用”同时发生是“从脚手架上坠落”事故发生的必要原因，把它们用逻辑与门联结起来。“不慎坠落”的发生，可能是由于在脚手架上“滑倒”或“身体失去平衡”，同时“身体重心超出”脚手架，这里用条件或门联结。“身体重心超出”是引起“不慎坠落”发生的必要条件，画成条件事件，这里不去追究“滑倒”“身体失去平衡”的原因，故用了省略符号。“安全带没起作用”可能是因为“没使用安全带”或安全带受力时发生“机

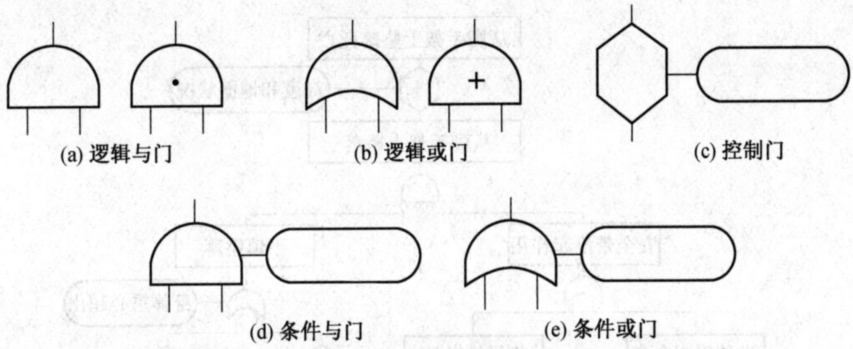

图 3-4　逻辑门符号

械性破坏”，用逻辑或门联结起来。“没有使用安全带”可能是“因走动而取下”或“忘带”，用逻辑或门把它们联结起来。“因走动而取下”安全带是生产活动中的正常行为，故画成房形符号。“机械性破坏”可能是“安全带损坏”或固定安全带的“支撑物破坏”，用逻辑或门把它们联结起来。“高度和地面状况”决定“从脚手架上坠落”能否造成人员伤亡，用控制门联结。

故障树分析的数学基础是布尔代数。故障树中的逻辑与门对应于布尔代数中的逻辑积运算，记为“∩”或“·”；逻辑或门对应于逻辑和运算，记为“∪”或“+”。于是，可以用布尔表达式来表现故障树，例如图 3-5 的故障树可以表达为

$$T=(X_1+X_2+X_3+X_4)\cdot(X_5+X_6)\cdot X_7\cdot X_8$$

式中　X_1——因走动而取下；

X_2——忘戴；

X_3——安全带损坏；

X_4——支撑物破坏；

X_5——滑倒；

X_6——身体失去平衡；

X_7——身体重心超出；

X_8——高度和地面状况。

故障树分析包括定性分析和定量分析，定性分析是定量分析的基础。

2. 故障树定性分析

通过编制故障树找出导致顶事件发生的全部基本事件，求出最小割集合与最小径集合，确定各基本事件的重要度，为采取措施防止顶事件发生提供依据。

编制故障树是故障树分析的第一步。首先选择重大故障事件或后果严重的事故为顶事件，然后找出造成顶事件发生的直接原因，并用恰当的逻辑门把这些作为直接原因的事件与顶事件联结起来。类似地，自上而下依次画出各故障事件的原因，直到找出全部基本事件为止。

在故障树分析中，把能使顶事件发生的基本事件集合叫做割集合。如果割集合中任一基本事件不发生就会造成顶事件不发生，即集合中包含的基本事件对顶事件发生不但充分

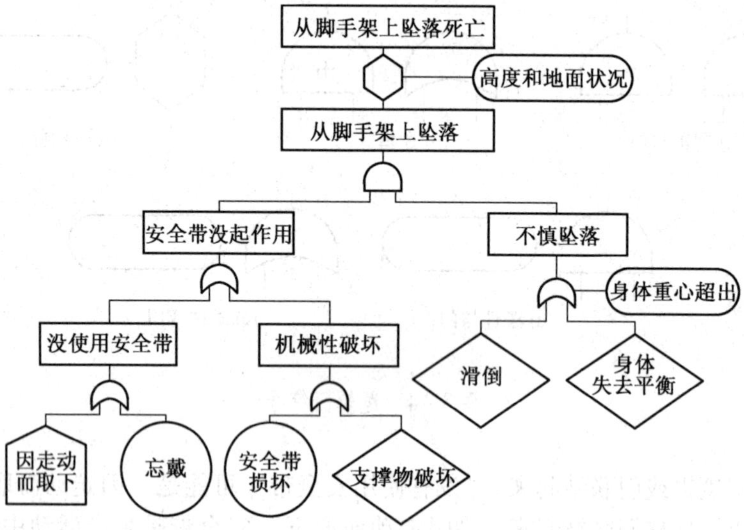

图 3－5 “从脚手架上坠落死亡”事故原因分析故障树

而且必要，则该集合叫做最小集合。简言之，最小集合是能够引起顶事件发生的最小的割集合。对于事故原因分析故障树，最小割集合表明哪些基本事件组合在一起发生可以使顶事件发生，为人们指明事故发生模式。例如，考察图 3－5 的故障树中能够引起顶事件发生的基本事件集合，可以得到最小割集合为

$$(X_1, X_5, X_7, X_8) \quad (X_2, X_5, X_7, X_8) \quad (X_3, X_5, X_7, X_8) \quad (X_4, X_5, X_7, X_8)$$
$$(X_1, X_6, X_7, X_8) \quad (X_2, X_6, X_7, X_8) \quad (X_3, X_6, X_7, X_8) \quad (X_4, X_6, X_7, X_8)$$

在故障树分析中，把其中的基本事件不发生就能保证顶事件不发生的基本事件集合叫做径集合。若径集合中包含的基本事件不发生对保证顶事件不发生不但充分而且必要，则该径集合叫做最小径集合。最小径集合表明哪些基本事件组合在一起不发生就可以使顶事件不发生。对于事故原因分析故障树，它指明应该如何采取措施防止事故发生。例如，图 3－5 的故障树的最小径集合为

$$(X_1, X_2, X_3, X_4) \quad (X_5, X_6) \quad (X_7) \quad (X_8)$$

导致顶事件发生的初始原因很多，在采取防范措施时应该分清轻重缓急，优先解决那些比较重要的问题，首先消除或控制那些对顶事件影响重大的初始原因因素。在故障树分析中，用基本事件重要度来衡量某一基本事件对顶事件影响的大小。例如，从图 3－5 的故障树可以直观地看出事件“高度和地面状况”对死亡事故的发生最重要。

3. 故障树定量分析

通过基本事件发生概率计算顶事件发生概率，为概率危险性评价提供依据。

当故障树中的基本事件相互统计独立时，事件逻辑积的概率为

$$P(x_1 \cdot x_2 \cdot \Lambda \cdot x_n) = q_1 \cdot q_2 \cdot \Lambda \cdot q_n = \prod_{i=1}^{n} q_i \qquad (3-1)$$

事件逻辑和的概率为

$$P(x_1+x_2+\Lambda+x_n)=1-(1-q_1)(1-q_2)\cdot\Lambda\cdot(1-q_n)=1-\prod_{i=1}^{n}(1-q_i) \quad (3-2)$$

式中　q_i——基本事件发生概率。

根据故障树的布尔表达式和上面两公式，可以得到由基本事件发生概率来计算顶事件发生概率的公式。例如，图 3-5 的故障树的顶事件发生概率计算公式为

$$P(q)=[1-(1-q_1)(1-q_2)(1-q_3)(1-q_4)][1-(1-q_5)(1-q_6)]q_7q_8$$

如果知道各基本事件发生概率，则可以算出顶事件发生概率。

第三节　危 险 性 评 价

一、危险性评价概述

1. 安全与危险

由于人的认识能力有限，有时不能完全认识系统中的危险源及其危险性；即使认识了现有的危险源，随着科学技术的发展，新技术、新工艺、新能源、新材料和新产品的出现，又会产生新的危险源。对于已经认识了的危险源，受技术、资金、劳动力等诸多因素的限制，完全根除也是办不到的。因此，系统安全的目标是努力控制危险源，把后果严重的事故的发生可能性降到最低；或者万一发生事故时，造成的人员伤亡、财产损失和环境污染最少。

在安全工程领域，危险性（Risk）是指某种危险源导致事故，造成人员伤亡、财产损失和环境污染的可能性。一般地，危险性包括危险源导致事故的可能性和一旦发生事故造成人员伤亡或财物损失的后果严重程度两个方面的问题。

危险是绝对的，安全是相对的。当危险性小到可以被接受的水平时，就认为系统是安全的。所谓“可接受的危险”，是来自某种危险源的实际危险，但是却不能威胁有知识而又谨慎的人。例如，在交通拥挤的道路上骑自行车虽然可能发生交通事故，可是人们仍然愿意骑车代步，这就是一种可接受的危险。不同的人、不同的心理状态下可接受危险水平是不同的，被社会大众所接受的危险称作“社会允许危险”。实际工作中往往省略“社会”两个字称作“允许危险”。在危险性评价中，允许危险是判别安全与危险的标准。

2. 危险性评价方法

危险性评价的目的在于评价系统的危险性是否可接受。系统中危险源的存在是绝对的，任何工业生产系统中都存在着若干危险源，人们必须采取措施控制危险源使系统危险性不超过允许危险的水平。受实际的人力、物力和资金等方面因素的限制，不可能完全消除或控制所有的危险源，只能集中有限的人力、物力和资金消除或控制危险性较大的危险源，使系统危险性在允许的范围内。在危险性评价的基础上，按其危险性的大小把危险源分类排队，可以为确定采取控制措施的优先次序提供依据。

危险性评价方法有定性评价方法与定量评价方法之分。

（1）定性危险性评价。定性评价时不对危险性进行量化处理而只做定性的比较。通常与有关的标准、规范或安全检查表对比判断系统的危险程度，或者根据同类系统或类似

系统以往的事故经验指定危险性分类等级。定性评价方法比较粗略，一般用于整个危险性评价过程中的初步评价。

例如，美国的 MIL－STD－882D 标准把危险严重度分为 4 级，把事故发生可能性分成 5 级，构成危险性评价矩阵（图 3－6），将系统危险性划分为 4 个等级（表 3－5）。

事故发生可能性（概率）	危险严重度			
	Ⅰ致命的	Ⅱ严重的	Ⅲ危险的	Ⅳ可忽略的
（A）经常（$>10^{-1}$）	1	3	7	13
（B）容易（$10^{-1} \sim 10^{-2}$）	2	5	9	16
（C）偶然（$10^{-2} \sim 10^{-3}$）	4	6	11	18
（D）稀少（$10^{-3} \sim 10^{-6}$）	8	10	14	19
（E）不能（$<10^{-6}$）	12	15	17	20

图 3－6　危险性评价矩阵

表 3－5　危险性评价标准

危险性排序	危险性等级	危险性排序	危险性等级
1～5	高	10～17	中等
6～9	较高	18～20	低

（2）定量危险性评价。定量评价是在危险性量化的基础上进行的评价。按对危险性量化处理的方式不同，定量评价方法又分为概率的危险性评价法和相对的危险性评价法。

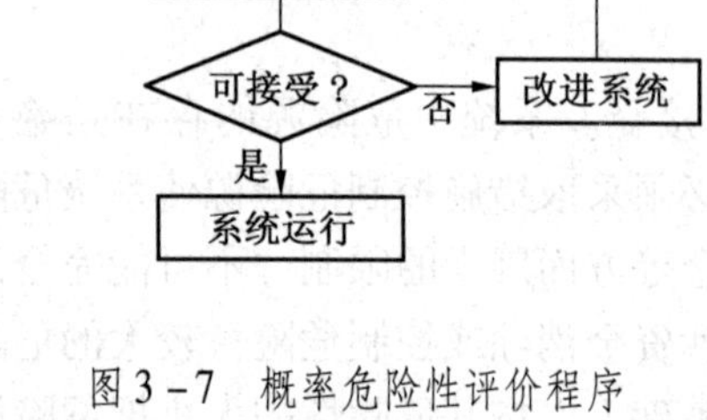

图 3－7　概率危险性评价程序

概率的危险性评价方法是以某种系统事故发生概率计算为基础的危险性评价方法。目前应用较多的是概率危险性评价（Probabilistic Risk Assessment，PRA）。在概率危险性评价中，以危险度作为危险性评价指标，它等于危险源导致事故的概率和事故后果严重度的乘积：

$$危险度 = 事故发生概率 \times 后果严重度$$

概率危险性评价包括辨识系统中的危险源，估算事故发生概率，推测事故后果，计算危险度和与设定的安全目标值——允许危险相比较等一系列工作。图 3－7 为概率危险性评价程序。

相对的危险性评价是评价者根据以往的经验和个人见解规定一系列打分标准，然后按危险性分数评价危险性的方法。相对的评价法又叫做打分法。这种方法需要更多的经验与判断，受评价者主观因素影响较大。生产作业条件危险性评价法、道化学工业公司的火灾爆炸指数法等都属于相对的危险性评价法。

二、生产作业条件危险性评价法

生产作业条件危险性评价法从发生事故的可能性、人员暴露于危险环境情况和事故后果严重度3个项目评价生产作业条件的危险性。根据经验规定各项目的打分标准和评价标准，然后按下式计算生产作业条件危险分数 D：

$$D = L \cdot E \cdot C \tag{3-3}$$

式中 L——事故发生可能性分数；

E——人员暴露危险环境情况分数；

C——事故后果严重度分数。

为了实际应用方便，绘制了图3-8的诺模图。使用时首先在各评价因素的竖线上找出相应的分数点，然后过事故发生可能性分数点与暴露于危险环境分数点画直线交于辅助线上一点，过此点与危险严重程度分数点做直线与危险性分数线交点即为危险性分数点。在危险性分数点的右侧列出了评价结果。

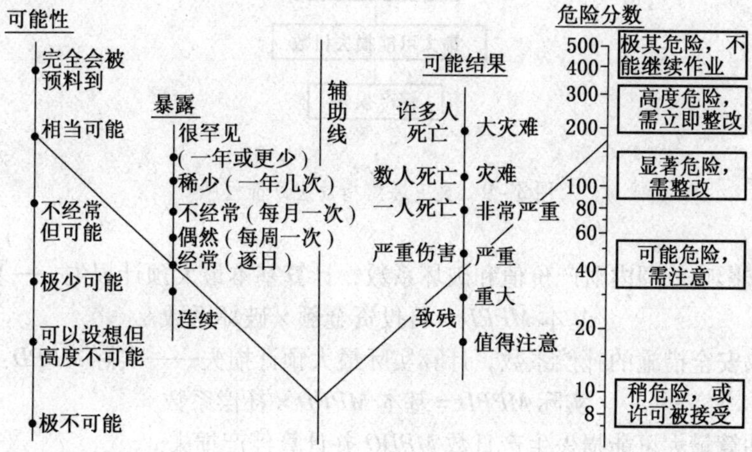

图3-8　生产作业条件危险性评价诺模图

三、火灾爆炸指数法

美国的道化学工业公司（Down chemical co.）开发了火灾爆炸指数法，根据物质的燃烧性和化学活泼性、工艺过程危险性评价危险物质加工处理、运输、储存的危险性，用于生产单元的危险性排序。图3-9为火灾爆炸指数法评价程序。

该评价方法用物质系数 M 反映物质燃烧或化学反应发生火灾、爆炸释放能量的强度，同时考虑一般工艺危险性系数 F_1 和特殊工艺危险性系数 F_2，计算火灾爆炸指数 $F\&EI$ 作为危险性评价指标：

$$F\&EI = M \cdot F_1 \cdot F_2 \tag{3-4}$$

根据火灾爆炸指数计算火灾爆炸影响范围：

$$R = 0.26F\&.EI(\mathrm{m}) \tag{3-5}$$

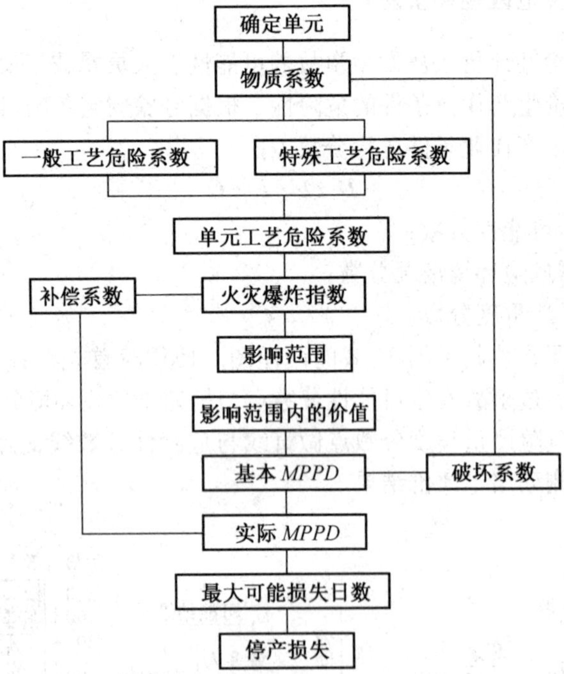

图 3-9　火灾爆炸指数法评价程序

考虑火灾爆炸影响范围内财产价值和破坏系数，计算基本最大预计损失——基本 *MPPD*：

$$\text{基本 } MPPD = \text{再投资金额} \times \text{破坏系数} \tag{3-6}$$

考虑采取安全措施的补偿系数，计算实际最大预计损失——实际 *MPPD*：

$$\text{实际 } MPPD = \text{基本 } MPPD \times \text{补偿系数} \tag{3-7}$$

最后，估算最大可能损失生产日数 *MPDO* 并计算停产损失。

第四节　危 险 源 控 制

危险源控制（Hazard contro1）是利用工程技术和管理手段消除、控制危险源，防止危险源导致事故、造成人员伤害和财物损失的工作。

控制危险源主要通过改进生产工艺、设备、设置安全防护装置等技术手段来实现。危险源控制技术包括防止事故发生的安全技术和减少或避免事故损失的安全技术。显然，一方面在采取危险源控制措施时，应该着眼于前者，做到防患于未然；另一方面也应做好充分准备，一旦发生事故时防止事故扩大或引起其他事故，把事故造成的损失限制在尽可能小的范围内。

管理也是危险源控制的重要手段。管理的基本功能是计划、组织、指挥、协调、控制。通过一系列有计划、有组织的系统安全管理活动，控制系统中人的因素、物的因素和环境因素，有效地控制危险源。

一、防止事故发生的安全技术

防止事故发生的安全技术的基本出发点是采取措施约束、限制能量或危险物质，防止其意外释放。常用的防止事故发生的安全技术有消除或限制危险源，隔离，故障—安全设计，减少故障或失误，操作程序和规程及校正措施等。其中，应该优先考虑消除和限制危险源，创造安全的生产条件。

（一）消除和限制危险源

消除系统中的危险源可以从根本上防止事故发生。但是，系统安全的一个重要观点是，人们不可能彻底消除所有的危险源，人们只能有选择地消除几种特定的危险源。一般来说，当某种危险源的危险性较高时，应该首先考虑能否采取措施消除它。

1. 彻底清除危险源

可以通过选择恰当的生产工艺、技术、设备，合理的设计、结构形式或合适的原材料来彻底消除某种危险源。

（1）用压气或液压系统代替电力系统，防止发生电气事故。

（2）用液压系统代替压气系统，避免压力容器、管路破裂造成冲击波。

（3）用不燃性材料代替可燃性材料，防止发生火灾。

应该注意，有时采取措施消除了某种危险源，却又可能带来新的危险源。例如，用压气系统代替电力系统可以防止电气事故，但是压气系统却可能发生物理爆炸事故。

2. 降低危险性

受实际技术、经济条件的限制，有些危险源不能被彻底根除，这时应该设法限制它们拥有的能量或危险物质的量，降低其危险性。

1）减少能量或危险物质的量

（1）必须使用电力时，采用低电压防止触电。

（2）限制可燃性气体浓度，使其不达到爆炸极限。

（3）控制化学反应速度，防止产生过多的热或过高的压力。

2）防止能量蓄积

能量蓄积会使危险源拥有的能量增加，从而增加发生事故和造成损失的危险性。采取措施防止能量蓄积，可以避免能量意外的突然释放。

（1）利用金属喷层或导电涂层防止静电蓄积。

（2）控制工艺参数，如温度、压力、流量等。

3）安全地释放能量

在可能发生能量蓄积或能量意外释放的场合，人为地开辟能量泄放渠道，安全地释放能量。

（1）压力容器上安装安全阀、破裂片等，防止容器内部能量蓄积。

（2）在有爆炸危险的建筑物上设置泄压窗，防止爆炸摧毁建筑物。

（3）电气系统设置接地保护。

（4）设施、建筑物安装避雷保护装置。

为了采取措施消除或限制危险源，必须先识别危险源，评价其危险性，这可以借助前面讲过的系统安全分析与评价方法来进行。

（二）隔离

隔离是一种常用的控制能量或危险物质的安全技术措施，既可用于防止事故发生，也可用于避免或减少事故损失。

预防事故发生的隔离措施有分离和屏蔽两种。前者是指时间上或空间上的分离，防止一旦相遇则可能产生或释放能量或危险物质的物质相遇；后者是指利用物理的屏蔽措施局限、约束能量或危险物质。

1. 隔离措施的主要作用

（1）把不能共存的物质分开，防止产生新的能量或危险物质。例如，把燃烧三要素中一种要素与其余的要素分开，防止发生火灾。

（2）局限、约束能量或危险物质在某一范围，防止其意外释放。例如，在带电体外部加上绝缘物，防止漏电。

（3）防止人员接触危险源。通常把这些措施称为安全防护装置。例如，利用防护罩、防护栅等把设备的转动部件、高温热源或危险区域屏蔽起来。

2. 联锁的主要应用

为了确保隔离措施发挥作用，有时采用联锁措施。但是，联锁本身并非隔离措施。联锁主要被用于下述两种情况；

（1）安全防护装置与设备之间的联锁。如果不利用安全防护装置，则设备不能运转而处于最低能量状态，防止事故发生。

（2）防止由于操作错误或设备故障造成不安全状态。例如，利用限位开关防止设备运转超出安全范围；利用光电联锁装置防止人体或人体的一部分进入危险区域等。联锁措施还可用于防止因操作顺序错误而引起事故。

在某些特殊情况下，要求联锁措施暂时不起作用，以便于人员进行一些必要的操作。这种可以暂时不起作用的联锁叫做可绕过式联锁。如果绕过联锁可能发生事故时，应该设置警告信号，提醒人们注意联锁没起作用，需要采取其他安全措施。当联锁被暂时绕过之后，必须能保证恢复其机能。

（三）故障—安全设计

在系统、设备的一部分发生故障或破坏的情况下，在一定时间内也能保证安全的安全技术措施称为故障—安全（fail - safe）设计。一般来说，通过精心技术设计，使得系统、设备发生故障时处于低能量状态，防止能量意外释放。例如，电气系统中的熔断器就是典型的故障—安全设计，当系统过负荷时熔断器熔断，把电路断开而保证安全。

尽管故障—安全设计是一种有效的安全技术措施，但考虑到故障—安全设计本身可能因故障而不起作用，所以选择安全技术措施时不应优先采用。

（四）减少故障和失误

物的故障和人失误在事故致因中占有重要位置，因此应该努力减少故障和失误的发生。

1. 减少故障

机械设备、装置等物的故障及人失误在事故致因中占有重要位置，因此应该努力减少故障及失误的发生。一般来说，可以通过提高可靠性来减少物的故障。在安全工程领域经常采用安全系数或降低许用值、增设安全监控系统等措施。

（1）安全系数。采用安全系数是在结构设计中最早用来减少故障的方法。由于结构、部件的强度超出所承受的最大应力的若干倍，所以能减少因设计计算错误、未知因素、制造缺陷及老化等造成的故障。

（2）降低许用值。与结构设计中采用安全系数的思想类似，在电气、电子设备或元件的设计中采用降低许用值（Derating）的方法，防止故障发生。其具体做法是选用其功率较要求的功率大得多的设备或元件，或者采取冷却措施提高设备或元件的承载能力。例如，重要的警告信号灯采用低于灯泡额定电压的电压供电，可以减少故障、增加寿命。

（3）安全监控系统。在生产过程中，广泛利用安全监控系统对某些技术参数进行监测，控制这些参数不达到危险水平而避免事故发生。典型的安全监控系统具有检知部分、判断部分和驱动部分 3 个部分组成（图 3－10）。

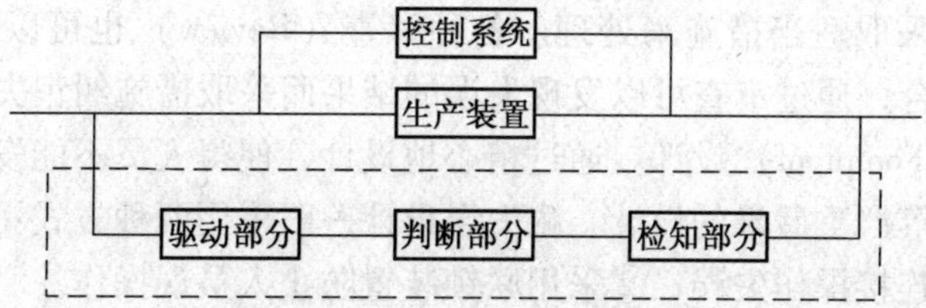

图 3－10 典型的安全监控系统

检知部分主要由传感元件构成，用以感知特定物理量的变化。一般地，检知部分的灵敏度较人的感官灵敏度高得多，所以能够发现人员难以直接觉察的潜在变化。为了在危险情况出现之前有充分的时间采取措施，检知部分应该有足够的灵敏度；另一方面，也应有一定的抗干扰能力。

判断部分把检知部分得到的参数值与预先规定的参数值相比较，判断被监控对象是否正常。当驱动部分的功能由人员来完成时；往往把预定的参数值定得低些，以保证人员有充足的时间做出恰当的决策和行动。

驱动部分的功能在于判断部分判明存在异常、有可能出现危险时，实施恰当的措施。所谓恰当的措施，可能是停止设备、装置的动转，启动安全装置，或是向人员发出警告让人员采取措施处理或回避危险。在若不立即采取措施就可能发生严重事故的场合，则应该采用自动装置以迅速地消除危险。

安全监控系统本身也可能发生故障而不能消除危险。安全监控系统可能发生漏报或误报，性质完全相反的两种类型故障。提高安全监控系统可靠性是一件困难的工作。一般来说，采用表决系统既可以提高防止漏报型故障性能，又可以提高防止误报型故障的性能，可以有效地提高安全监控系统的可靠性。

2. 防止人失误

可以从技术和管理两方面采取措施防止人失误，一般地，技术措施比管理措施更有效。

常用的防止人失误的技术措施有用机器代替人操作、采用冗余系统、耐失误设计、警告以及良好的人、机、环境匹配等。

（1）用机器代替人。用机器代替人操作是防止人失误发生的最可靠的措施。由于机器在人们规定的约束条件下运转，自由度较少，不像人那样有行为自由性，所以很容易实现人们的意图。与人相比，机器运转的可靠性较高。机器的故障率一般在 $10^{-6}\sim10^{-4}$ 之间，而人失误率一般在 $10^{-3}\sim10^{-2}$ 之间。因此，用机器代替人操作，不仅可以减轻人的劳动强度、提高工作效率，而且可以有效地避免或减少人失误。应该注意到，尽管用机器代替人可以有效地防止人失误，然而并非任何场合都可以用机器取代人。这是因为人具有机器无法比拟的优点，许多功能是无法用机器取代的。

（2）冗余系统。可以采取 2 人操作、人机并行的方式构成冗余系统。2 人操作方式是指本来由 1 个人可以完成的操作由 2 个人来完成。一般地，1 人操作另 1 人监视，组成核对系统（Check System）。如果 1 个人操作发生失误，另 1 个人可以纠正失误。人机并行方式是由人员和机器共同操作组成的人机并联系统，人的缺点由机器来弥补，机器发生故障时由人员发现并采取适当措施来处理。各种审查（Review）也可以看做冗余措施。在时间比较充裕的场合，通过审查可以发现失误的结果而采取措施纠正失误。

（3）耐失误（Foolproof）设计。通过精心地设计，使得人员不能发生失误或者发生失误也不会带来事故等严重后果的设计。耐失误设计一般采用两种方式：①利用不同的形状或尺寸防止安装、连接操作失误；②采用联锁装置防止人员误操作。

（4）警告。警告是提醒人们注意的主要方法，它让人把注意力集中于可能会被漏掉的信息，也可以提示人调用自己的知识和经验。可以通过人的各种感官实现警告，有视觉警告、听觉警告、触觉警告和味觉警告。其中，视觉警告、听觉警告应用得最多。

防止人失误的管理措施很多，主要有根据工作任务的要求选择合适的人员；推行标准化作业，通过教育、训练提高人员的知识和技能水平；合理地安排工作任务，防止发生疲劳，使人员的心理紧张度最优；树立良好的企业风气，建立和谐的人际关系，调动职工的安全生产积极性等。

二、避免或减少事故损失的安全技术

避免或减少事故损失的安全技术的基本出发点是防止意外释放的能量达及人或物，或者减轻其对人和物的作用。事故后如果不能迅速控制局面，则事故规模有可能进一步扩大，甚至引起二次事故而释放出更多的能量或危险物质。在事故发生前就应该考虑到采取避免或减少事故损失的技术措施。

常用的避免或减少事故损失的安全技术有隔离、个体防护、薄弱环节、避难与援救等。

（一）隔离

作为避免或减少事故损失的隔离，其作用在于把被保护的人或物与意外释放的能量或危险物质隔开。隔离措施有远离、封闭和缓冲 3 种。

1. 远离

把可能发生事故而释放出大量能量或危险物质的工艺、设备或工厂等布置在远离人群或被保护物的地方。例如，把爆破材料的加工制造、储存设施安排在远离居民区和建筑物的地方，一些危险性高的化工企业远离市区等。

2. 封闭

利用封闭措施可以控制事故造成的危险局面，限制事故的影响。

(1) 控制事故造成的危险局面。例如，森林火灾时利用防火带封闭火区，防止火势扩大。

(2) 限制事故影响，避免伤害和破坏。例如，防火密闭可以防止有毒、有害气体蔓延；高速公路两侧的围栏防止失控的汽车冲到公路两侧的沟里。

(3) 为人员提供保护。把某一区域封闭起来作为安全区，保护人员。例如，矿井里设置的避难硐室。

(4) 为物质、设备提供保护。

3. 缓冲

缓冲可以吸收能量，减轻能量的破坏作用。例如，安全帽可以吸收冲击能量，防止人员头部受伤。

(二) 个体防护

实际上，个体防护也是一种隔离措施，它把人体与意外释放的能量或危险物质隔离开。

(三) 薄弱环节

利用事先设计好的薄弱环节使事故能量按人们的意图释放，防止能量作用于被保护的人或物。一般地，设计的薄弱部分即使破坏了，却以较小的损失避免了大的损失。因此，这种安全技术又称接受微小损失。常见的薄弱环节的例子如下：

(1) 锅炉上的易熔塞。当锅炉里的水降低到一定水平时，易熔塞温度升高并熔化，锅炉内的蒸汽泄放而防止锅炉爆炸。

(2) 电路中的熔断器，驱动设备上的安全连接棒等。

(四) 避难与援救

事故发生后应该努力采取措施控制事态的发展，但是当判明事态已经发展到不可控制的地步时，则应迅速避难，撤离危险区。

为了满足事故发生时的应急需要，在厂区布置、建筑物设计和交通设施设计中，要充分考虑一旦发生事故时的人员避难和援救问题。具体地，要考虑如下问题：

(1) 采取隔离措施保护人员，如设置避难空间等。

(2) 使人员能迅速撤离危险区域，如规定撤退路线，设置安全出口和应急输送等。

(3) 如果危险区域里的人员无法逃脱，能够被援救人员搭救。

为了在一旦发生事故时人员能够迅速脱离危险区域，事前应该做好应急计划，并且平时应该进行避难、援救演习。

三、安全技术体系

上述4种安全技术构成了危险源控制的安全技术体系。

1. 本质安全设计

本质安全设计作为危险源控制的基本方法，通过选择安全的生产工艺、机械设备、装置和材料等，在源头上消除或限制危险源，而不是依赖“附加的”安全防护措施或管理措施去控制它们。

进行本质安全设计首先要通过系统安全分析辨识系统中可能出现的危险源，然后针对辨识出来的危险源选择消除、限制危险源效果最好的技术方案，并在工程设计中体现出来。

例如，石油化工等过程工业领域的主要危险源是易燃、易爆、有毒有害的危险物质，相应地涉及生产、加工、处理它们的工艺过程和生产装置。英国的克莱兹把工艺过程的本质安全设计归纳为消除、最小化、替代、缓和及简化5项技术原则：

（1）消除（Elimination），即消除危险物质。

（2）最小化（Minimization），即减少危险物质的量。由于减少了危险物质的存量，“没什么可漏的”，即使发生意外泄漏也不会造成什么后果。

（3）替代（Substitution），即选择不太危险的化学反应，或用不太危险的物质替换危险物质。

（4）缓和（Moderation），即使用危险性小的形态的物料，或改变工艺条件，如降低温度、压力或流量等。

（5）简化（Simplification），即减少装置设计和操作的复杂度，由于较少的设备故障和人失误可使事故不易发生。

在机械安全领域，机械本体的本质安全设计思路为：①采取措施消除或消减危险源；②尽可能减少人体进入危险区域的可能性。

其主要技术原则包括：①消除锐利的端部、角和突起物等；②机械的形状、尺寸以及驱动力等保证操作者身体一部分不被挤伤、撞伤；③足够的机械强度；④采用无害材料、本质安全型防爆电器等本质安全技术；⑤良好的人机学设计减轻操作者负担，防止误操作；⑥防止控制系统故障产生的危险。

在机械设计中要充分考虑人的特性，遵从人、机、学的设计原则。除了考虑人的生理、心理特征，减少操作者生理、精神方面的紧张等因素之外，还要“合理地预见可能的错误使用机械”的情况，必须考虑由于机械故障、运转不正常等情况发生时操作者的反射行为、操作不当等造成的危险。为了防止机械的意外启动、失速、危险出现时不能停止运行及工件掉落或飞出等伤害人员，机械的控制系统也要进行本质安全设计。

在矿山安全领域，为了防止地压危害，进行地下采矿设计时尽量采用充填式采矿法或崩落式采矿法，不采用空场式采矿法；选择适当的矿房、矿柱尺寸等，减少矿岩暴露面积；为了防止冒顶片帮时人员受到伤害，采用深孔或中深孔落矿方式，人员不进入采矿场，在暴露面积较小的凿岩巷道或硐室里进行凿岩作业等。

2. 安全防护

经过本质安全设计之后，有些危险源被消除了，有些危险源被限制而危险性降低了，但是仍然有危险源，往往“残余危险”仍然超过允许危险水平，需要采取防护措施，即安全防护，进一步降低系统的危险性。

根据发挥防护功能的情况，把安全防护分为被动安全防护（Passive Protection）和主动安全防护（Active Protection）两类。被动安全防护主要是一些没有传感元件和动作部件而被动地限制、减缓能量或危险物质意外释放的物理屏蔽，如机械的防护栅、防护罩，高处作业场所的扶手、围栏等。主动安全防护是一些检测异常状态并使系统处于安全状态的安全监控系统，如报警、联锁、减缓装置，或使系统处于低能量状态的紧急停车系统等。

核工业领域在运用系统安全工程实现核电站安全的过程中，逐渐形成了“纵深防御

(Defense - in - depth)”的理念。为了确保核电站的安全，在本质安全设计的基础上采用了多重安全防护策略。

美国化工过程安全中心（CCPS）提出了防护层（Layer of Protection，LP）的理念。针对本质安全设计之后的残余危险设置若干层防护层，使工艺过程危险性降低到允许的水平。

图3 - 11为国际电工标准IEC 61511《机能安全——过程工业安全仪表系统》中介绍的典型的过程工业防护层。根据该标准，在工艺过程本质安全设计的基础上设置了6个防护层：

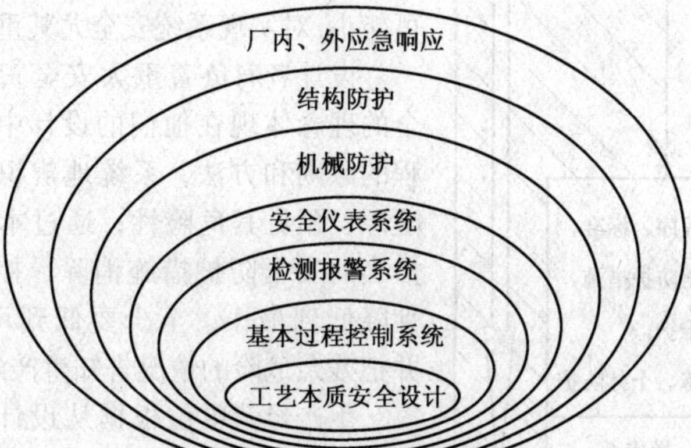

图3 - 11　过程工业防护层

（1）基本过程控制系统。保证系统正常运行的过程控制系统，包括各种过程操作、程序控制（如温度控制系统）等措施，它将保证系统处于正常工作状态。

（2）监测报警系统。当某个或多个参数超过规定值时报警，提醒操作者采取恰当操作以防止过程进入危险状态。

（3）安全仪表系统。由传感器、逻辑模块和执行部分组成。紧急关闭系统就是最常见的安全仪表控制系统之一。安全仪表控制系统不仅可以预防危险事件的发生，也可以减轻事故后果。

（4）机械防护。安全阀、泄压阀、放散阀、爆破片等防护机械，在前面的几个防护层失效的情况下，机械防护层可以起到预防事故发生的作用。

（5）结构防护。各种防护堤、防护沟、防爆墙等各类结构性防护措施，通过切断对水源、土壤、地下水、大气的污染，起到减轻事故后果的作用。

（6）厂内、外应急响应。事故发生后的各种应急救援行动，包括企业内的应急和企业外的应急响应。后者是指企业之外的社会应急响应。

防护层中往往既有被动防护措施也有主动防护措施。机械防护和结构防护都属于物理防护，前者是在危险物质释放前就发挥作用的防护措施，属于主动防护措施；后者是在危险物质释放后才发挥作用的防护措施，属于被动防护。

防护层的安全防护性能，即防护层发挥安全防护机能的情况对控制残余危险起着十分重要的作用。因此，必须针对残余危险性的大小设置充分、可靠的防护层。并且，防护层之间应该相互独立以防止多个防护层同时或相继失去防护作用。

3. 安全操作程序和规程

采取了安全防护之后危险源的危险性进一步降低，到了允许危险水平，但是仍然有“残余危险”，需要制定安全操作规程、程序和标准，规范人们的操作行为。

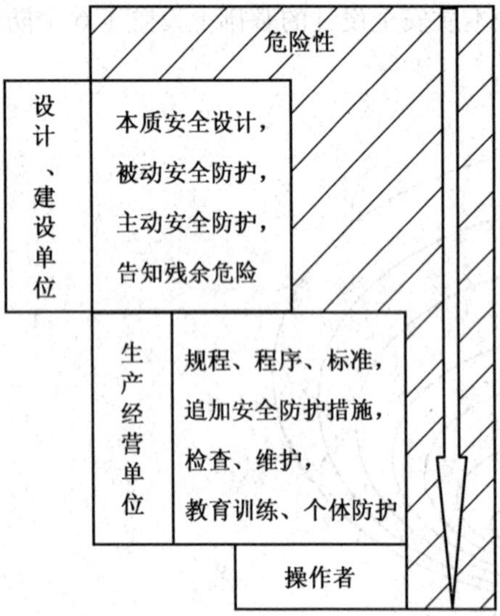

图 3－12　实现系统安全示意图

根据系统安全的原则，控制危险源应贯穿于从立项、可行性研究、设计、建设、运行、维护、直到报废为止的整个系统寿命期间。特别是在早期的设计、建设阶段消除或控制危险源，使残余危险性尽可能小，对实现系统安全尤其重要（图 3－12）。

设计者肩负着重大安全责任，应该把本质安全的理念体现在他们的设计中，应用系统安全工程的原则和方法，系统地辨识所设计项目中的危险源，预见其危险性；通过本质安全设计和采用恰当的安全防护措施消除、控制危险源，把危险性降低到最小，至少要低到可接受危险的水平，并把残余危险的情况告知生产经营单位。

生产经营单位根据从设计单位、建设单位那里得到的残余危险的信息，制定安全操作规程、程序和作业标准，教育训练操作者；为操作者提供个体防护用品。生产经营单位还要根据生产过程中发现的实际问题采取“追加的”安全防护措施，加强对工艺过程、机械设备和装置等的检查和维护，保持安全的生产作业条件。

复习思考题

1. 能量意外释放论说明了什么问题？
2. 举例对两类危险源进行说明。
3. 叙述危险源辨识方法及其主要内容。
4. 说明两类危险源辨识的原则。
5. 叙述系统安全分析方法及其主要内容。
6. 事件树分析与故障树分析异同点是什么？
7. 叙述危险性评价的主要方法。
8. 简述防止事故发生的主要安全技术。
9. 为避免和减少事故损失，应采用哪些安全技术？
10. 危险源控制的安全技术体系包括哪些内容？工程技术人员如何在危险源控制方面发挥作用？

第四章　常见伤害事故预防

在生产过程中，时有发生伤害事故如高处坠落事故、机械伤害事故、电气伤害事故、化学危险品伤害事故、矿山伤害事故等。

对于伤害事故要进行定性分析，找出伤害事故发生的原因。伤害事故的原因有直接原因、间接原因、根本原因和主要原因。直接原因是人的不安全行为和物的不安全状态；间接原因是个人或者环境的因素；根本原因是安全管理上存在的缺陷，对人的不安全行为和物的不安全状态未能采取有效措施进行控制；主要原因是安全理念不强，没有将“安全第一、预防为主、综合治理”的安全生产方针放在首位。

通过对伤害事故原因的分析，采取有针对性的安全措施，防止伤害事故发生。

第一节　高处坠落事故及其预防

一、坠落伤害

1. 坠落事故及其伤害

据国标（GB/T 3608—2008）规定，凡在坠落高度 2 m 以上（含 2 m）有可能坠落的高处进行作业，均称为高处作业。在生产现场，有些作业有时必须在高空条件下进行，有时又必须在坑道的边沿进行，如图 4－1 所示。在这些情况下，作业人员都是在以地面或坑道底部作为作业高度的基准面，此时作业人员都具有与高度成比例的势能。

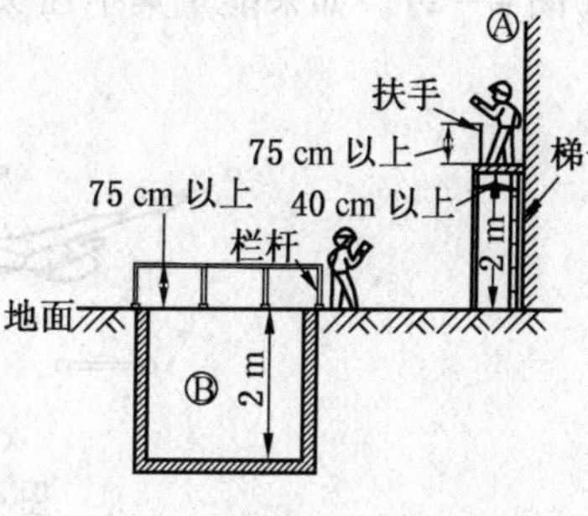

Ⓐ—高处平台；Ⓑ—基坑或井口

图 4－1　防止坠落的措施

坠落事故就是人体在高处所具有势能的意外释放。据日本劳动省统计资料，在物体飞来、崩塌和坠落事故中，其中由势能意外释放而引起的坠落事故占有较大比例，见表 4－1。在生产现场特别是建筑工程线路架设、设备安装以及消防抢险等场合，高处坠落的事故频率最高，是主要的伤害事故。

人在高处坠落时，是否受到伤害与高度有直接关系。高度愈高，坠落后受到伤害的程度就愈严重。据统计，从 1 m 高处坠落，约有 50% 的人受伤；从 4 m 高处坠落，100% 的人受伤，甚至死亡；从 12 m 高处坠落，约有 50% 的人死亡；从 15 m 以上高处坠落，约 100% 的人死亡。由此可见，高度是危险性很重要的指标，高处作业按高度分为 4 级：高度 2～5 m 为一级，5～15 m 为二级，15～30 m 为三级，30 m 以上为特级。

2. 影响坠落伤害事故的因素

诱发坠落事故的原因很多，但事故造成伤害的严重程度则取决于以下因素（表 4－1）。

表 4-1 作业人员发生伤亡的情况及原因

事故原因	伤亡人数		
	死亡	休息8日以上者	总计
物体飞来、崩塌（总计）	771	40635	41406
物体飞来、落下	373	26865	27238
坍塌、跌倒	398	13770	14168
坠落（总计）	1172	35576	36748
脚手架、梯子、跳板	353	13168	13521
阶梯、栈桥、开口处	102	2955	3057
其他坠落	717	19453	20170

注：本表资料摘自日本劳动者统计资料。

（1）坠落体（物或人）自身质量及发生坠落时的相对高度（附加势能），以及诱发坠落事故的外部施加力（附加动力）的大小。

（2）有无诸如防护栏杆、防护安全网或安全带等防护设施及其可靠程度。

（3）发生坠落时落着点的松软或坚硬程度。

（4）坠落体姿势、状态等。

人从高处坠落到与地面碰撞时，尽管时间极短，也会本能在那一瞬间做出保护身体的姿势。但由于姿势失去平衡而落下的时候，要想矫正到原来站立的姿势，那是根本来不及的（图 4-2）。如果能量集中在头部的话，即使从 2 m 高处坠落，也有可能死亡。

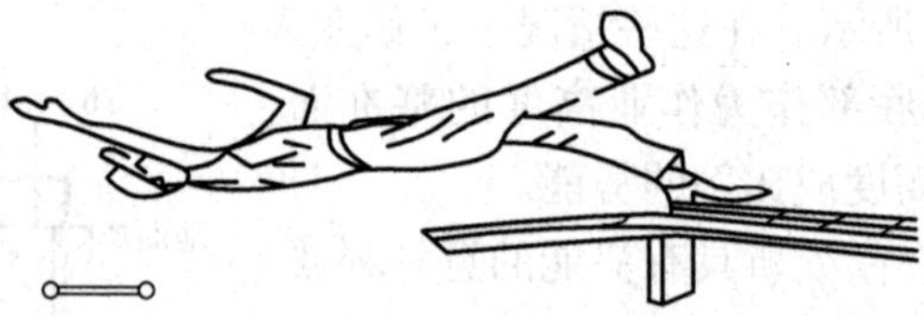

图 4-2 从脚手架上发生的坠落

3. 高处坠落事故类型

（1）临边作业坠落事故。作业者位于作业面的边沿，如基坑、楼边、阳台、屋面、窗台以及女儿墙等边沿进行作业时若无防护设施，都有可能坠落而造成伤亡事故。

（2）洞口作业坠落事故。洞口作业包括建筑施工过程中的各类留孔洞、井巷施工过程中的各类井口以及其他生产过程中的通道口、上料口、楼梯口、电梯井口等，作业人员在附近进行作业时，都有可能发生坠落事故。

（3）悬空作业坠落事故。悬空作业是指构件吊装、管道安装、支拆模板、绑扎钢筋、门窗安装、机器安装和维修等类型。此类作业所使用的索具、脚手架、吊笼、吊篮、平台和塔架等设备，一旦出现故障，就有可能造成坠落事故。

二、坠落事故预防

预防坠落可以依次从创造不坠落的环境、阻止坠落和防止坠落造成伤害 3 个方面着手采用积极有效的技术措施。

1. 人体坠落及其预防措施

（1）图 4－1 所示的坠落情况。以地面为基准，有从比它高的和比它低的两种情况发生坠落。如图 4－1 中Ⓐ那样的作业，只有在某个特定的时间和特定的场合下，才是有必要的，而不是经常需要那样做的。因此，对于这种必要作业，在没有设置脚手架时，就不能凑合着工作，而是动脑筋采取种种措施以保证作业能安全顺利地进行。图 4－3 所示的是一般登高所用的升降设施，也表示出了梯子、楼梯和斜面这三者的使用界限和所推荐使用的角度。可移动梯子的放置角度最好为 75°，在这个角度以下，如放置接近于界限线处，则在梯子和地而接触的防滑装置上，就要受到很大的水平分力的作用，这个分力就会使梯子滑动而成为坠落的原因。图 4－4 所示是典型的梯子的侧面图，如所用梯子的长度为 A，则梯子下端的距离大约应为 $A/4$。楼梯设置的角度以 45°左右为好，在其两边还应该设置有很结实的扶手。

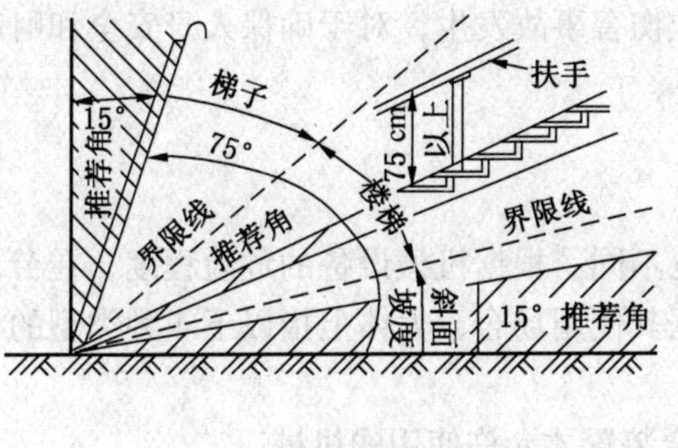

图 4－3　用于升降的设备

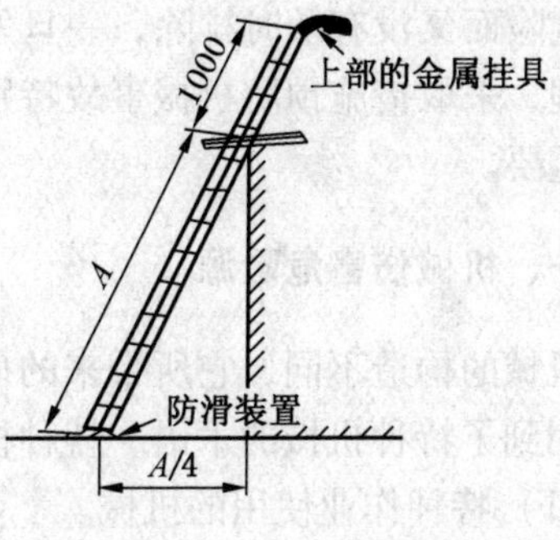

图 4－4　典型的梯子侧面

（2）开口处（敞开部位）的坠落事故及其预防。当人们处于比地面高的位置时，就必然具有与其高度成比例关系的势能。对于作业面的开口处，为了不发生坠落事故，应该设置有盖板、罩子和栏杆等。为了对作业者进行防护，还应根据作业条件或像高空作业那样使用安全带，或像在艰难作业条件下采用安全网来缓冲势能的冲击。

（3）屋顶作业时发生坠落事故及其预防。清扫或维修石棉瓦屋顶作业时，由于没有踩在支撑石棉瓦的木条上，而直接踩在石棉瓦的中央，如果该石棉瓦不能支撑人体的重量则会破裂，而导致工作人员坠落到地面上发生死亡事故。为了防止这样的坠落，应该设置宽度为 30 cm 以上的跳板，使作业者在跳板上行走。同时，为了防备万一发生坠落的情况，最好在屋顶的下方拉上安全网。

（4）跌入料斗的坠落事故及其预防。在具体生产现场，有时由于作业关系，需要使用大的蒸煮槽或料斗以及深坑之类的装置，这时作业人员因为具有势能，所以就会有从这些装置的开口处跌落下去的危险。在这样的作业条件下，如果装置里面还有高温或粉末状的物质时，作业人员一旦跌入其中，就会发生烧伤，所以必须设置有高度为 75 cm 以上的栏杆。

2. 物体的飞射或坠落对人体伤害及其预防

在生产活动中，物体的意外飞射或坠落，极易造成伤害。例如，金属切屑过程中的飞散金属屑、尘粒、金属颗粒等的飞溅；爆破过程中的岩石或其他物体抛出；矿石、煤层开采过程中因地压活动致使冒顶、片帮；建筑施工过程中物料堆放不齐、高度过高或吊物捆绑不牢造成垮塌、坠落等。

为了防止物体飞射或坠落的意外事故，首先应加强管理，建立健全操作规程，提高作业人员的自我保护意识；还要有针对性地设置各类保护装置，如防护罩、防护挡板、防护网等；作业人员也应佩戴安全帽和防护服等保护品。

第二节　机械伤害事故及其预防

机械设备是现代化生产中各行各业不可缺少的生产设备。不仅工业生产要用到各种机械，其他行业也在不同程度上用到各种机械，如农用机械、林业机械、渔业机械、运输机械、建筑机械等。机械倘若因故（操作失误、外界干扰作用或因自身质量出现故障等）出现危险而又没有及时排除，一旦发生事故，它所造成的伤害相对而言比较严重。因此加强管理，采取措施预防机械事故特别是机械伤害事故发生，对于确保人身安全和财产损失至关重要。

一、机械伤害危险源

机械的构造不同，它所带来的危险性也不同。根据机械设备的危险程度，在劳动安全方面用到了特种机械的术语。特种机械根据其使用场合，大体上指以下 4 种类型的机械。

（1）特种作业使用的机械。

（2）危险性较大，必须配备特殊的安全装置才允许使用的机械。

（3）危险和有害因素较大，需要进行状态监测，以确定其运行状态是否安全的设备。

（4）属于国家劳动安全监察部门指定，其设计、制造都必须经劳动安全监察部门审查、批准以及监督的设备。

机械事故与其他事故不同，它是由机械的一个或几个运动部件所传递的力而造成的。有时也可以是一个人或人体的某一部分与机械的某一部分相接触而引起的。在国家标准《企业职工伤亡事故分类》规定的事故类别中，前 4 位是物体打击、车辆伤害、机械伤害和起重伤害，这 4 种伤害都与机械有关。在事故的起因物中，与机械有关的起因物有锅炉、压力容器、起重机械、发动机、企业车辆、船舶、动力传送机械、非动力手动工具和其他机械等 11 种。为预防机械事故，必须首先了解机械设备本身存在的危险和有害因素。

（一）相关概念

（1）危险因是指能对人造成伤亡或对物造成突发性损坏的因素。

（2）有害因素是指能影响人的身心健康，导致疾病（含职业病），或能对财物造成慢性损坏的因素。

（3）机械的危险与有害因素是指机械设备直接造成人身伤亡事故的灾害性因素。

（4）非机械的危险与有害因素是指在机械设备生产过程及作业环境中能导致伤亡（非机械损伤）事故或诱发职业病的因素。

（二）机械的危险与有害因素

1. 静止的危险

静止的危险是指设备处于静止状态时存在的危险。当人接触或与静止设备做相对运动时可引起的危险。

（1）切削刀具的刀刃。

（2）机械设备突出的机械部分，如设备表面上的螺栓、吊钩、手柄等。

（3）毛坯、工具、设备边缘锋利飞边和粗糙表面，如未打磨的毛刺、飞边等。

2. 直线运动的危险

直线运动的危险是指做直线运动的机械所引起的危险。

（1）接近式的危险，如机械进行往复的直线运动，当人处在机械直线运动的正前方而未躲让时，受到运动机械的撞击或挤压，其中又分纵向运动的构件（如龙门刨床的工作台、牛头刨床的滑枕、外圆磨床的往复工作台，图4-5所示为牛头刨床危险）和横向运动的构件（如升降式铣床的工作台）。

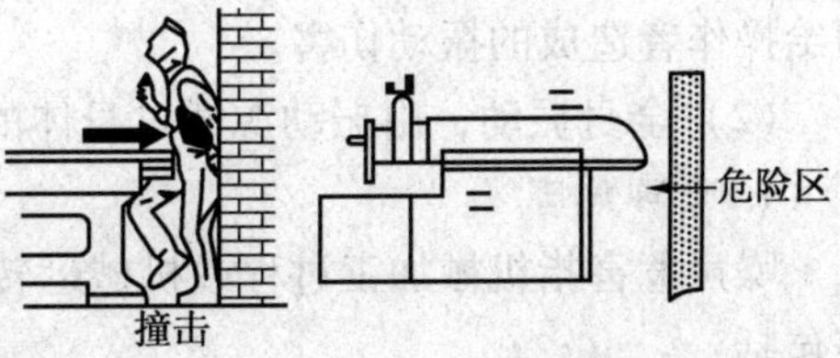

图4-5　牛头刨床危险

（2）经过式的危险指人体经过运动中的部件引起的危险，如运转中的带链、冲模、压力机的滑块与模具、牛头刨床的刨刀等。

3. 旋转运动的危险

旋转运动的危险是指人体或衣服卷进旋转机械部位引起的危险。

（1）卷进单独旋转机械部件中的危险，如机床的主轴等单独旋转的机械部件以及磨削砂轮、各种切削刀具等加工刀具。

（2）卷进旋转运动中两个机械部件中的危险，如朝相反方向旋转的两个轧辊之间、相互啮合的齿轮。

（3）卷进旋转机械部件与固定构件间的危险，如砂轮与砂轮支架之间、旋转蜗杆与壳体之间。

（4）卷进旋转机械部件与直线运动部件的危险，如皮带与皮带轮、齿条与齿轮等。

（5）旋转运动部件凸出物的打击，如皮带上的金属皮带扣、联轴器上的螺钉等。

（6）孔洞部位旋转零部件，如风扇叶片、带辐条的滑轮、齿轮和飞轮等，由于有孔洞而具有更大的危险性。

（7）旋转运动和直线运动引起的复合运动的危险，如凸轮传动机构、连杆曲轴等。

4. 飞出物击伤的危险

飞出物击伤的危险包括飞出的刀具或机械部件（如未夹紧的刀片、破碎的砂轮片等）和飞出的切屑或工件（如连续排出或破碎而飞散的切屑、飞出的锻造件等）。

（三）非机械的危险与有害因素

1. 电击伤害

电击伤害指采用电气设备作为动力的机械以及机械本身在加工过程中产生的静电引起

的危险。造成这种伤害的诱发因素如下：

（1）触电，如机械电气设备绝缘不良，错误地接线或误操作等原因触电造成的电击伤害事故。

（2）静电危害，如在机械加工过程中产生的有害静电，可能引起爆炸、电击伤害事故。

2. 灼烫和冷冻

灼伤和冷冻是指在热加工过程中，被高温金属和加工件灼烫的危险，或与设备的高温面接触时被灼烫的危险；在深冷处理时或与低温金属表面接触时被冷冻的危险。

3. 振动危害

振动危害是在机械加工过程中使用振动工具或机械本身产生的振动所引起的危害。按振动作用于人身体的方式可分为以下两种：

（1）局部振动，如在以手接触振动工具方式进行机械加工时，传向操作者的手和臂而给操作者造成的振动伤害。

（2）全身振动，由振动源通过身体的支持部分将振动传给全身而引起的振动伤害。

4. 噪声危害

噪声危害指机械加工过程或机械运转过程所产生的噪声而引起的危害。机械引起的噪声包括：

（1）机械性噪声，如电锯、切削机床等在加工过程中由于机械撞击、摩擦而发出的噪声。

（2）流体机械动力性噪声，如液压机械、气动机械等设备在运转过程中，由于气体压力突变或流体流动而产生的噪声。

（3）电磁性噪声，如电动机、变压器等在运行过程中，由于电机中交变力相互作用而发出的噪声。

5. 电离辐射危害

电离辐射危害指设备内放射性物质、X 射线装置、γ 射线装置等释放超出国家标准允许剂量的电离辐射危害（与此相对应的还有非电离辐射危害，如从高频加热装置中产生的高频电磁波或激光加工设备中产生的强激光等，这种危害是由于紫外线、可见光、红外线、激光和射频等辐射超出卫生标准规定的剂量而引起的危害）。

6. 其他危害

其他危害指诸如机械设备在加工过程中使用或产生的各种化学物、粉尘等有害物所引起的危害。

二、机械伤害预防

（一）机械伤害事故的能源

当生产现场存在如上所述的危险或有害因素，倘若受到某种能量激发后便会造成人员伤害（伤亡或身心健康损害与疾病）和财物损坏（突发性或慢性）的事故。根据能量守恒定律，输入到机械加工系统中的能量应当等于系统正常运转所做的功。但在实际生产过程中，总有一部分能量没有变为有用功而被消耗掉，如机械能在做功时，有一部分能量因摩擦而转变成热能而向外扩散。一般而言，凡属于人们预计到的损耗通常认为是正常损耗；但有时能量也会发生超过人们预料之外的非正常范围的逸散耗损，这种异常的能量逸散会造成生产设备运转不正常，甚至还会破坏生产设备，发生人身伤亡事故。由这种违反人们意志的能量逸散所引起的机械作用而造成人员伤亡和财产损失的灾害性事故，统称为机械伤害事故。例如，加工车间内桥式起重机小车出轨发生坠落，压伤或砸死吊车下作业工人或其他人员等伤害事故；又如，戴手套操作的车工被绞入旋转工件上引起的断手事故等，均属机械伤害事故。

非正常能量逸散，根据作用物体（人或物）的质量大小、作用前后速度变化、作用时间长短以及作用力集中程度不同，人员伤亡或财产损失程度有轻有重。能量逸散又有直接逸散（如进行中的手推车撞倒站在路旁人的事故就是机械能中的功能的直接逸散）和间接逸散（如轴承被烧毁的事故，可能是机械能在驱动轴旋转的过程中，由于润滑发生障碍导致摩擦作用而变成热能，并达到异常高温之后才发生逸散的）。

表4－2列示了能量直接逸散情况及其导致的伤害情况的分类。其中，3、4、5号现象均为碰撞范畴，人或物在机械碰撞冲击载荷作用下，所遭受的伤害和破坏性尤其严重。它们的共同点是：力的作用时间极短，系统的动量迅速地发生改变。

表4－2　能量直接逸散情况及其导致的伤害情况的分类

序号	现象	作用类型	事故及二次事故
1	卷入		重度伤害
2	夹入		伤害
3	碰撞	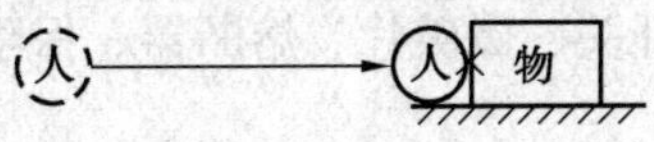	伤害、坠落（二次事故）
4	被碰撞	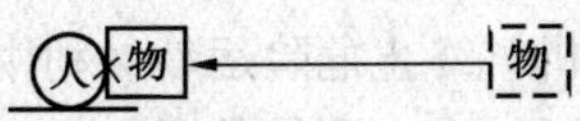	伤害、坠落（二次事故）
5	相互碰撞	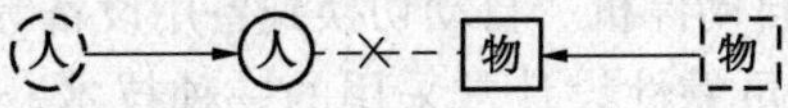	伤害
6	滑倒		二次碰到物体上的伤害
7	摩擦		轻度伤害
8	接触	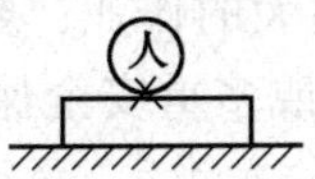	当接触热能、电能、化学能时会造成伤害

（二）预防机械伤害的措施

预防机械伤害事故，首先要求所有机械设备必须符合安全使用要求，在设备的使用寿命期内保证操作者的安全，应要求操作者正确操作。但是，把希望完全寄托在操作者的正确操作上是危险的，必须使设备本身达到本质安全。所谓本质安全是指一般水平的操作者在判断失误和误操作的情况下，生产系统和设备仍能保证安全。为此，设计人员在设计阶段必须考虑各种因素，包括上一节中列举的各种危险和有害因素。

经过综合分析，正确处理设备各项性能如生产率、效率、可靠性、实用性、先进性、使用寿命、经济性和安全性之间的关系，其中安全性必须优先考虑。在设计阶段采取本质安全的工程技术措施分为预防措施和保护措施两类。前者是指防止发生事故或减少事故率所采取的措施；后者是在机械设备发生故障或事故时能减少和控制损失，降低事故严重率的措施。两者既有区别又有共同点。

1. 本质安全的常用工程技术措施

（1）采用机械化、自动化和遥控技术。一般而言，机械的可靠性比人的可靠性高，人易受生理、心理以及外界因素的影响。通常情况下，人的失误率在1%以上，设计优良的机械其故障率至少在0.1%以下。使用可靠性高的零部件，机械的故障率可达0.01%。所以，采用机械化、自动化和遥控技术代替人的手工操作，是提高劳动生产率、降低劳动强度、减少设备故障率、防止误操作、保证操作者安全和设备安全最有效的措施，尤其适用于在恶劣作业环境中的危险作业。

（2）采用可靠性设计，提高机械设备的可靠性。

（3）采用安全防护和保险装置。当无法消除危险因素时，采用安全防护装置隔离危险因素是最常用的技术措施。带有联锁装置的防护罩是最好的本质安全措施之一。安全保险装置又叫故障保险装置。这种装置的作用与安全防护装置稍有不同，它能在设备超压、超温、超速、超载、超位等危险因素时，进行自动控制并消除或减弱上述危险。安全阀、单向阀、超载保护装置、限速器、限位开关、爆破片、熔断器、保险丝、力矩限制器、极限位置限制器等都是常用的保险装置。

（4）采用传感技术和自动监测、报警、处理系统。在危险区设置光电式、感应式、压力式传感器，当人进入危险区可立即停机，终止危险运动。利用现代化仪器仪表对运行中的设备状态参数进行在线监测和故障诊断。当出现异常现象时，自动报警，发出声、光报警信号，并自动作出应急反应，如自动停机、自动切换到备用设备等。

（5）采用冗余技术。冗余技术是可靠性设计常采用的一种技术，即在设计中增加冗余元件或冗余（备用）设备，平时只用其中一个，当发生事故时，冗余设备或冗余元件能自动切换。

（6）向操作者提供关键安全功能装置是否正常的信息（设备的自检功能），配备使操作者容易观察的、能显示设备运行状态和故障的显示器。

（7）设计联锁程序开关。例如对出现错误指令时，系统会阻止启动操纵器运行。这些关键程序只有在正常操作指令下才能启动机械。

（8）采用多重安全保障措施。对于危险性大的作业，要求设备运行绝对安全可靠。为了防止出现故障和发生误操作，应采用双重或多重安全保障措施，使设备运行万无一失。

（9）安装紧急停车开关。

2. 本质安全操作与管理预防措施

（1）建立有计划的维护保养和预防性维修制度；采取故障诊断技术，对运行中的设备进行状态监测，避免或及早发现设备故障；对安全装置进行定期检查，保证安全装置始终处于可靠的待用状态；提供必要的个人防护用品等。

（2）指导机械安全使用。向用户及操作人员提供有关设备危险性的资料、安全操作规程、维修安全手册等技术文件，加强对操作人员的教育和培训，提高工人发现危险和处理紧急情况的能力。

第三节　电气伤害事故及其预防

电气引起的伤害事故是电能通过人体而发生的。它与机械能、热能和化学能引起的伤害事故一样，不仅给人体表面造成伤害，而且还会因电流通过人体而引起心脏的心室产生颤动，全身激烈痉挛，最终导致死亡。此外，以电能起因导致易燃物或可燃物燃烧而引起的火灾与爆炸事故也会造成间接伤亡。电气伤亡事故，不仅可由流动的电流引起，也可由静电引起。

一、电流对人体的伤害

电流对人体的伤害机理是以产生热、电解、机械（电动力）和生物效应形式作用的。

电流的热效应表现为人体局部灼伤，电流所流经的血管、神经、心脏、大脑以及其他器官热量骤增，导致上述器官的功能发生障碍。电流的电解效应表现为组织液（包括血液）分解，并伴随物理—化学成分的严重破坏。电流的生物效应表现为电流通过人体时刺激活组织，使得活组织结构由相对的生理静止状态过渡到特殊的活动状态，产生反射性响应，如电流直接通过肌肉组织，则由此引起肌肉收缩。未承受电流直接刺激的器官还可能由于中枢神经系统产生的反射作用而使其正常活动受到严重破坏。在活组织中，首先是在肌肉（包括心肌）以及中枢神经系统和周围神经系统中不断地产生生物电势。外部电流与极微弱的生物电互相作用时，破坏了生物电对人体组织和器官的正常作用，并抑制生物电的产生，从而使人体出现功能障碍，甚至造成死亡。

（一）伤害形式

1. 局部电击伤害

局部电击伤害是指在电流或电弧的作用下，人体部分组织的完整性明显地遭到损伤。有代表性的局部电击伤害包括电灼伤、电标志、机械伤害、电光眼等。

（1）电灼伤。电灼伤可分为接触灼伤（又称电流灼伤）和电弧灼伤。前者是人体与带电体直接接触，电流通过人体时产生热效应的结果；后者是指电气设备的电压较高时产生强烈的电弧或电火花，灼伤人体，甚至击穿部分组织或器官，并使深部组织烧死或四肢烧焦及致死。

（2）电标志。电流流过人体时，在皮肤上留下青色或浅黄色斑痕，其形状多为圆形或椭圆形，有时与所触及的带电体形状相似。受雷电击伤的电标志图形颇似闪电状。电标志经治疗后皮肤上层坏死部分脱落，皮肤恢复原来色泽、弹性和知觉。

（3）机械损伤。电流通过人体时产生的机械—电动力效应。在这种情况下，肌肉发生不由自主的剧烈抽搐性收缩，致使腱、皮肤、血管以及神经组织断裂，甚至使关节脱位或骨折。

（4）电光眼。眼睛受到电弧紫外线或红外线照射后，角膜或结膜发炎。

2. 全身性电击伤害

全身性电击伤害俗称电击，电击是电流流经人体的结果。遭受电击后，人体维持生命的重要器官和系统的正常活动会受到破坏，甚至导致死亡。

（二）影响电击伤害程度的因素

1. 人体电阻

由于人体内大部分活组织中含有大量的水，因而可以将活组织看做是电解质，所以说人体是导电体，但与金属类导体的导电机理全然不同，它属于离子导电范畴。由于活组织所特有的极为复杂的生物化学和生物物理学过程，致使人体电阻是一个变量，它与皮肤状态、电路参数、生理学因素及环境状况等因素之间存在非线性的函数关系。在某种程度上兼有第一类导体（半导体）和第二类导体（电解质）的性质。人体的各种组织具有不同的电阻值，其中皮肤电阻是决定整个人体电阻的主要因素。

人体电阻与生理因素和周围环境因素之间的关系十分密切。如通常女性的人体电阻比男性小，青少年的人体电阻比成人小，这显然是由于前者的皮肤薄而细嫩所致。生理刺激（疼痛、声、光等突然刺激）可导致人体电阻在短时间（几分钟）内下降 20% ~25% 。在密闭房间内，空气中氧气分压比露天低，在其他条件相同的情况下，人体电阻相应降低，因而增加了触电的危险性。

人体电阻与皮肤状况的关系密切，当人体皮肤表面潮湿时，因水分具有较大的导电率而使皮肤电阻大大降低。若皮肤长时间湿润，可导致角质层松软，水分达到饱和，皮肤电阻几乎完全消失。因此，当手或皮肤的某部分在潮湿情况下操作电气设备时，容易酿成触电事故。汗液的导电能力很强，这是因为汗液中含有水和溶解于水中的矿物盐以及某些物质代谢产物，因而在出汗条件下使用电气设备时增加了触电的危险性。皮肤受到污染时（特别是导电性好的物质，如金属粉末、炭墨尘、煤尘等黏附于皮肤上时），将会使皮肤电阻大为降低，在这种情况下使用电气设备或工具时，触电危险性大为增加。

人体电阻还与电路参数，例如所接触的电压、电流的种类（交流、直流）和频率，电流大小与通过电流的持续时间以及带电体接触人体部位等诸多因素有关。人体不同部位的皮肤电阻值各异。这是因为皮肤角质层的厚度不一，表面汗腺分布不匀、皮肤血管充血程度不同等所决定的。面部、颈部、手掌以上部位（臂）、腋窝和手背的皮肤电阻最小。人体对于直流电的电阻比其对于任何频率的交流电的电阻都大。随着频率的增加，电阻值降低。这种差别仅体现在接触电压在 10 V 以下的场合。高于 50 V 时，人体电阻对于直流电和交流电所呈现的电阻是相同的。

2. 通过人体的电流

人触电时，通过人体的电流是主要伤害因素。其伤害程度与电流大小、电流通过的持续时间和电流频率等密切相关。电流作用于人体的危险性随电流的大小而改变。

（1）感觉电流。通过人体时能引起感觉兴奋的电流，称为感觉电流。当人体通过交流电流（50 Hz）1. 1 mA 或直流电流 6 mA 时，开始感觉到有电流的作用，皮肤有轻微瘙痒感和微弱的针刺感，只有当较长时间通过人体才可能对健康产生不良影响。更为严重的是，当人觉到电流作用后，有可能做出不正确的动作，尤其是在毫无防备的情况下，增加在带电部分附近、高空以及其他危险场所作业时发生事故的可能性。

（2）安全电流。可以长时间（几个小时）通过人体而没有伤害、也不会引起任何痛感的电流，称为安全电流。实际应用中常取 50～70 μA 作为 50 Hz 交流电的安全电流最大值；取 100～125 μA 作为直流电的安全电流最大值。

（3）黏着电流。指电流流过人体时，使握住导体的手产生不可抗拒的痉挛性肌肉收缩的电流。黏着电流不会立即对人体造成伤害，但长时间通过时，可能使心肺的机能受到严重的破坏。直流电不存在黏着电流，50 Hz 交流电的最小黏着电流值，男性平均为 16 mA，女性平均为 11 mA，儿童为 8 mA。当电流达到 25～50 mA 时，可出现呼吸困难直至死亡。

（4）致颤电流。经过机体时引起心脏纤维性颤动的电流，称为致颤电流。当 50 Hz 的交流电以 50 mA 以上的电流沿手—手或手—脚路径通过人体时，仅通电 1～3 s，即可使心脏出现纤维性颤动或停止跳动。50 Hz 交流电的致颤电流的平均阈值为 100 mA，直流电的致颤电流阈值为 300 mA。大于 5 A 的电流，无论是交流或直流，均会引起心脏停止跳动，还会引起呼吸麻痹。通电时间越长，造成重伤或死亡的概率越大。另外，电流通过人体的途径对触电后果起决定性的作用。电流由其他途径通过人体时，可引起这些重要器官起反射作用；但如果流经心、肺、脑等重要器官时，危险性极大，甚至可引起死亡。

3. 施加人体的电压

当电压在 500 V 以下时，直流电比交流电安全得多。当电压超过 500 V 时，直流电将比 50 Hz 交流电更危险。

除上述因素之外，人体素质对触电后果也有影响，如健康状况、心理状态、精神准备以及技术水平和训练有素与否都与触电后果有明显关系。

二、防止触电的安全技术

如前所述，局部电击伤害和全身性电击伤害均是因为人体接触了带电导体才发生的，所以必须设法防止触电。预防措施包括：其一，将电气设备从人的活动范围内隔离开来，以排除人体接触机会；其二，人体万一触电，应该使通过人体的电流限制在安全界限之内。

（一）采用安全电压

安全电压是制订电气安全规程和一系列电气安全技术措施的基础数据，它取决于人体电阻和人体允许通过的电流。我国的安全电压为 36 V 和 12 V。如无特殊安全结构和安全措施，危险环境和特别危险环境的局部照明、手提照明灯等，其安全电压应为 36 V；工作地点狭窄，周围有大面积接地导体环境（如金属容器内）的手提照明灯，其安全电压应采用 12 V。

（二）认真做好绝缘

通常采用的绝缘材料有陶瓷、橡胶、塑料、云母、玻璃、木材、布、纸、矿物油，以及某些高分子合成材料等。绝缘材料的性能受环境条件影响较大，温度、湿度都会改变其电阻率，机械损伤和化学腐蚀等也会降低绝缘材料的绝缘电阻值。对于一些高分子材料，还存在由于“老化”导致的绝缘性能逐步下降的问题。绝缘材料所具备的绝缘性能一般是指其承受的电压在一定范围内所具备的性能。当承受的电压超出相应的范围时，便会出现“击穿”现象。使绝缘材料产生击穿的最小电压叫做击穿电压，此时的电场强度称材料的耐压强度。固体绝缘材料击穿后，其绝缘性能一般不能恢复；而液体和气体绝缘材料击穿后其绝缘性能在撤除电压后还能有所恢复。

（三）严格屏护

某些开启式开关电器的活动部分不便绝缘，或高压设备的绝缘不能保证人在接近时的安全，应采取屏蔽保护措施，以免触电或电弧伤人等事故。屏护装置的形式有围墙、栅栏、护网、护罩等。所用材料应有足够的机械强度和耐火性能，若采用金属材料，则必须接地或接零。屏护装置应有足够的尺寸，并与带电体保持足够的距离。在带电体及屏护装置上应有明显的警告标志，必要时还可附加声光报警和联锁装置等，以最大限度保证屏护的有效性。

（四）保持安全间距

在带电体与地面之间，带电体与其他设备之间，带电体之间，均需保持一定的安全距离，以防止过电压放电和各种短路事故，以及由这些事故导致的火灾。

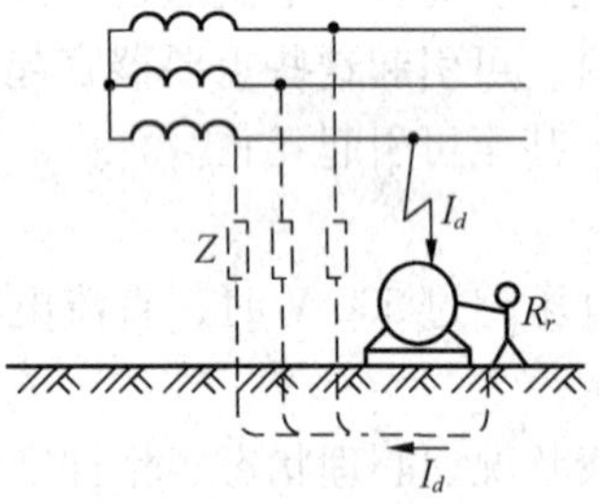

图4-6　不接地的危险性原理图

（五）电气安全保护措施

为避免电器设施发生触电事故，目前还广泛地采用了接地保护、接零保护和漏电保护等电气保护措施。

1. 保护接地

保护接地是广泛应用的安全技术措施之一，主要适用于三相三线制中性点不宜接地的电力系统中。如图4-6所示，在不接地的低压系统中，当一相碰壳时，接地电流 I_d 通过人体和电网对地绝缘阻抗构成回路。

若此时各相对地绝缘阻抗相等，则漏电设备对地电压 U_d 为

$$U_d = \frac{3UR_r}{|3R_r + Z|} \qquad (4-1)$$

式中　U——电网相电压，V；

R_r——人体电阻，Ω；

Z——电网每相对地的绝缘阻抗，Ω。

当电网对地绝缘正常时，U_d 很低。由于电网对地绝缘阻抗 Z 由电网对地分布电容和对地绝缘电阻并联组成，且当绝缘正常时，主要取决于分布电容。故又有

$$U_d = \frac{3UR_r}{\sqrt{9{R_r}^2 + \frac{1}{\omega^2 C^2}}} \qquad (4-2)$$

$$\omega = 2\pi f$$

式中　C——每相对地分布电容，μF；

ω——电源角频率；

f——频率。

可见，即使绝缘正常，若电网分布很广，漏电设施的对地电压仍可能达到危险程度。

在此情况下，可采取如图4－7所示的保护接地措施。由于接地保护电阻 R_b 与 R_r 并联，且 $R_b \ll R_r$，故漏电设施外壳的对地电压 U_d 可视为

$$U_d = \frac{3UR_b}{|3R_d + Z|} \tag{4-3}$$

因为 $R_b \ll Z$，故设备对地电压大大降低，只要控制住 R_b 就可以将漏电设备对地电压限制在安全范围之内。在对地绝缘的电网中，除非另有规定，否则凡由于绝缘破坏或其他原因而可能呈现危险电压的金属部分均应接地。

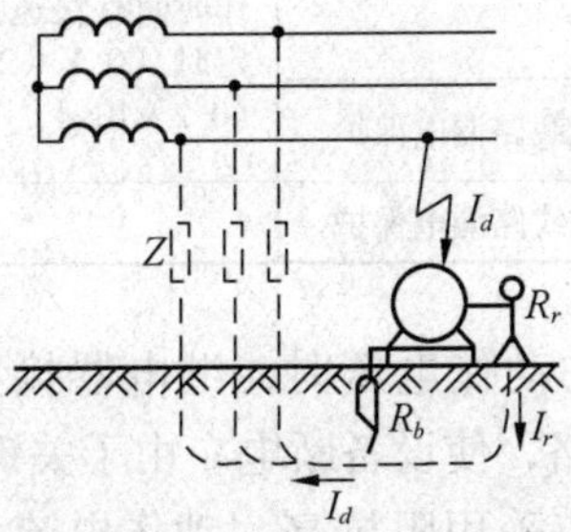

图4－7　保护接地原理图

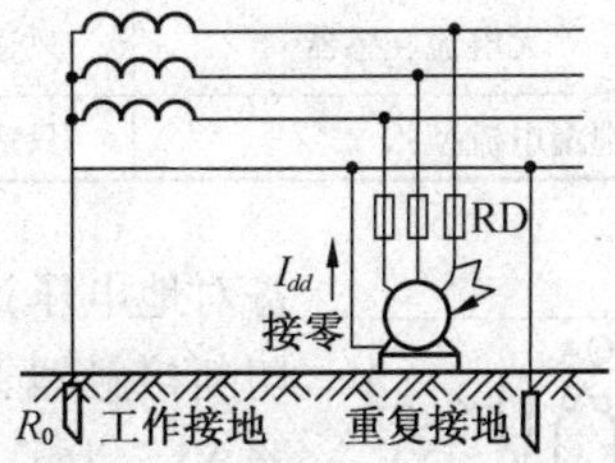

图4－8　保护接零原理图

2. 保护接零

保护接零是将电气设备正常运行时不带电的导电部分与电网地零线（即中性线）连接起来，用以防止触电事故的发生。保护接零通常用于中性点直接接地、380/220 V的三相四线制电网中，还要与其他安全措施（如熔断器、断路器等）配合使用，才能达到目的。保护接零原理如图4－8所示。当设备的某一相线与金属外壳相碰时，通过设备外壳形成该相对零线的单相短路，短路电流 I_{dd} 能促使线路上的保护装置（如熔断器RD）迅速动作。切断故障电源，消除触电危险。

应当注意到，在中性点接地的电网中，除了装置有漏电自动断电装置及采取其他防止触电措施的少数情况外，不能采用保护接地，而只能采用保护接零。这是由于在这类电网中，保护接地只能降低设备漏电时的触电危险性，而不能消除这种危险性。

（六）漏电保护

漏电保护装置是在电气设备或线路漏电时用以保证人身及设备安全的保护装置，又称触电保安器。设备漏电时会出现两种异常现象：其一，正常情况下不带电的金属部分出现对地电压；其二，是三相电流平衡被破坏，出现零序电流（或电压）。漏电保护装置，就是在故障时测得零序电流（或电压）或对地电压，经相应转换，使接触器跳闸，切断电源，实施保护作用。按照输入信号的种类和动作特点，漏电保护装置可分为电压型、零序电流型和泄漏电流型3种，其适用范围可参照表4－3。当漏电保护装置被用作防止触电的安全设施时，宜采用高灵敏度、快速型，其动作电流与动作时间之积不应超过30 mA · s。

1. 电压型漏电保护装置

电压型漏电开关是以设备外壳（或配电变压器的中性点）的对地电压作为检测信号，其基本线路如图4－9所示。使用继电器YJ来检测设备外壳的对地电压。当发生故障使设

表4-3　各种类型漏电保护装置适用范围

<table>
<tr><th colspan="3">类　型</th><th>适 用 范 围</th><th>备　注</th></tr>
<tr><td colspan="3">电压型</td><td>适用于接地或不接地系统设备的漏电保护，可单独使用，也可以保护接地、保护接零同时使用</td><td>装置的动作电压不应超过安全电压</td></tr>
<tr><td rowspan="4">零序电流型</td><td rowspan="3">有电流互感器</td><td>电磁脱扣型</td><td rowspan="3">适用于接地或不接地系统设备或线路漏电保护</td><td rowspan="4">有高灵敏度（小于30 mA）、中灵敏度（30～1000 mA）和低灵敏度（大于1000 mA），动作时间有快速（小于0.1 s）、定时（0.1～2 s）和反时限（0.2～1 s）</td></tr>
<tr><td>灵敏继电器型</td></tr>
<tr><td>晶体管放大型</td></tr>
<tr><td colspan="2">无电流互感器</td><td>只适用于不接地系统线路漏电保护</td></tr>
<tr><td colspan="3">泄漏电流型</td><td>只适用于不接地系统线路漏电保护</td><td></td></tr>
</table>

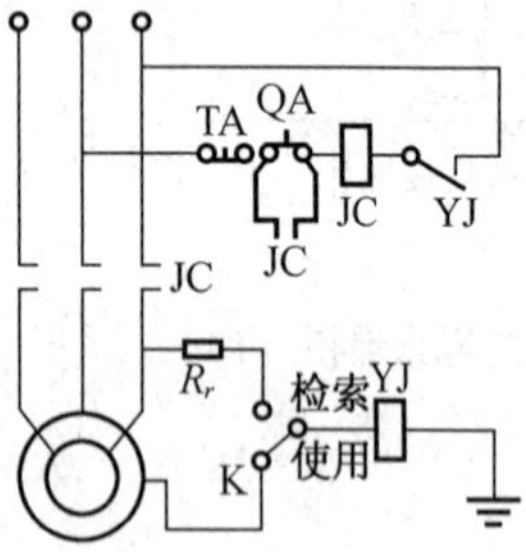

图4-9　电压型漏电保护

备对地电压达到继电器的动作电压时，继电器接点迅速断开，切断接触器JC的控制回路，使设备断电。由于关键部件是继电器YJ，为了灵敏可靠，应采用阻抗高、动作电流小的继电器，这样还可适当降低对继电器接地的要求。

电压型漏电保护装置对于中性点接地和不接地系统都适用，可以单独使用，也可与保护接零或保护接地同时使用。但是，该装置的接地体必须与设备接地线及接地体分开，二者距离应在10 m以上，以防保护装置失效。这一点使电压型漏电保护装置在实际使用中受到一定的限制。

2. 零序电流型漏电保护装置

国际电工委员会的标准中称零序电流型漏电保护装置为“剩余电流动作保护装置”。

1）按动作时间分类

（1）快速型动作时间在0.1 s以内。

（2）延时型动作时间为0.1～2 s。

（3）反时限型额定电流时的动作时间为0.2～1 s，1.4倍额定电流的动作时间为0.1～0.5 s，4.4倍额定电流的动作时间在0.05 s以内。

2）按动作的灵敏度分类

（1）高灵敏度型额定动作电流在30 mA以下。

（2）中灵敏度型额定动作电流为30～1000 mA。

（3）低灵敏度型额定动作电流大于1000 mA。

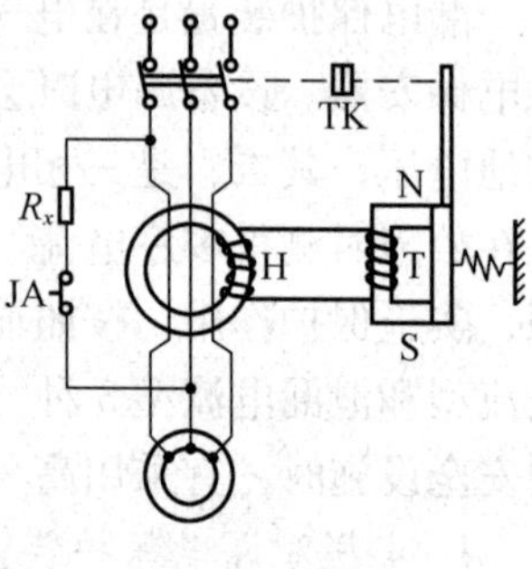

图4-10　电流型漏电开关线路图

电流型漏电保护装置的种类很多，其基本原理却大致相同，都是以检测线路上出现的非正常不平衡电流为动作信号。以图4-10所示衔铁开断式（电磁脱扣型）漏电保护装置为例说明其基本工作原理。零序电流互感器H检测三相电源的不平衡电流，正常时互感器副边无电流，极化电磁铁T只在永久磁铁吸力下克服弹簧拉力使衔铁闭合，线路开关不动作；设备漏电时，三相电流不平衡，互感器副边出现感应电势，流经极化电磁铁的电流使永久磁铁去磁，衔铁被弹簧拉开，脱扣器 TK 动作，断开线路电源。JA 是检查按钮，R_x 是限流电阻。为了提高漏电保护装置的灵敏度和动作速度，可以用灵敏继电器取代图中的极化电磁铁，还可进一步用晶体管放大器将检测到的信号予以放大，再去驱动执行机构，切断电源。有互感器的零序电流型漏电保护装置可用于接地和不接地系统中。在三相四线制系统中，如果设备同时采用了保护接零，则零线不应作为互感器的原边之一，以便得到漏电引起的零序电流。但在小容量线路中使用时，由于三相负荷不平衡，可能使漏电保护装置误动作，故应将零线与三条相线一起作为互感器的原边。

3. 泄漏电流型漏电保护装置

如图 4－11 所示，泄漏电流型漏电保护装置不仅能反映零序电流，还能对泄漏电流做出反应。通过继电器线圈的电流主要取决于整流器 Z_1 和 Z_2 的输出电压以及线路对地绝缘电阻 R，变压器 B 的输出电压不变。零序电压互感器 YH 的输出电压既可反映出单相触电，也可反映各相对地绝缘的不平衡，使 Z_2 的输出电压变化，从而使继电器动作，切断电源。

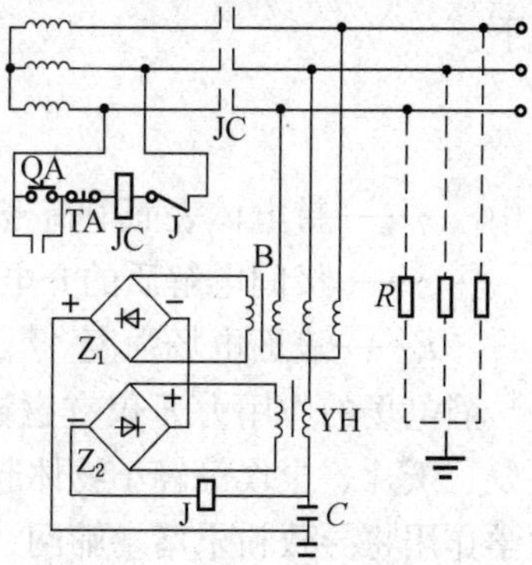

图 4－11　泄漏电流型漏电保护装置

三、静电危害及其预防

1. 静电起因

静电的产生过程及方式是相当复杂的，主要有感应起电、介质的极化起电、温差起电、压力起电、吸附起电、电解起电和相接触起电等，有时几种起电方式同时存在。生产中常见的物体经接触和分离过程而产生静电的现象如下：

（1）摩擦起电是指用摩擦的方法使两物体分别带有等值异号电荷的过程。这是液体和粉体类物质产生静电的主要原因。

（2）冲流起电是指液体类物质与固体类物质接触时，在接触界面形成整体为电中性的偶电层。当此两相物质做相对运动时，由于偶电层被分离，电中性受到破坏而出现的带电。

（3）剥离起电是指剥离两个紧密结合的物体时引起电荷分离而使两物体分别带电。

（4）喷雾起电是指喷射在空间的液体类物质由于扩展分散和分离，使之形成许多微小液雾和新的界面，当此偶电层被分离时而产生静电。

（5）碰撞起电是指粉体类物体由于粒子与粒子或粒子与固体之间发生碰撞，形成快速的接触和分离而产生静电。

（6）溅泼起电是指溅泼液体时，微小的非湿润液滴落在物体上并在其界面产生偶电层，由于液滴的惯性滚动而发生电荷分离，使液滴及物体分别带上不同符号电荷。

2. 静电现象及其危害

带电物体在其附近空间产生静电作用，这种由带电体产生静电作用的附近空间，称为静电作用场。由于静电场的存在，在带电体附近便呈现出各种静电现象，如静电力学现象、静电放电现象以及静电感应现象等，由于这些物理现象，将会引起各种静电危害与事故。

（1）静电力学现象及其危害。带静电物体在其附近空间产生的电场具有电能，从而使其他物体具有被吸引或被排斥的作用力。静电的力学现象与磁铁在电磁场中吸引或排斥其他铁磁物质相类似。在静电场中，这个吸引或排斥力 F 可用麦克斯韦的应力公式表示如下：

$$F=\frac{q^2}{2\varepsilon}=\frac{1}{2}\varepsilon E^2 \tag{4-4}$$

式中　q——带电体表面电荷密度；

ε——极间电解质的介电常数；

E——表面电场强度。

静电场的作用力 F 仅有磁铁作用力的万分之一大小。因此，静电的力学现象只对于毛发、纸片、尘埃等轻小物体起作用，而对重物却不起作用。在生产过程中，出于静电的力学作用将导致粉末堵塞筛网，或粉末黏附在输送管道和管道转弯处而造成输送不畅。而且静电斥力还使粉尘飞散，收集困难。在纺织生产中。静电力会使线纱缠绕、漂丝、绕线不紧，甚至造成线纱混乱而使纺车停车。在印刷中，由于静电力作用而使纸张吸附，造成不能翻页或套印不准，或因油墨带电而使印刷不匀。在医院、电子器件生产车间和计量容器里，因静电力而吸附灰尘，造成污染、产品质量不良和计量误差等各种故障和危害。

（2）静电放电现象及危害。在生产过程中，当物体的静电积聚到一定程度，或其电位高于周围介质的击穿场强时，就会发生静电放电现象。这种静电放电现象是电场能量引起带电体周围空间的气体发生电离而产生的能量释放过程，即静电能量转变为热能、光能和声能的过程。根据静电放电的发光形态，静电放电可以分为电晕放电、刷形放电、火花放电以及沿带电体表面发光的沿面放电。其中火花放电能量快又集中，因此造成的危害性待别大。

静电放电可导致各种生产故障。可使半导体元件遭受破坏；使用这些元件制作的电子装置有可能发生误动作而出现故障；静电噪声可引起信息误差；可引起火灾和爆炸；以及对人体产生静电电击，引起皮炎或皮肤烧伤等伤害。

（3）静电感应现象及危害。静电感应是在静电场影响下，引起物体上电荷重新分布的现象。这个表面上的感应电荷有正负两种，而整个物体中的正负电荷则处于平衡状态。因此，其总带电量为零。但由于表面正负电荷完全分离而存在，因此将出现上述的静电力学现象和静电放电现象。由于这些静电现象的存在，又将引起如前所述的一系列静电危害和事故。为此，为了防止液体、粉体物质输送作业中使用的软管、薄膜、绕线骨架、旋转机的转子等受到静电感应，都必须进行静电接地。

3. 防止静电危害的技术措施

由于静电引起的最严重危害是火灾和爆炸。因此，静电安全防护的重点主要就是对火灾和爆炸的防护。

（1）控制静电的产生和积聚。消除静电的危害，首先应采取技术措施，从工艺上限制或避免静电的产生和积聚。如在材料的选用上或生产设备材质的选用上加以注意；改善作业方式，防止溅泼起电、冲流起电等，并尽量降低摩擦速度或流速；灌装溶液时先清除罐底杂质，并净化石油制品，有助于消除附加静电；也可以采取泄漏法和中和法消除静电。

（2）个体防护。人体在行走、穿脱衣服或从座椅上起立等活动过程中，由于衣着等固体物质的接触和分离以及静电感应等原因，均可使人体产生静电。人体与其他物体之间放电时，其放电火花足以引燃石油蒸汽及许多气体。因此，在易爆易燃环境中，人必须穿着用导电纤维制成的防静电工作服和用导电橡胶制作的防静电鞋。

四、雷电危害及其预防

自然界大气中的积云对人、建筑物等物体产生放电，释放出大量的能量带电，造成人员伤亡和财产损失的事故称之为雷击事故。

1. 雷击危害效应

（1）直击效应。直击效应是大气中带电积云与地面人员、建筑物等物体之间的距离达到一定值时，在极短时间内产生剧烈的放电冲击现象，并且多次重复该过程。

（2）感应效应。大气中带电积云放电时产生静电感应和电磁感应，并在周围空间产生静电场和电磁场，使临近的导体或建筑物产生大量的电流和很高的电动势，从而形成强电流高压冲击波。

（3）火球效应。雷击放电时使其周围气体形成带电球体，并发出红光、白光，同时生成具有巨大能量的火球。

2. 雷电事故

（1）引起火灾和爆炸。当带电积云放电时，产生的高温和电弧可直接使易燃、易爆物质发生火灾。强电流和冲击电压可使电气设备的绝缘破损而发生火灾和爆炸。

（2）造成人员触电。当带电积云对人员直接放电时，超强冲击电流产生的电压或与大电流流过的接地设施附近产生的跨步电压可直接使人员触电。若电气设备的绝缘在高压电流的冲击下遭到破坏，则其邻近人员会受到电击的危害。

（3）毁坏建筑物、电气设施等。带电积云放电时所产生的高电动势和强电流会导致建筑物、电气装置及其他设施受到破坏，造成财产损失。

（4）输电线、交通信号等遭到破坏。带电积云放电时会使输电线路、铁路和城市交通等信号遭到破坏，从而造成大规模的停电事故，严重影响工业生产和居民正常生活。

3. 建筑物雷电预防措施

（1）高压输电线、发电厂、变电站等重要设施，应安装避雷针、避雷线、避雷网、避雷带等安全防护装置，以防止雷电直击的破坏效应。避雷装置的设置应符合安全规程的要求。

（2）接地装置、引下线等防护设施与邻近导线之间的安全距离应符合安全规定要求，以防止二次放电。

（3）建筑物无论采取哪种方式供电，都要采取接地措施，如入户处电缆金属外壳接地、装设阀型避雷器等，以防雷电冲击波进入室内。

4. 人员伤害预防措施

雷电天气，在野外活动和作业的人员，若预防雷击方式不当，则可能会受到雷击伤害。为防止人员受到雷击伤害应采取如下措施：

（1）积云放电时，尽量减少在旷野作业或从事生产活动；不要在山丘附近从事耕作和放牧等；不宜在水面或水陆交界处从事作业等；不宜快速驱动摩托车、自行车。

（2）躲避雷电时，应尽量远离山丘、湖泊、河流、池塘等处；尽量远离独木大树、烟囱、旗杆、金属构架等。

（3）雷电天气选用雨具应具有不浸水、不导电性能良好的用品，如雨靴、雨伞等；在野外无雨具的情况下，应找低洼地，如土坑藏身，或立即下蹲、双脚并拢、双臂抱膝、头部下俯，尽量降低身体高度；如有条件，可选择有防雷设施的建筑物或具有金属构架空间较大的建筑物进行躲避。

（4）雷电天气，关闭好门窗，远离金属导线如照明线、电话线等；切断电源，如电视机、收音机等。

第四节　化学危险物品伤害事故及其预防

危险化学品是指具有毒害、腐蚀、爆炸、燃烧、助燃等性质，对人体、设施、环境具有危害的剧毒化学品和其他化学品。

我国《危险化学品安全管理条例》规定，危险化学品生产、储存、使用、经营和运输必须遵守该条例和国家法律、行政法规和国家标准、行业标准的要求。否则，将会造成重大人员伤亡和严重的财产损失，例如：

（1）2015 年 8 月 12 日，天津市滨海新区的瑞海国际物流有限公司危险品仓库发生火灾爆炸事故，造成 165 人遇难（其中参与救援的公安现役消防人员 24 人、天津港消防人员 75 人、公安民警 11 人，事故企业、周边企业员工和居民 55 人），8 人失踪（其中天津消防人员 5 人，周边企业员工、天津港消防人员家属 3 人），798 人受伤（重伤 58 人、轻伤 740 人），304 幢建筑物、12428 辆商品汽车、7533 个集装箱受损。

（2）2015 年 7 月 16 日，中国石油大学石大科技公司决定将 7 号罐内液化石油气导入 6 号罐的过程中，液化石油气泄漏并急剧气化，遇明火引发火灾，导致 8 号罐、6 号罐相继爆炸，2 号罐、4 号罐烧毁，造成严重的财产经济损失。

（3）2017 年 12 月 19 日，山东省潍坊市日科化学股份有限公司，年产 1.5 万 t 塑料改性剂（AMB）生产装置发生爆燃事故，造成 7 人死亡、4 人受伤。该起事故是山东省继临沂金誉石化有限公司“6·5”重大爆炸事故之后发生的又一起性质严重、影响重大、教训深刻的典型事故。国务院领导同志对该起事故作出了重要批示，强调要深刻吸取事故教训，严肃查处问责，严防类似事故发生。

一、化学危险物品及其分类

具有易燃、易爆、腐蚀、毒害、放射性等危险性质，并在一定的条件下能引起燃烧、爆炸和导致人体中毒、灼伤、死亡等事故的化学物品及放射性物品，统称为化学危险物品。由于这些物品具有特殊的理化特性，所以各行各业或多或少地都会利用它们，或作为产品的原料，或作为改善产品性能的添加剂，或作为控制产品生产过程的氧化剂、催化剂，或作为工程爆破以及疾病诊断治疗等特殊生产工艺的有效手段，尤其是在矿山、冶金、化工、医疗等领域，这些物品应用更是发挥了特殊的甚至是不可替代的作用。然而，就因为它们所具有的特殊的理化特性，一旦引起事故，其后果也是十分危险严重的。

化学危险物品的品种繁多，物理性质和化学性质差异很大。为了在生产、储运和使用过程中便于管理，国家发布了 GB 6944—2012、GB 12268—2012 等化学危险物品安全管理的标准和规定，将化学危险物品分为爆炸品、气体、易燃液体、易燃固体、氧化性物质和有机过氧化物、毒性物质和感染性物质、放射性物质、腐蚀性物质八类。根据发生事故性质的区别，这些物品又概括为四大类型。

（一）易燃易爆品

这类物品在一定的条件下，极易引起十分严重的燃烧爆炸（爆炸燃烧）的事故，并造成重大人员伤亡和财产损失后果。

1. 爆炸物品

凡是受到摩擦、撞击、震动、高热或其他因素的激发，能产生激烈的化学变化，瞬间放出大量的热和气体，同时伴有光、声等效应的物品，统称为爆炸物品。如黑色火药（硝酸钾）、硝铵炸药、雷酸汞、苦味酸、硝化甘油、重氮甲烷等。

2. 氧化性物质和有机过氧化物

（1）氧化性物质：本身不一定可燃，但通常因放出氧或起氧化反应可能引起或促使其他物质燃烧的物质，如过氧化钠、氯酸钠、高锰酸钾、氯酸钾。

（2）有机过氧化物：分子组成中含有过氧基的有机物质，该物质为热不稳定物质，可能发生放热的自加速分解，如氯过氧化苯甲酰、过氧化二乙酰、过氧化苯甲酚。

3. 气体

（1）在 50 ℃时，蒸汽压力大于 300 kPa 的物质。

（2）20 ℃时在 101. 3 kPa 标准压力下完全是气态的物质。

本类气体包括压缩气体、液化气体、溶解气体和冷冻液化气体、一种或多种气体与一种或多种其他类别物质的蒸汽的混合物、充有气体的物品和烟雾剂。

根据气体的性质可分为易燃气体、非易燃无毒气体、毒性气体、助燃气体 4 种：易燃气体，如一氧化碳、乙烯、乙炔、液化石油气、环氧乙烷；非易燃无毒气体，如氮、二氧化碳、氖；毒性气体，如氯气、光气、溴甲烷、氰化氢；助燃气体，如氧气、氧化二氮、压缩空气。

4. 自燃物品

凡是不需要外界火源的作用，本身与空气氧化或受外界温度影响，发热并积热不散，达到自燃点而引起自燃的物品，称为自燃物品。自燃物品分为两级：

（1）一级自燃物品，化学性质比较活泼，在空气中易氧化或分解，从而产生热量达到自燃点，如黄磷、三乙基铝、三异丁基铝。

（2）二级自燃物品，大都是含油类的物质，它们的化学性质虽然比较稳定，但在空气中能氧化发热，引起自燃，如油布、油纸、浸油金属屑。

5. 遇水燃烧物品

煤或高硫化矿石等凡是能与水发生剧烈反应，放出可燃性气体，同时放出大量热量，使可燃气体温度升高到自燃点，从而引起燃烧、爆炸的物质，称为遇水燃烧物品。根据其遇水反应速度的快慢及激烈程度分为两级。

（1）一级遇水燃烧物品，它们是活泼金属及其合金如钾、钠、锂及钾钠合金，金属氧化物如氢化钾，硼氢化物如五硼氢，碳磷的化合物如碳化钙、磷化钙。

（2）二级遇水燃烧物品，如锌粉、保险粉（低亚硫酸钠）、氢化铝。

6. 易燃液体

易燃液体指在常温下易燃的液体物质。闪点在 45 ℃以下的都属于易燃液体，此类物品品种很多，化学组成也很复杂，一般以闪点的高低分为两级：

（1）一级易燃液体，闪点在 28 ℃以下，如汽油、苯、乙醇、乙醚。

（2）二级易燃液体，闪点在 28 ~ 45 ℃，如戊醇、氯化苯。

7. 易燃固体

凡是燃点较低，在遇火、受热、撞击、摩擦或与某些物品（如氧化剂）接触后，会引起强烈燃烧的固体物质称为易燃固体。按燃点的高低及易燃程度分为两级：

（1）一级易燃固体，如红磷、硫化磷、二硝基甲苯、硝化棉。

（2）二级易燃固体，如二甲基丙烷、铝粉、萘、硫黄、松香。

（二）毒性物质和感染性物质

1. 毒性物质

经吞食、吸入或皮肤接触后可能造成死亡或严重受伤或健康损害的物质。毒性物质的毒性分为急性口服毒性、皮肤接触毒性和吸入毒性，分别用口服毒性半数致死量（LD_{50}）、皮肤接触毒性半数致死量（LD_{50}）、吸入毒性半数致死浓度（LC_{50}）衡量。经口摄取半数致死量：固体 LD_{50} ≤200 mg/kg，液体 LD_{50} ≤500 mg/kg；经皮肤接触 24 h，半数致死量 LD_{50} ≤1000 mg/kg；粉尘、烟雾吸入半数致死浓度 LC_{50} ≤10 mg/L 的固体或液体，如氰化钾、三氧化二砷、氯化高汞、磷化锌、汞、氯乙醇、二氯甲烷、四乙基铅、丁酯、四氯化碳。

2. 感染性物质

含有病原体的物质，包括生物制品、诊断样品、基因突变的微生物、生物体和其他媒介，如病毒蛋白等。

（三）腐蚀物品

通过化学作用使生物组织接触时会造成严重损伤或在渗漏时会严重损害甚至毁坏其他货物或运载工具的物质。

腐蚀性物质包含与完好皮肤组织接触不超过 4 h，在 14 d 的观察期中发现引起皮肤全厚度损毁，或在温度 55 ℃时对 S235JR + CR 型或类似型号钢或无覆盖层铝的表面均匀年腐蚀率超过 6.25 mm/a 的物质。

该物质分为酸性腐蚀品（如硫酸、盐酸、氯乙酸等），碱性腐蚀品（如氢氧化钠、氧化钠等）和其他腐蚀品（如甲醛溶液、氯化锌等）。

（四）放射性物品

放射性物品是指放射性比活度大于 7.4×10^4 Bq/kg 的物品。放射性物品能自发地、不断地放出人们感觉器官不能察觉到的射线，如能放射 β、γ 射线的钴^{60}，能放射 α、β、γ 射线的镭^{226}，能放射 α、β 射线的铀等。

二、防止化学危险物品事故的技术措施

为减少和避免化学危险物品引起燃烧爆炸，侵袭毒害、腐蚀、辐射伤害等危险事故，降低或防止事故所造成的人员伤亡和财产重大损失，首先应了解化学药品的理化特性，从

而进行科学的组织管理、技术管理、加工操作、仓储运输等工作。

（一）化学危险物品储运安全措施

（1）这类物品中的爆炸物品、自燃物品、放射性物品，必须分别存放在专门的仓库。

（2）储存爆炸性物品的仓库不允许设在城镇市区和居民聚居的地方，并与周围建筑、交通要道、输电线路保持一定的距离。仓库储存量不得超过规定。

（3）爆炸物品堆放不应过高过密，以便通风、装卸和检查。一般垛高不超过1.8 m，对于敏感的雷管等垛高不超过1.5 m；垛与垛间距不少于1 m。仓库的温度、湿度应严格控制、夏季温度不超过30 ℃，相对湿度不高于80%，冬季一般保持15 ~25 ℃之间。

（4）储运易燃液体的仓库应远离明火，具有良好的通风条件。沸点低于或接近夏季气温的易燃液体，应储存在有降温设施的仓库里。包装容器内的液体不能装得过满，封口要严密。对于闪点低于28 ℃，沸点高于38 ℃的易燃液体储罐应按压力容器设计，并有冷却降温或气体冷凝设施。易燃固体多属还原剂，因此不能与氧化剂混合储存，仓库要阴凉、干燥，要有散热措施。

（5）毒害性物品应储存在通风、干燥的仓库中，不得与酸类食品同存一库。库房应有特殊标记，管理制度要严格。库内应有中毒急救、清洗、中和、消毒的药品和设施。

（6）腐蚀品性质各异，储存要求也不同，如冰醋酸受冻会结冰，库房内要有采暖措施；碱性腐蚀物品大多数易吸水，因此要防潮；化工厂常用的硫酸、盐酸、硝酸宜储存在单层建筑物内，地面要耐酸，库内要有良好的通风，防止暴晒及温度过高而引起容器爆裂。

（7）放射性物品应存放在专门的场所，库房应远离生活区，并有特殊防护措施。放射性物品入库时应严格验收，应用放射性探测仪对放射性物品的放射计量进行测试，并加以记录，然后安排储存。要做好人身防护。

（8）储存氧气及可燃气体的气瓶禁止露天堆放暴晒，必须露天堆放时应采取措施以避免暴晒；堆放地周围10 m内禁止堆易燃物，并不得动用明火。储存气瓶的仓库应为单层建筑，设置易掀开的轻质屋顶，地坪可用不发火沥青砂浆混凝土铺设，门窗都向外开启；库温不宜超过35 ℃且有通风措施。气瓶库应用防火墙分隔为若干单独分间，每一分间有安全出入口。气瓶仓库最大储存量不应超过表4 -4 规定。对直立放置的气瓶，应设有栅栏或支架加以固定，防止倾倒。卧放气瓶必须防止滚动。气瓶的首尾方向应堆放一致并旋紧安全帽。高压气瓶的堆放高度不宜超过5层。对盛有易聚合的气体气瓶，必须规定储存期限。

表4 -4　气瓶（桶）仓库的最大储量　　　　瓶（桶）

名　称	仓库与罐瓶间在同一建筑物内储量	单独仓库的储量	
		总储量	每一防火墙隔间储量
液化石油气瓶（按15 kg/瓶计）		300	
压缩气瓶及液氮、液氨气瓶（按40 kg/瓶计）	500	3000	500
氧气瓶（按40 kg/瓶计）	2400	7200	2400
闪点小于28 ℃，沸点大于38 ℃的易燃液体桶（按200 kg/桶计）	900	2700	900

（二）化学危险物品生产工艺的安全措施

1. 控制工艺参数

涉有化学危险物品的生产过程必须掌握其变化规律，并准确地控制各种工艺参数（如温度、压力、流量、液柱、流速、物料配比等），这是安全生产的基本保证。实现这些参数的自动调节和控制是安全生产的重要措施。

（1）温度控制。温度是化工生产中的主要控制参数之一。物料反应都是在适当温度下进行反应的，如果超温可能造成系统压力升高，导致爆炸；也可能因温度升高造成剧烈的副反应，发生冲料或爆炸而产生新的危险。有时化学反应因温度下降造成反应速度减慢或停滞；而当反应温度恢复正常时，由于未反应物料的积聚发生剧烈的反应，来不及散热而引起爆炸。温度下降，也可能使物料凝结堵塞管路或造成设备管路破裂，因易燃物泄漏而发生火灾爆炸等预想不到的事故。为保证安全生产，一般都要严格控制反应温度，向反应系统输入或输出热量，尤其要防止过热现象。例如：乙烯氧化制造环氧乙烷是典型的放热反应，如果反应热不能及时散出，温度过高会使乙烯完全烧掉而放出大量的热量。环氧乙烷沸点只有 10.7 ℃，爆炸极限又宽达 3% ~100%，在没有氧气存在下也能发生分解爆炸，所以此类反应在高温下是很危险的。在生产过程中必须采取有效的散热方法，控制适宜的反应温度。

（2）压力控制。在化学反应过程中，压力低会使反应速度减慢或根本不反应，致使反应物料积聚，可能引起意外的危险；压力过高也可能带来上述结果，或超过设备承受压力而发生破裂并造成火灾爆炸事故。

（3）流量和流速控制。对于放热反应，投料量和投料速度不能超越设备的传热能力，否则将会引起物料温度猛增升，发生物料的分解等副反应而导致事故。

（4）配料比和投料顺序的控制。对于热反应物料的配比要严格控制，对于反应物料的浓度、含量、投料速度和投量都要准确地分析和计量，严格遵守操作技术规程。对连续化程度较高的、危险性较大的生产，在开始生产时要特别注意反应料的配比关系。为保证安全生产，在装置中应装有在线色谱，检测循环器，并设有安全联锁装置。催化剂对化学反应速度的影响很大，如果催化剂过量就可能发生危险。可燃和易燃物质与氧化剂进行反应的生产，要严格控制催化剂的加入量。在这类生产过程中，还要严格遵循一定的投料顺序，切忌颠倒，否则会引起事故。

2. 控制生产环境的火源及易燃物泄漏

1）严格控制火源

着火源可能是明火、摩擦与撞击或电气设备和静电，应依次采取如下措施严格控制火源。

（1）控制明火措施包括 3 个方面。

①在工艺操作过程中，加热易燃液体时，应当采用热水、水蒸气或密闭的电器以及其他安全的加热设备。

②在有爆炸危险的厂房、贮罐、管沟内，不得使用蜡烛、火柴或普通灯具照明，应采用密闭或防爆型电气照明，禁止在这些有危险的车间和仓库内吸烟和带入火柴、打火机等。

③如必须采用明火时，设备应该密闭，防止易燃物溢漫或泄漏，有关炉灶必须用密闭

的砖墙隔绝在单独的房间内。为防止易燃物质漏入燃烧室，密闭容器设备应定期做水压实验和气压实验。

焊割动火安全措施，目前主要有置换动火与带压不动火两种方法。置换动火就是在焊补前实行严格的惰性气体置换，将原有的可燃物排出，使容器内的可燃物含量不能形成爆炸性混合物，保证焊补操作安全。这种方法如果置换的不彻底及其他因素的影响也还是有发生爆炸危险。为此，焊补操作时还必须做到：安全隔离，严格控制可燃物含量，实施现场空气分析和监视，彻底清洗容器，开出放散孔口；安全生产组织严密，并备有消防器材，以防不测。带压不置换动火目前在燃料油和燃料气容器管道的焊补都有采用，主要是严格控制氧含量，使可燃气体浓度大大超过爆炸上限，从而不能形成爆炸性混合物；并且在正压条件下让可燃气以稳定不变的速度从容器的裂缝外扩散逸出，与周围空气形成一个燃烧系统，并点燃可燃气体。只要以稳定条件保持这个扩散燃烧系统，即可保证焊补工作的安全。带压不置换法不需要置换容器原有的气体，有时可以在不停车的情况下进行(如焊补气柜)。但是，它的应用有一定局限性，只能在容器外面动火，而且需在连续保持一定正压力的条件下进行，没有正压就不适用，因为无法肯定容器内是否负压或有无空气进入等，而且在这种情况下取样分析也不可能准确反映系统的气体成分。为确保带压不置换动火的安全性，必须注意下列安全要求：严格控制氧含量，带压动火焊补之前必须进行容器内气体成分的分析，以保证其中氧的含量不超过安全值。所谓安全值就是在混合气中，当氧的含量低于该值时，就不会形成达到爆炸极限的混合气，也就不会发生爆炸。例如，氢气的爆炸下限为 4.0%，上限为 75%，在 75% 时，空气占 25%，氧的含量为 5.2%，即当氧的含量小于 5.2% 时就不会形成达到爆炸极限的混合气。在动火前和整个焊补过程中，都要始终稳定控制系统中氧含量低于安全值。这就要求生产负荷要平衡，前后工段要加强统一调度，关键岗位要有专人把关；并要加强气体成分分析（可安置氧气自动分析仪)，当发现系统氧含量增高，应尽快找出原因及时排除；氧含量超过安全值时应立即停止焊接。

燃料容器带压不置换焊补防爆技术的重点是严格控制系统内的氧含量和动火点周围的可燃物含量，使之达到安全要求，并保证正压操作。燃料容器的带压不置换动火是一项新技术，爆炸因素比置换动火时变化多，稍不注意就会给国家财产和人身安全带来严重后果。它要求必须做好严密的组织工作，要有专人进行严密的统一指挥、值班调度，有关车间、工段的生产负责人和人员要在现场参加工作。控制系统压力和氧含量的岗位和化验分析等要有专人负责，消防部门应密切配合等。在企业管理健全，安全工作好，技术力量强的工厂企业可以试行；对企业管理不健全，安全工作基础差，技术力量不足的企业，特别是小型工厂企业，一般不宜采取这种方法。必须明确规定，在企业各有关生产和安全部门未采取有效措施前，焊工不得擅自进行带压焊补操作。

（2）防止物件之间发生摩擦与撞击控制措施有如下 4 种。

① 敲打工具应以铍铜锡合金或包铜的钢材制成，作业地区也应铺沥青、菱苦土等较软的材料。

② 搬运装存可燃气体和易燃液体的金属容器时，应当用专门的运输工具，禁止在地面上滚动、拖拉或抛掷，并防止容器相互摩擦撞击产生火花。

③ 在有爆炸危险的生产中，机件的运转部分应该用两种材料制作，其中之一是不发

火花的，如铜铝等有色金属，如果机器设备不能用不发火花的各种金属制造，应当使其在真空中或惰性气体中操作。

④ 面广量大的轴承等转动部分应该有良好的润滑，并经常清除附着的可燃污垢。

（3）防静电措施有以下4种。

① 将容易积聚电荷的金属设备、管道或容器（例如输送可燃气体和易燃液体的管道、灌油设备和油槽车，包括罐油桥台、铁轨、油桶、加油用鹤管和漏斗以及各种闸门等）安装好可靠的接地装置，以导除静电。凡按静电接地的每处接地电阻不宜超过300 Ω。

② 采取等电位措施，以消除各个部件之间的电位差。例如在管道法兰之间加装跨接线，既可消除两者之间的电位差，又可造成良好的电气线路，可有效地防止静电放电。

③ 采用三角皮带代替平皮带传动，同时每隔3～5 d在皮带上涂抹一次防静电的涂料。另外，还应防止皮带下垂，保持皮带与金属接地物之间的距离不小于20～30 cm，以减少接地金属物放电的可能性。

④ 在不影响产品质量的条件下，采用喷水或喷水蒸气等方法，增加厂房内或设备内空气的湿度，当相对湿度在60%～70%时，能有效地防静电的积聚。另外，生产和工作人员应尽量避免穿尼龙或毛的确良等易产生静电的工作服，最好穿布底鞋或橡胶底鞋。

2）防止可燃物泄漏

消除以下因素可有效地防止可燃物泄漏：工艺操作过程排泄和采样时的误操作；阀门压盖松动；泵压盖或密封发生故障；设备结合处松动；装置检修或维修后试转中发生故障；低温下机械损坏或材料缺陷、物料管线损坏等。

为此，在生产过程中一方面提倡清洁生产、净化生产车间空气环境；另一方面选用电气设备时，不但要按爆炸场所的危险程度选型和安全可靠接线，防止碰撞、击穿短路。而且所选的防爆电气设备的防爆性能还要与爆炸性混合物的分级分组情况相适应。爆炸性混合物应按其最大试验安全间隙*MESG*或最小点燃电流比*MICR*不同分为$Ⅱ_A$、$Ⅱ_B$、$Ⅱ_C$级，见表4-5。爆炸性气体混合物应按引燃温度高低分为T_1、T_2、T_3、T_4、T_5、T_6组别，见表4-6。

表4-5　爆炸性混合物最大试验安全间隙*MESG*或最小点燃电流比*MICR*分级

级　别	最大试验安全间隙*MESG*/mm	最小点燃电流比*MICR*
$Ⅱ_A$	≥0.9	>0.8
$Ⅱ_B$	0.5<*MESG*<0.9	0.45≤*MICR*≤0.8
$Ⅱ_C$	≤0.5	<0.45

注：1. 分级的级别应符合现行国家标准（爆炸性环境用防爆电气设备通用要求）。

2. 最小点燃电流比*MICR*为各种易燃物质按照它们最小点燃电流值与实验室的甲烷的最小电流值之比。

表4-6　爆炸性气体混合物引燃温度分组

组　别	T_1	T_2	T_3	T_4	T_5	T_6
引燃温度t/℃	$t>450$	$300<t\leq450$	$200<t\leq300$	$135<t\leq200$	$100<t\leq135$	$85<t\leq100$

应当指出，防爆电气设备所标志的级别和组别，其性能应不低于场所内的爆炸性混合

物的级别和组别。当场所内存在两种或两种以上爆炸性混合物时，按危险程度较高的级别和组别选定。表4－7为爆炸性气体分级、分组举例。

表4－7 爆炸性气体分级、分组举例

级别	引燃温度 t/℃与组别					
	T_1	T_2	T_3	T_4	T_5	T_6
	$t>450$	$300<t\leqslant450$	$200<t\leqslant300$	$135<t\leqslant200$	$100<t\leqslant135$	$85<t\leqslant100$
$Ⅱ_A$	甲烷、乙烷、丙烷、苯、甲苯、二甲苯、苯酚、甲酚	丁烷、丙烯、甲醇、乙醇、丙醇醋酸乙酯	松节油、石脑油、煤焦油、石油(包括车用汽油)、燃料油、煤油、柴油	乙醛、三甲胺		亚硝酸乙酯
$Ⅱ_B$	丙炔、环丙烷、丙烯腈、氰化氢、焦炉煤气	乙烯、1,3－丁二烯、环氧乙烷、丙烯酸甲酯	二甲醚、四氢糠醇、丁烯醛(巴豆醛)、丙烯醛、四氢呋喃	乙基甲基醚、二乙醚、二丁醚、四氟乙烯	乙醚、乙醛	
$Ⅱ_C$	氢、水煤气	乙炔			硝酸乙酯	二硫化碳

(三) 防腐措施

根据生产中具体工艺条件下各种腐蚀性介质的特性，正确地选择耐腐蚀材料，是防腐工作的主要环节。各种材料的耐腐蚀性能，可以从专门的防腐手册中查出，必要时应做耐腐蚀试验。在选择耐腐蚀材料时，既要注意技术上的可靠性，又要考虑经济上的可靠性。在满足生产需要的前提下，尽可能以便宜易得的材料代替昂贵稀少的材料，采用合理的保护工艺，保护工艺措施主要包括：衬里法、外用防护漆法、钝化法、加缓蚀剂法和阴极保护法。

(1) 衬里法是在设备或管道内壁衬上一层能够抗腐蚀的内层。作为衬里的材料可以是金属，也可以是非金属，目前化工生产中广泛采用非金属材料，以节省贵重的金属或合金钢。金属衬里常用铅、不锈钢等，以抗酸碱腐蚀。金属材料的电镀、喷镀、渗镀等方法也广泛地应用到防腐上。非金属衬里材料有玻璃、辉绿岩、石墨、瓷砖、搪瓷、橡胶、环氧树脂、四氟乙烯、聚氯乙烯、聚乙烯、呋喃树脂等。它们不但有良好的防腐性能，而且还可以用喷涂的方法均匀而牢固地涂在设备表面上。

(2) 外用防护漆法是在设备和管道表面涂上各种防护漆，使设备和管道与腐蚀性介质隔绝，达到防腐的目的，目前常用的漆类有酚醛树脂漆、过氯乙烯树脂漆、环氧树脂漆、丙烯树脂漆等。沥青是很好的防腐涂料，多用于地下设备和管道的防腐。

(3) 钝化法是利用化学药剂使金属表面形成一种钝化膜，对金属起保护作用。常用的成膜剂有铬酸盐、磷酸盐、碱、硝酸盐和亚硝酸盐的混合物。钝化膜在不太强的腐蚀环境中，如在化工厂的循环水系统中以及在大型设备上都有应用，效果很好。

(4) 加缓蚀剂法是在流体介质中加入少量的缓蚀剂，能使金属的腐蚀速度大为降低，缓蚀剂有无机和有机两大类：无机类有铬酸盐，硝酸盐、磷酸盐、硅酸盐等；有机类有苯胺、硫醇胺、乌洛托品等。

（5）阴极保护法对电化腐蚀很有效。阴极保护法有两种：一种是牺牲阳极法，将较活泼的金属或合金连接在被保护的金属上，形成原电池。较活泼金属作为腐蚀电池的阳极被腐蚀，被保护的金属作为阴极得到保护。一般选作阳极材料的有铝、锌及其合金。另一种是外加电流法，将被保护的金属与另一附加电极作为电解电池的两个极，被保护金属作为阴极，在外加直流电的作用下得到保护。阴极保护法广泛应用于海水设施、地下管道及其他埋在土壤中的金属设备上。

（四）辐射防护措施

辐射危害随剂量的增加而增大，因此必须采取有效措施将辐射剂量减至最低水平。首先，为了控制受到较高剂量照射的人数和受照时间，必须对工作场所进行分区管理。根据工作场所的辐射水平，通常分为控制区、监督区和非限制区。

（1）控制区是指连续工作的人员受到的辐射照射可能超过年剂量限值的 3/10 的区域。

（2）监督区是指连续工作的人员受到的辐射照射一般不超过年剂量限值的 3/10，可能超过 1/10 的区域。

（3）非限制区是指连续工作的人员受到的辐射照射一般不超过年剂量限值的 1/10 的区域，各区应有明显的标志，必要时应附有必需的说明。必须严格控制进入控制区的人员，尽量减少进入监督区的人员。一般不在控制区和监督区设置办公室，也不得在这些区域里进食、饮水或吸烟。对于任何涉及辐射照射的工作，事先都应进行周密的计划，制定切实可行的工作程序，尽量减少工作人数，禁止不必要人员进入高辐射水平的工作场所。为了提高工作效率，减少在辐射工作场所停留的时间，应使参加工作的人员事先熟悉所要完成的任务和工作程序，必要时（特别是涉及高辐射照射的工作，例如设备维修工作）应事先进行空白练习。

为了加强对辐射工作人员的管理，根据他们工作条件的不同，对他们实行剂量监督和医学监督。建立个人剂量档案，准确地记录他们的工作性质、工作条件和所接受的剂量，剂量档案应长期保存。应由授权的医疗单位承担对辐射工作人员的医学监督，就业前要进行医学检查，就业后要定期进行职业医学检查，发现与职业有关的疾病要进行治疗。医学检查记录也要长期保存。为了控制对公众的辐射照射，必须严格控制放射性物质向环境的排放，规定相应的排放上限。对放射性物质排放的控制，既要限制排放浓度，也要限制排放总量。

技术措施指的是为了减少对工作人员和公众的辐射照射而采取的一切技术的或物质的措施。当进行辐射工作单位的设计时，对各个车间、实验室和反应堆、加速器及其相关的实验室等应合理布局，合理规划放射性物质运输通道和人员通道，减少或避免人们遭受杂散辐射的照射。对于外照射源，应依据辐射防护最优化原则设置永久的或临时的屏蔽，减小工作人员所受辐射照射的强度。对于重要的辐射场所或辐射装置可根据需要设置锁或联锁装置。在可能发生空气污染的区域，设置全面的或局部的通风装置，换气速率应适当，负压大小和气流组织应能防止污染的回流和扩散。开放性的操作应尽量在手套箱、通风柜或热室中进行，以防止放射性物质的弥散。工作人员进入辐射工作场所必须穿戴必要的防护衣具。非密封型辐射源工作场所的入口处一般应设置更衣室、淋浴室和污染监测装置。

由此可见，辐射防护的一个重要方面是加强对各级各类人员的辐射与辐射防护的教育和训练（根据工作人员的工作分工和他们已具有的知识水平，对不同的人员应进行不同等级、深度和类型的教育和训练，对于不同类型的人员，教育和训练的频度、时间、内容和方法也不同），正确认识辐射，驱散不必要的恐惧，掌握在各种情况下减小辐射照射的操作方法。辐射防护人员需要更加广泛深入地学习了解核物理和辐射防护的基本知识及有关的辐射防护标准，减小辐射照射的原理和方法以及辐射监督技巧等。操作和运行人员需要了解国家和本部门关于辐射防护的法规和规定，熟练地掌握满足这些法规和规定要求的正确操作，了解辐射控制的方法和技巧。管理人员则应了解辐射防护的政策和一般原则，教育工作人员遵守辐射防护规定，评价辐射防护执行情况等。

第五节　矿山主要事故及预防

矿山事故的特点是能量大，破坏性强，危害性严重，如瓦斯和粉尘爆炸事故、有害气体中毒事故；矿山泥石流事故、透水事故、尾矿坝滑坡事故、矿山火灾事故；矿山爆破、冒顶片帮事故等。此类事故一旦发生，会造成人员伤亡和财产重大损失。因此，《矿山安全法》规定矿山开采必须具备保障安全生产的条件，如防瓦斯、防水、防火等安全设施和安全生产条件都应符合国家安全标准、矿山安全规程和行业技术规范的要求，以防止生产安全事故的发生。

一、矿井瓦斯事故及预防

矿井瓦斯主要来源于煤矿进行开采时，从煤层和煤岩中放出的自由气体，而非煤矿山井下瓦斯含量极少，其浓度发生事故的可能性极小。

（一）矿井瓦斯概况

1. 矿井瓦斯性质

（1）矿井瓦斯成分。矿井瓦斯的主要成分是甲烷（沼气）。甲烷是一种单纯的气体，无色、无味、无臭，难溶于水，易于燃烧和爆炸。

在多数情况下，矿井瓦斯是甲烷与二氧化碳、氮气、氢气、乙烷、硫化氢、二氧化硫以及一氧化碳等组成的混合气体。

（2）矿井瓦斯扩散性。矿井瓦斯的比重为0.554，比空气轻，在空气中易于扩散，其扩散速度是空气扩散速度的1.6倍，所以瓦斯极易透过多孔的隔墙，并且很容易积聚在巷道的上部。

（3）瓦斯的燃烧和爆炸性。由于瓦斯是可燃性气体，所以遇到明火时易于燃烧和发生爆炸。

（4）矿井瓦斯含量。它是指在单位时间内（每昼夜）矿井所放出的瓦斯量。矿井的瓦斯含量为绝对量和相对量。绝对瓦斯量是指单位时间内涌入采掘空间的瓦斯量，m^3/min；相对瓦斯量是在开采过程中，单位质量的煤所生成的瓦斯量，m^3/t。

（5）矿井煤层瓦斯含量。煤层与岩层的瓦斯含量是指单位质量煤内或岩内所含瓦斯的体积，单位为m^3/t。根据煤层瓦斯含量可确定矿井瓦斯涌出量的大小，从而为矿井通风和瓦斯抽放的设计提供依据。

2. 矿井瓦斯赋存和释放

1）矿井瓦斯赋存

矿井中的瓦斯在煤层中的赋存形式有游离瓦斯和吸附瓦斯两种状态。前者主要呈现为自由气体的形式，后者主要是吸附在煤的微孔表面或在煤的微粒空间之内，以及煤分子之间的空间中。矿井中的瓦斯含量主要来源于煤层吸附瓦斯量，有的高达90%左右。

2）矿井瓦斯释放

在矿井内瓦斯不仅从煤层和岩层中释放出来，而且从采出煤炭和采空区中也能释放出来，其释放过程分为缓慢释放、矿井瓦斯喷出、瓦斯突然喷出。

缓慢释放是指瓦斯从煤炭和岩帮的整个暴露表面上微细的孔隙中连续不断地释放出来，持续时间长。

矿井瓦斯喷出是指瓦斯从煤层、岩层裂缝或空洞内喷出来，有时是短时间的，但连续性较长。

瓦斯突然喷出是指短时间内，瓦斯从煤层或岩帮内大量喷出，喷出的时间可能从几分钟到几小时，而且在瓦斯喷出时会携带煤尘同时喷出。

瓦斯喷出时，速度高，压力大，往往发出音响，能听到不断的沙沙声和哨声。

（二）矿井瓦斯等级与检测

1. 矿井瓦斯等级

《煤矿安全规程》规定，瓦斯矿井是指在一个矿井中，只要发现有一个煤层或岩层释放瓦斯时，该矿井即为瓦斯矿井。瓦斯矿井分为低瓦斯矿井、高瓦斯矿井、煤（岩）与瓦斯（二氧化碳）突出矿井。

（1）低瓦斯矿井。矿井相对瓦斯涌出量小于等于10 m^3/t，且绝对瓦斯涌出量小于等于40 m^3/min的矿井。

（2）高瓦斯矿井。矿井相对瓦斯涌出量大于10 m^3/t或矿井绝对瓦斯涌出量大于40 m^3/min的矿井。

（3）煤（岩）与瓦斯（二氧化碳）突出矿井。在采掘过程中，煤与瓦斯突出、煤与二氧化碳突出、岩石与瓦斯突出、岩石与二氧化碳突出4种类型中只要发生过一次，即定为煤（岩）与瓦斯（二氧化碳）突出矿井。

2. 矿井瓦斯检测

矿井瓦斯检测主要是检测空气中的甲烷体积浓度。通常应用瓦斯检测仪表测定采掘作业面的瓦斯浓度或使用瓦斯传感器连续地监测作业空间的瓦斯浓度的变化。常用的瓦斯检测仪表有光学式、催化燃烧式、热导式、气敏半导体式等。

（1）光学瓦斯检测仪。根据光的干涉原理，光通过气体介质后，其折射率与气体密度有关。当抽入瓦斯室中的瓦斯浓度发生变化时，折射率同时变化，光程也发生变化。干涉条纹的位移量与瓦斯浓度之间的变化关系成正比，将干涉条纹的位移量转换为瓦斯浓度刻度值显示于仪表上，指针指示值即为测定时的瓦斯浓度。

（2）催化燃烧式瓦斯检测仪。这类仪器原理是：在电流作用下使铂镍热敏原件具有一定温度，使与其相接触的瓦斯催化燃烧，燃烧热使铂镍热敏原件温度升高，从而使铂镍的电阻值增大，通过电桥输出相应的电压。在瓦斯浓度小于4%时，电桥输出的电压与瓦斯浓度之间的变化关系成正比。将电压值转换为瓦斯浓度刻度值，此数值即为测定的瓦斯浓度。

（三）矿井瓦斯危害及预防

1. 矿井瓦斯危害

（1）中毒窒息。由于矿井瓦斯有多种有毒、有害气体，如二氧化碳、硫化氢、二氧化硫、一氧化碳等。这种瓦斯气体能够使作业面空气中的含氧量降低，当空气中的含氧量降低到12%以下时，作业面的人员就会受到伤害，甚至死亡。

（2）燃烧爆炸。矿井瓦斯能够燃烧，而与空气混合后即可形成爆炸性混合气体，当矿井瓦斯发生燃烧或爆炸时，与空气发生化合反应，发生反应的各种气体的相互关系如下：

$$CH_4 + 2(O_2 + 4N_2) \xlongequal{\quad} CO_2 + 2H_2O + 8N_2 \qquad (4-5)$$

由上述反应可以看出，1份矿井瓦斯能够把10份空气中所含有的全部氧气都燃烧尽。也就是当空气含有9.5%瓦斯完全燃时，所放出的热量和产生的爆炸力最大，严重威胁人的生命和财产安全。

2. 矿井瓦斯喷出预防措施

（1）矿井瓦斯影响因素：①煤层及其围岩的性质，如煤岩强度、化学成分等；②矿体的地质构造和水文地质条件，如矿床有无断层、裂隙、溶洞等；③煤层埋葬条件，如煤层厚度、倾角、深度等。

（2）做好探查工作。对于有瓦斯喷出危险倾向的矿井或区域，在进行矿井开拓和掘进巷道时，应先打超前钻孔，调查了解瓦斯的分布、浓度、含量等赋存状况，或直接打抽排钻孔将瓦斯及时抽放。

（3）加强通风，提高风量主要措施。①防止矿井瓦斯爆炸的主要措施是加强通风，利用纯净空气把巷道中各处的矿内瓦斯尽最大可能地加以稀释，使作业面的瓦斯浓度达到安全规程规定的要求，并且将已稀释的瓦斯混合物从矿内排出到地表；②对于危险区域，利用辅助通风机和局部通风机加大供风量，防止瓦斯积聚，将瓦斯直接引入回风巷或抽放瓦斯管道；③建立健全和完善矿井通风系统，提高有效风量率（如风门、密闭等），通风构筑物应具有良好的功能；通风装备完善、安全可靠。

3. 煤（岩）与瓦斯（二氧化碳）突出预防措施

（1）改进生产工艺。①对于面积大、范围广的采区，可采取预留保护煤层，大面积抽放瓦斯，控制预裂爆破等措施；②对于面积较小、一定范围的采掘工作面，可采取泄压、排放钻孔、浅孔松动性爆破法、泄压槽等措施。

（2）保护人员。在生产过程中，对井下作业人员要采取如下保护措施：①分区通风系统，应设置避难洞室；②采掘工作面实行震动性爆破，人员远离爆破区；③井下作业人员应佩戴自救器等防护用品。

二、矿山水灾事故及预防

在矿井建设和生产过程中，如果地表水渗入或井下水涌入矿井及巷道内，当进入矿井的水超过正常排水能力时，井巷和采场就会被水淹没造成水灾，矿井一旦发生水灾，不仅给矿井建设和生产造成很大损失，而且还会使人员生命安全受到严重威胁，甚至会造成人员伤亡。

（一）矿山水灾事故及概况

1. 矿井渗水事故

地表水渗入井下，如安徽省朱海甫联户煤矿的井下北部巷道位于坍塌区水体之下。1986 年 5—7 月之间因值汛期，坍塌区水位上升。1987 年 3 月 2 日，在开采南部塌陷积水区露头煤时，大量积水渗入井下，造成 12 人死亡，经济损失达亿元。

2. 矿井透水事故

矿井透水事故是指采空区、溶洞中的积水涌入井巷中。

（1）1987 年 12 月，河南省登封县缸窑煤矿，该矿上部采空区较多，受老空区水威胁较大。于 12 月 4 日，在掘进副巷时，突然一声巨响，大水涌出，造成 25 人死亡。

（2）2008 年 7 月 21 日，广西壮族自治区右江矿务局那读煤矿在探水过程中，发现透水征兆，未及时采取措施，致使上部采空区约 1.5 万 m^3 的积水溃入，造成当场 7 人死亡，29 人下落不明。

3. 矿山泥石流事故

矿山泥石流事故是指洪水、泥土、沙石等涌入井巷中。

（1）1996 年 8 月 6 日，辽宁省朝阳县瓦房子锰矿地区，天降 15 min 历史上罕见的暴雨，洪水泥沙、石块约 200 m^3，一齐涌入井下，将正在掘进水仓的 9 名作业人员掩埋致死。

（2）2010 年 4 月 5 日，巴西里约热内卢州突发暴雨。暴雨引发 180 处泥石流致使 95 人死亡，交通严重受阻，数以千计的汽车司机被困车中，有的司机弃车而逃，当地交通、商业受到严重影响，里约热内卢市几乎陷入“瘫痪状态”，州长发布该州进入“紧急状态”。

（3）2017 年 12 月 21 日，菲律宾南部棉兰老岛热带风暴“天秤”引发洪水和泥流，导致 126 人死亡，60 多人失踪。

（4）2018 年 1 月 9 日，美国加州圣巴巴拉县突降暴雨发生泥石流，造成 18 人死亡，40 多人失踪，20 多人受伤。

4. 尾矿坝溃坝事故

（1）2006 年 4 月 30 日，陕西商洛市镇安县黄金矿业有限责任公司发生尾矿坝溃坝事故，造成 17 人失踪，5 人受伤，40 间房屋倒塌。

（2）2007 年 9 月 8 日，山西省临汾市襄汾县新塔矿业公司，发生特大尾矿坝溃坝事故，造成 128 人死亡，35 人受伤，伤亡巨大，损失极为惨重。

（二）矿山水灾事故原因及影响因素

1. 矿山水灾事故原因

（1）勘探资料不详细，对矿井地质构造和水文情况不清楚。

（2）对采空区的分布、范围、深度等状况不清楚。

（3）没有执行探水放水制度，防水设施不完备。

（4）作业人员缺乏安全意识，在危险区域违章作业。

2. 矿山水灾事故影响因素

（1）地形对矿山水灾影响较大，如矿床位于河谷凹地及地形低洼地区，洪水可能会大量涌入井巷。

（2）围岩性质、结构、厚度等因素，如松散的矿砾层、裂隙、溶洞等构成的矿床，可能贮存大量水并与矿井沟通。

(3) 具有向斜、断层破碎等地质构造的矿床通常含有大量水，若与地表水或含水层相沟通，则会形成涌水通道。

(4) 崩落采矿法形成的塌陷区是地表水进入矿井的通道。

(5) 老空区、采空区，勘探钻孔也是积水涌入矿井的通道。

(三) 矿山地表水及防治措施

1. 地表水源

(1) 雨、雪、水。地表水的主要来源是降雨和春季冰雪水融化。在开采上部矿体时，地表水会从井口或塌陷区进入井巷。

(2) 江河、湖泊、沼泽水。位于江河、湖泊等水源附近的矿山，当进行地下开采时，地表水会通过断层、裂隙、石灰岩溶洞等通道与井巷沟通，造成突然透水事故。

2. 地表水治理措施

(1) 合理确定井口位置。矿井井口、平硐口及矿井通地表的其他出口，必须高出历年的最高洪水水位，防止地表水灌入矿内。

(2) 河流整治。位于河流附近的矿床，河水可能会大量渗入矿内。通过修筑新的河道，使河水绕过矿区。

(3) 填塞漏水通道和消除积水。对地面洼地、塌陷裂缝、溶洞和废弃的井筒及钻孔等用黏土填平压实，并使其高于地面。

(4) 挖沟排洪。在矿区周围挖排洪沟或修筑围堤，并利用地形将洪水引至矿区以外。

(5) 留安全矿柱。如果地表水不能进行排出或疏导时，可采取留安全矿柱的方法隔断透水通道。防止地表水进入矿内。

(6) 做好防汛工作。在雨季到来之前，应制定防汛计划，检查防汛工程，准备好防汛器材。

3. 泥石流事故的防治

暴雨季节，山洪挟带大量泥沙、砾石等，在短时间内突然从山坡、沟谷倾泻下来，形成具有极大破坏力的泥石流。

根据泥石流的成因、发生条件、运动规律及其性质，防治泥石流应遵照“以防为主、防治结合、综合治理、分期实施”的原则。其主要措施如下：

(1) 调查泥石流。调查有关泥石流的历史资料，如地质构造、水文地质资料以及人类活动和泥石流的发生情况。通过调查分析掌握泥石流的发生原因、发生类型和发生规律。

(2) 防止泥石流。在发生泥石流的山坡和沟谷上种植树木、草皮等；采取措施加固山体坡面、修筑排水沟渠，控制泥石流。

(3) 阻挡泥石流。修筑堤坝阻挡泥石流，如用钢筋混凝土构成的格栅坝，能将泥石流中的大块石头等固体物质阻挡下来，使其自然形成石坝，从而起到了缓冲泥石流的动力作用。

(4) 疏导泥石流。修筑导流堤和排洪坝，使泥石流沿导流堤排泄顺畅，起到保护矿区和建筑设施的作用。

4. 尾矿坝事故原因及预防措施

1）尾矿坝事故的主要原因

（1）对基建前期的相关资料掌握不详细，如地理概况、自然条件、地质勘察等。

（2）设计依据论证不充分，相关参数处理不合理。

（3）建筑材料不合格，施工质量不符合规定要求。

（4）管理不科学，监测、检查、维修等制度不完善。

2）尾矿坝事故预防措施

（1）溃坝事故预防的主要措施：①设计参数，如有效干坡段长度、调洪库容、澄清距离等主要设计数据应与实际情况相符；②尾矿坝的库容在满足回水质量和水量的条件下，应使其保持安全水位，防止坝体饱和及浸润线偏离，造成渗流破坏；③坝轴线与水边线应保持平行。

（2）滑坡事故预防的主要措施：①防止滑坡事故应遵循底部压重、上部减载的原则，即加固坝底部位，夯实坡脚，上部处理裂缝，消减坡面；②对于滑坡体应彻底处理，按设计要求重新分层回填夯实，打好坝体基础；③坝身压实、放缓坝坡，降低浸润线，适实调容；④做好防渗、导渗工作，处理裂缝时应防止雨水渗入坝体，渗水时可修筑排水沟将渗水导入排走。

（四）矿山地下水防治措施

1. 矿山地下水源

（1）含水层积水。矿床岩层如砾石层、砂石层、石灰岩层都会含有大量积水，若与采掘工作面相通，便会发生透水事故。若含水层积水与地表水源相沟通，则对井下威胁更大。

（2）断层裂隙水。矿床中的断层周围是岩石破碎带，易于积水。若断层与地表水或含水层相沟通，则会造成更大的透水事故。

（3）采空区积水。井下废旧坑道和采空区往往积存大量的水。一旦与井巷沟通，就会造成淹井事故。

2. 地下水预防措施

（1）做好矿井地质和水文调查工作，更好地掌握地下水源分布状况。

① 冲积层的结构，如厚度、分层含水及透水性。

② 断层的构造，如位置、移动距离、延伸长度、破碎带范围、含水和导水性。

③ 矿井含水层和隔水层的位置、数量、厚度、水量及距采掘工作面的距离。

④ 废旧巷道和采空区的位置、年限、范围、含水情况。

⑤ 开采过程中应随时观察顶板破坏和地表陷落以及含水量的变化等情况。

⑥ 收集地表气象、降水量、河流水文地质资料，调查地表水的分布、范围和水量。

⑦ 打探水钻孔或水文观察孔，分析孔中的水压、水位和含水量的变化，确定矿井水的来源，查明矿井水与地下水和地表水的补给关系。

（2）做好超前探水工作，防止地下水突然涌出。在生产过程中必须坚持“有疑必探，先探后掘”的防水原则。当遇到下列任何一种情况时，必须打超前钻孔，探水前进。

① 掘进工作面接近溶洞、含水层、流砂层、冲击层或大量积水区域。

② 采掘巷道与河流、湖泊、贮水池、含水层、积水废旧采空区域距离接近时。

③ 打开隔离矿柱放水时。

④ 在水沙充填采场采空区和灌浆后已熄灭的火区下部进行采掘时。

⑤ 采掘工作面发现出水征兆时。

（3）打超前探水钻孔时，钻孔位置、数目、超前距离等应符合下列要求。

① 超前距离一般不小于 20 m，最小也不得小于 5 m。

② 钻孔直径一般为 75 mm，钻孔数量不得少于 3 个。

③ 钻孔布置时，至少有一个中心孔，两个与中心孔成一定角度帮孔。

（4）探水过程中应注意下列事项：

① 准备好水仓，支护好巷道，清理水沟，保证水流畅通。

② 在探水地点安装电话，保持与其他工作地点进行联系。

③ 打钻时，如发现岩壁松动或沿钻杆向外流水，立即停钻，监视水情。严禁移动或拔出钻杆，应立即撤出危险区域。

④ 打探水钻孔过程中，如发现有害气体放出，应立即切断电源，停止钻进。撤出人员。

⑤ 对于水压较大的地方，应使用带有套管、水压表和阀门的钻杆进行钻孔，探到水后利用套管放水。

（5）对于有透水危险的区域，应采取堵水与隔水措施。

① 安设防水闸门。在通往水害威胁地区巷道的总汇合处设置防水闸门，平时敞开，一旦发生水灾应迅速关闭。

② 修筑防水墙。在有透水危险的区域修筑防水墙，防水墙应坚固、不变形、防水性能好。

③ 留隔离矿柱。上述方法实施不合理时，则需要留一定厚度的隔离矿柱来截住水源。隔离矿柱既能经受住水的压力，又要尽可能地减少矿石的损失。

④ 注浆堵水。将预先制成的浆液通过管道压入地层的裂缝，经过凝结、硬化后达到堵隔水源的目的。

（6）对于老空区中的积水，可采取排水疏干的措施。

① 直接放水。对于没有水补给的老空洞，利用矿井排水设施直接排出积水。

② 先堵后放。当老空区与巨大水源相联系，先堵住水源，然后进行排放积水。

③ 先放后堵。当被淹矿井的直接补给水源水量不大时，可先将水排干，然后修筑防水墙。

④ 先隔后放。当采空洞位于河滩、洼地以下，雨季渗水流入采空洞时，先注浆堵水，然后排干。

⑤ 巷道疏干。疏放含水层水时，先将采区巷道作为疏水巷道，使含水层中的水通过其空隙和裂缝疏放出来，或在疏水巷道中打放水钻孔将水疏干。

（五）透水事故征兆及措施

1. 矿井透水征兆

（1）巷道壁“挂汗”，积水透过巷道壁的微孔裂隙渗出而凝聚于巷道壁表面，形成水珠，称其为巷道壁“挂汗”。顶板“挂汗”，水珠形状呈尖形，有“承压欲滴之势”，与蒸汽凝结于巷道顶板上的平行水珠不同。

（2）顶板淋水压力加大，犹如落雨状。

(3) 巷道底板突然涌水或空气变冷，产生雾气。

(4) 积水压力较大时，将水从岩层的裂缝中挤压出来，并发出“吱吱”的水叫声。

(5) 巷道中若出现清净的压力水流，说明距水源较远。若出现混浊水流，表明已临近水源。

(6) 巷道“挂红”，说明水的酸度大，味发涩，有臭鸡蛋气味或工作面有害气体增加，如沼气、二氧化硫、硫化氢等。

2. 矿山井下不同类型水源的透水征兆

(1) 老空积水。积水时间很久，水量补给少，一般是“死水”，透水时巷道“挂红”，水的酸度大、味发涩。

(2) 断层水。断层水补给较充分，通常属于“活水”，断层附近岩层破碎会使淋水增大。

(3) 溶洞水。石灰石岩层中的水多为溶洞水。顶板来压时，会出现柱窝渗水，裂缝浸水。水通常为黄色或灰色，且有臭味。

(4) 冲积层水。冲积层水开始水量小，颜色发黄，并夹有泥沙，以后水量变大。

3. 透水时的措施

(1) 当井下发生透水时，尽快关闭巷道放水闸门，并同时报警。人员撤至井底车场后，再关闭井底车场的防水闸门，保护水泵，组织人员迅速排水。

(2) 要保证井下正常通风，迅速排出老空积水区中放出的二氧化碳、硫化氢等有害气体。

(3) 准备核实井下作业人员，积极抢救被困人员。

(4) 救援人员应佩戴自救器、安全帽等防护用品。

三、矿山火灾事故及其预防

按火灾发生的地点，矿山火灾分为地面火灾和矿内火灾。若地面火灾蔓延至井下，或地面火灾的烟气随风流进入井下时，这种火灾也称作为矿内火灾。

按火灾发生的原因，矿内火灾可分为外因火灾和内因火灾。外因火灾是外界热源引起燃烧而造成的，内因火灾是可燃物质在一定环境和条件下自身氧化而引起自燃的。我国有些煤矿和含硫高的金属矿山具有发生矿内火灾的危险性较大。

(一) 矿内外因火灾事故及预防

1. 矿内外因火灾的原因分析

矿内外因火灾主要是物质如木材、油类、橡胶、塑料、电缆、炸药等遇到明火时引起的。矿内外因火灾一旦发生，就会在短时间内产生大量的有毒有害气体，对矿工生命安全造成严重威胁。

矿内外因火灾可能出现的引火源有 3 种类型。

(1) 明火。如火焰灯、未熄灭的烟头、爆破作业、焊接工作、煤矿汇总的瓦斯和煤尘爆炸等。

(2) 电火。如井下电气设备产生的电弧或电火花，瞬间温度可达几千度，会使可燃物质引燃。

(3) 摩擦过热着火。各种机械、电气运行机构因摩擦发热而温度升高会引燃易燃物着火，如引燃瓦斯、矿尘、润滑油、木料等。

【例4-1】1984年8月10日，内蒙古自治区灵泉矿，井下采区有人闻到胶皮味，并发现大量烟雾，同事发现6、7皮带连接点处火势最旺。火灾前此处没有四通接线点，而是有明线接头，导致23人死亡。

1986年8月13日，湖北省宜都市陈家河矿，地面变电所跳闸，井下水泵工合闸时，再次跳闸。由于水泵工怕淹井，再次合闸。此时有人发现井下+150 m临时变电所有烟雾，并同时闻到烧焦的橡胶气味，导致死亡16人，轻伤17人。

两起火灾事故的原因分析：

（1）两起火灾事故直接原因均为电源连电起火，灵泉矿井下供电线路中采用明接头方式供电，产生电火花引燃胶皮带；陈家河矿+150临时变电所变压器低压侧接线盒内出线电缆与接线柱连接方式不正确，导致电流短路，产生电弧引燃变压器油、电缆、木制支架。

（2）间接原因是电缆接头无防护措施，继电保护装置失灵；两矿井下火灾均产生大量有毒、有害气体。

（3）主要原因是管理不严、安全意识差。对于电缆线路连接方式存在隐患未及时发现和整改；违章指挥，操作失误。灵泉矿在灭火人员未撤离危险区之前，打开了风门，致使风流短路，有害气体逆流；陈家河矿井下风门不完善，未及时检修，造成风流短路。

【例4-2】1988年9月24日，河北省邯郸市薛村煤矿，井下采区带式输送机司机启动自动化按钮，两台带式输送机相继启动运行，运出水煤3~4罐后，带式输送机空转。当检查时，发现刮板运输机往下开水煤，立即将该机停止运转。回头一看，带式输送机也不转了。十几分钟后，闻到有烧皮子味和烟味。带式输送机司机赶到第二部带式输送机开关处时，机头输送带已着火，造成13人死亡。

上述火灾事故原因分析：

（1）直接原因是带式输送机运行状态不良。因输送水煤，输送带跑偏、底托滚不转等综合因素，致使带式输送机运行受阻，输送带与驱动滚筒摩擦过热着火。

（2）间接原因是使用非阻燃输送带，没有安装低速保护装置。有毒有害气体蔓延到回采工作面，致使事故扩大。

（3）主要原因是管理不善，安全教育不够。对于非阻燃输送带不但没有换成阻燃输送带，而且没有安全保护装置，是安全生产管理上的缺欠；井下作业人员有的没戴自救器，有的虽佩带自救器，但却没有使用，反映了在安全教育方面存在着严重不足。

2. 矿内外因火灾预防措施

（1）控制明火。金属矿内应妥善携带和存放火焰灯，火柴、打火机应慎重保管，不准随意乱扔烟头。煤矿禁止携带各种火种。

（2）焊接作业必须在没有可燃物的地点进行，并采取防火措施，如在作业地点周围设置挡板，备好消防器材等。

（3）采用阻燃材料制品代替可燃材料制品，如运送带、矿井井架，井下巷道和各类硐室的支护都必须采用非燃烧材料。

（4）防止电线和电气设备过热或产生火花。正确选择、安装和使用电气设备、电缆、电线；正确选择熔断器和过电流保护装置；电线连接时，如插头、接线盒和芯线的搭接、电机的接线等要牢固和紧密；电线、电缆要悬挂牢固，防止磨损或机械性损伤而发生短路。

（二）矿内内因火灾事故及预防

煤炭、硫化矿石等可燃物质，在一定的环境下，与空气接触产生氧化反应，并生成大量的热量而使自身的温度升高。若此过程得以持续，热量会不断聚积，温度相应地不断升高，最终达到该物质的着火温度而发生自燃。引起自燃的基本条件：①可燃物质的氧化性或自燃倾向性；②空气的供给条件；③可燃物质与周围介质之间的散热条件。

1. 硫化矿物的自燃

硫化矿物在空气中的物理化学反应，释放出大量的热，在通风不良的环境条件下，热量聚集而温度升高，若这一过程持续进行使温度升高到一定值时，便会发展为自燃。

1）硫化矿石自燃的影响因素

（1）硫化矿石的物理化学性质，如矿物种类、结构、含硫量、水分含量等，其中硫的含量是决定硫化矿石自燃倾向的主要影响因素。

（2）矿体的厚度、倾角、围岩的机械性质及地质构造等地质条件都会影响硫化矿石的自燃。

（3）矿体开采方式和方法，采空区中残留的矿石和木材的数量、采空区的密闭程度及向采空区的漏风情况等技术因素也会影响硫化矿石的自燃。

2）硫化矿石自燃的早期识别

（1）硫化矿石自燃的外部征兆。①硫化矿石氧化反应产生热量，同时产生大量水分，使附近巷道与支架上“出汗”，即凝结成水珠，冬季地面裂缝处、钻孔口会出现蒸汽或出现冰雪融化现象；②硫化矿石自燃时会生成二氧化硫，人们会嗅到刺激性气味；③在火区附近，人们会感到头疼、闷热、裸露的皮肤有微疼痛等。

（2）化学分析法。①分析可疑地区的空气成分，若空气中一氧化碳、二氧化硫的含量增多，氧气减少，表明为火灾初期征兆；若一氧化碳、二氧化硫的含量稳定地逐渐增多，可认为发生自燃。②分析可疑地区的地下水，若地下水中硫酸盐含量增多，地下水中铜、铁等金属离子以及有机物增多，说明自燃危险性很大。

（3）物理测定法。测定空气的温度、湿度、岩石的温度，如岩石温度超过 30 ℃时，可认为是火灾初期征兆。

2. 煤炭自燃

煤炭自燃的发生，同样是在一定条件和环境下，通过自身的物理化学变化产生热量，并积蓄热量而导致自燃。

1）煤炭自燃倾向性

煤炭自燃倾向性是自身的一种属性，其发生自燃的基本条件是取决于在常温下的氧化能力。煤的自燃倾向性分为容易自燃、自燃、不易自燃 3 种类型。

2）煤炭自燃识别

煤炭自燃的识别通常采用气体分析法，主要分析矿井风流中的一氧化碳、乙烯和乙炔的成分。根据其成分的变化，将煤炭自燃分为 3 个阶段。

（1）缓慢氧化阶段。矿井风流中只出现 10^{-6}级的一氧化碳时，煤炭自燃为缓慢氧化阶段。

（2）加速氧化阶段。矿井风流中同时出现 10^{-6} 级的一氧化碳、乙烯时，煤炭自燃为加速氧化阶段。

（3）激烈氧化阶段。矿井风流中同时出现 10^{-6} 级的一氧化碳、乙烯和乙炔时，煤炭自燃为激烈氧化阶段，此时出现明火的危险性很大。

煤炭自燃的监控是采用束管集中检测系统与矿用火灾多参数色谱仪、火灾气体和温度传感器相结合，在监控室进行实时监控和预报。

3. 矿内火灾预防专门措施

1）合理选择矿体开拓方式和采矿方法

（1）矿体开拓和采准采用脉外巷道的方式，尽量减少开采矿体的暴露时间。

（2）采区划分应适应于快速回采，使回采时间小于矿石自然发火期，采完后立即封闭采区。

（3）开采顺序应自上而下分层开采，由井田边界向中央开采。

（4）选择采矿方法时，要考虑矿石损失、回采强度、采区封闭等因素对采空区内气温升高快慢的影响。

2）加强矿内通风方面的管理

（1）采用机械通风，主要通风机应有反风装置，并经常检查和试验反风的效果，以及井下设施对反风的适应性。

（2）建立合理的通风系统，以减少漏风。各采区采用独立的并联通风网络，以降低总风压，而且有利于调节和控制风量。

（3）井下通风构筑物，如密闭、风门等质量要保证，严谨向采空区漏风，其安设地点应有利于防火。

3）封闭火区或局部充填隔离

封闭采空区是将可能自燃发火的采区封闭，防止空气漏入，以阻止矿物氧化。其方法是用泥浆堵塞矿柱的裂缝、采区的出口和入口。此外，在通往采空区的巷道口上建立防火墙。

（1）建立临时防火墙。临时防火墙的作用是暂时隔断风流，阻止自燃，为灭火工作做好准备，而且在建立永久密闭时，保障工人的安全。临时防火墙应结构简单，建造迅速。

（2）建立永久防火墙。永久防火墙要求坚固、密实，而且要有足够的厚度，其边缘应嵌入巷道周壁 0.5 m 以上的深度，并在墙上安设 2～3 根钢管，以备测温、采集气体和放出积水。

4）预防灌浆

预防灌浆是向采空区注入泥浆，覆盖在矿岩上，渗入到裂隙中，使矿岩与空气隔绝，阻止其氧化。同时泥浆增加了采空区密闭的严密性，使漏风量减少。对于已经自热或自燃的采空区，泥浆起到了冷却作用，使封闭区内的温度降低，阻止自燃过程的继续发展。

（1）泥浆应能满足容易脱水，渗透性强，收缩率小，不含可燃物，材料来源广泛，成本低等要求。

（2）灌浆方式包括通过崩落区的陷落带和裂缝灌浆；通过钻孔灌浆；通过巷道中的管道灌浆；综合方式灌浆。

(3) 灌浆安全措施：为保证灌浆效果，采取措施防止泥浆溃决；泥浆中的水滤出通畅，防止向工作面漫溢；当采空区中积水过多时，应疏通滤水通道及时排出。

5) 惰化措施

惰化措施是将惰性气体或其他惰性物质送入采空区，抑制煤炭自燃。如用氯化钙水溶液、硼酸盐水溶液等阻化剂注入火区，预防煤炭的自燃。

(三) 矿内灭火及火区管理

1. 矿内灭火方法

(1) 直接灭火是指用水、灭火剂、空气泡沫或矿土等直接将火扑灭。

(2) 封闭灭火是指建立临时和永久密闭将火区封闭，以隔绝空气的流入，使火灾因缺氧而熄灭。

(3) 联合灭火法是指采用封闭灭火法不能消灭火灾时，立即采用向封闭的火区内注入泥浆或惰性气体的联合灭火法将火灾扑灭。

2. 火区管理

1) 火区封闭

对于发生火灾的区域，不能直接灭火时，要迅速而严密地控制和封闭起来。

(1) 在火区封闭时，要防止出现瓦斯和可燃气体爆炸的可能性。

(2) 对于密闭墙类型、数量、强度、建造地点、施工进度、封闭过程中的通风、最后封闭的程序等都要慎重做出决策。

(3) 火区封闭的范围要尽可能地缩小，既可减少防火墙的数量，又可加速火灾的熄灭。

(4) 火区封闭后，首要的措施是减少流入火区的漏风，为此采取均压通风方法，即尽量减小火区进风与回风两侧的风压差。从而减少或消除漏风。

(5) 经常检查火区，采集火区内的空气试样进行气体成分的分析，测量火区内的温度和流出水的温度，以判断火情。

2) 火区启封

当确认火灾已经熄灭时，才可以考虑启封火区，恢复火区的生产。火区熄灭应具备如下条件：

(1) 火区内的空气温度、矿岩温度已经稳定地降到 30 ℃以下。

(2) 火区内空气中不含乙烯、乙炔、一氧化碳、二氧化硫。

(3) 火区内的氧气浓度降到 5% 以下。

(4) 火区流出水的温度低于 25 ℃，其酸性逐渐减弱。

上述指标持续稳定 30 d 以上，方可认为火灾已经熄灭。

3) 火灾时期的风流控制

矿内发生火灾时，会产生大量有毒、有害气体，严重威胁工人的健康和生命安全。同时火源地的空气温度升高，造成局部区域产生“火风压”。火风压的出现，会使矿内局部的或全矿的风流方向和分风量发生变化，造成矿井风流紊乱，扰乱原来的正常通风系统，致使有毒、有害气体随着风流扩大传播，不仅使井下工人中毒，而且给灭火工作带来了困难。因此，应控制风流，具体措施如下：

(1) 选择合理的通风路线，尽量减少漏风，使风流按需要方向流动，不允许风流反向。

(2) 根据火灾的具体情况，在保证作业人员安全的条件下，可采用反风方法控制风流。如非瓦斯矿井，当总进风道及井底车场发生火灾时，可以考虑采用反风的措施。

(3) 采用直接灭火的方式控制火势发展，以降低火风压对风流的影响。

(4) 当局部地点发生火灾时，可采取风流短路和用防火门遮断风流，减少向火源供风，以降低火风压对风流的影响。

(5) 当总回风道中发生火灾时，应维持正常通风方式将烟气排出地表。对于局部火源、尽可能地利用其附近巷道或局部通风机将火烟排入回风巷道。

【例 4 – 3】1986 年 3 月，江西赣州大桥煤矿将自然发火采区封闭。经过 3 个多月后，对多项火灾指标进行观测，认为自然发火已经熄灭，符合启封规定。于是在 9 月进行重新开采。当采出煤炭 9000 余吨后，到 1987 年 4 月，井下作业人员发现工作面气温 52 ℃，煤温 35 ℃，煤堆中有一处温度高达 72 ℃。作业人员先是采用洒盐水方式使煤降温，结果仅降了 6 ℃。然后采用放顶落煤来隔绝工作面温度。将放顶煤运出时，工作面右上角出现一个直径约 0.4 m 的小洞，并有热气流冒出。在采取措施处理小洞的过程中，突然“轰”的一声巨响，工作面雾气弥漫，一股强烈的灼热气流从采空区窜入工作面，当场灼伤 6 人，其中死亡 4 人，轻伤 2 人。

采区自然发生灼烫事故原因分析：

(1) 直接原因。火区启封后，经过 7 个月的回采，残煤和坑木发生氧化发热，又形成高温源点。在放顶落煤封闭空间里，空气在高温作用下体积急剧膨胀，致使热气浪从小洞中窜出。

(2) 间接原因。由于搬运落煤，使巷道顶板与落煤之间出现了小洞，埋下了发生事故的隐患。

(3) 主要原因。作业人员缺乏安全意识，未能做到安全第一，而是将多出煤、多挣钱的经济效益放在了首位。在局部煤温、水温很高的情况下，没有及时建造密墙将火区封闭。

四、矿山爆破、冒顶、片帮事故及预防

(一) 矿山爆破事故及预防

矿山爆破是利用炸药在一定条件下发生激烈的化学反应，并释放出大量的热和气体，对矿岩产生强烈的机械作用，使矿岩破碎。爆破常用的炸药有水胶炸药、硝化甘油炸药、乳胶炸药等，其中硝酸铵类炸药应用较广泛。

爆破事故主要有炮烟中毒、炸药爆炸伤害等事故。

1. 炮烟中毒事故及预防

1) 炮烟中毒类型

炸药在井下爆炸以后，产生大量的有毒、有害的烟气，其主要成分是一氧化碳、氮氧化合物和硫化物。如果将爆破后产生的二氧化氮折合成一氧化碳计算，则每千克炸药爆破后所产生的有毒气体为 80 ~ 120 L（相当于一氧化碳的量）。

(1) 一氧化碳中毒。一氧化碳是无色、无味、无臭的气体，对空气的比重为 0.97，极易均匀与空气混合，使人们不易察觉。一氧化碳微溶于水，浓度在 13% ~75% 时能引

起爆炸。

一氧化碳的毒性很大，当空气中含有0.4%的一氧化碳时，会使作业人员在短时间内失去知觉，甚至中毒死亡。

（2）二氧化氮中毒。二氧化氮是一种褐红色有强烈窒息性的气体，对空气的比重为1.57，易溶于水生成腐蚀性很强硝酸。二氧化氮对人的呼吸系统有强烈的破坏作用，对人体的肺部组织破坏性最大，能引起肺水肿。

二氧化氮中毒后，潜伏期较长，数小时以后才出现中毒现象，当空气中二氧化氮的浓度为0.025%时，使人很快中毒死亡。

（3）硫化氢中毒。硫化氢具有臭鸡蛋气味，对空气的比重为1.19，易溶于水，常积存于巷道积水中。硫化氢能燃烧，具有爆炸性。

硫化氢具有很大的毒性，能使血液中毒，对眼睛和呼吸系统有强烈的刺激性。当空气中硫化氢的浓度达到0.1%时，在短时间内会使人死亡。

（4）二氧化硫中毒。二氧化硫是一种无色，具有强烈硫黄味的气体，易溶于水，对空气的比重为2.2，常存在于巷道底部。与空气中的水蒸气相结合生成硫酸，对人的眼睛和呼吸系统有强烈刺激性，易于引起肺水肿。当空气中二氧化硫的浓度为0.05%时，短时间内会使人死亡。

2）炮烟中毒急救措施

（1）立即将中毒者移到新鲜空气处。

（2）将妨碍呼吸的东西从中毒者口中清除，并松开中毒者的衣领和腰带。

（3）采取措施为中毒者保暖。

（4）对于一氧化碳、硫化氢中毒的患者，在输氧时应在纯氧中加入5%的二氧化碳，以刺激中枢神经，增强呼吸能力。

当二氧化硫和二氧化氮中毒时，进行人工呼吸时应尽量避免对患者的肺部刺激，以免加剧肺水肿。二氧化氮中毒时，只能用拉舌头的方法做人工呼吸法刺激神经引起呼吸，可向喉部注入小苏打水，以减轻肺水肿现象。

硫化氢中毒时，将棉花或手帕浸有氯水后放在患者的嘴或鼻附近，可给患者喝稀氯水溶液，利用药物治疗。

3）预防炮烟中毒技术措施

造成烟气中毒事故的主要原因是作业面通风状况不良，为此应着重在矿井通风技术上采取如下6种措施。

（1）建立和完善矿井通风系统，如通风网络、通风动力和通风设施等，应能迅速地将爆破作业过程中所产生的大量炮烟和粉尘及时排走，以保持作业面良好的环境。

（2）所有矿井都必须以机械通风为主，自然通风为辅。因为自然风压不稳定，与地表气温的变化有关。当自然风压的作用方向与通风机的作用方向一致时，其作用对通风有利。相反则对通风不利。

（3）每个矿井必须有进风井和回风井，而且主要回风井不得作人行道；井下破碎硐室和炸药库，必须有独立回风道。

（4）井下各作业面之间禁止风流串联，防止利用循环风通风，否则必须采取空气净化措施。

（5）加强井下通风管理，建立和完善各项规章制度。

（6）加强安全教育和技能培训，提高作业人员的安全意识和操作技能。

2. 炸药爆炸伤害事故及预防

炸药一旦发生爆炸事故，其后果是相当严重的。如1984—1988年所发生的5起重大炸药爆炸事故，造成15人死亡，6人重伤；2012年12月25日，中铁隧道集团有限公司山西南吕梁山隧道爆破时，发生炸药爆炸事故，造成8人死亡，5人重伤。

1）炸药爆炸伤害事故原因

（1）起爆材料质量不良。如导火索、雷管等质量不符合安全要求，或因使用过期变质的导火索等材料，引起炸药早爆或迟爆。如广东某露天矿采用拒爆率很高的过期变质雷管，给电后有1.8 t的炸药硐室拒爆，经过20 min后爆炸，造成爆破伤亡事故。

（2）点火方法错误。在爆破作业过程中，采用逐个点火法，点火数目超过规定数量，或因点火不顺利拖延了点火时间，不等全部点燃时，第一个点火的炮眼爆炸。如云南某矿在平巷掘进工作面，三人点炮时，导火索点燃后又熄灭，割了导火索再点，拖长了点炮时间，造成爆破伤亡事故。

（3）打残眼。由于残眼中残存炸药，当受到钎头撞击时引起爆炸，此类事故在所有事故中所占比例较大。如湖南某矿在平巷掘进打眼时，炮眼打进去约0.3 m时与埋在岩石里的残眼相遇，引起爆炸，造成爆破伤亡事故。

（4）爆破飞石。爆破时，由于对炸药的最小抵抗线掌握不准，装药量过多等原因，造成爆破飞石超过允许的安全范围，击中作业人员、建筑、设备等。如云南某矿进行露天松动爆破，因地形变化药包最小抵抗线未经校核，实际最小抵抗线由原来的20 m缩小到14 m，但仍按20 m计算药量，爆破后飞石远远超出设计范围，最远距离达1000 m以外。

（5）过早进入爆破作业面或者看回火。采用点火方法，点燃多个炮眼，没有记清点火数目与炮眼响过的次数是否相符，便过早进入作业面或准备再次点火爆破时发生爆炸事故。如云南某矿在采场扩帮爆破时，共放了2个炮眼，其中一个先响，爆破工就返回作业面看回火，准备割导火索再点，刚要割时炮响了，造成爆破伤亡事故。

（6）对爆破材料性能不了解。黑火药、雷管、炸药与明火接触，氯酸盐类炸药受到摩擦、折断等都会发生爆炸。如某钢厂销毁过期炸药时，铁锹与汽车箱板相撞击产生火花引起炸药爆炸。

（7）电气爆破发生早爆。用非爆破专用电表检测雷管时，因电表输出电流大于雷管安全电流，或因电表漏电引起炸药爆炸；雷电、杂散电流、静电干扰都会引起炸药爆炸。如山东某矿用万能表导通电雷管，由于输出电流过大，发生了爆破事故。

2）爆破作业伤害事故预防

（1）凿岩作业时，严谨打残眼。

（2）爆破前做好联系工作，并设好警戒。

（3）露天矿爆破禁止在黄昏、夜间、雷电、大雾时刻进行。

（4）明火起爆时，无论采用哪种点火方式，掘进工作面、扩帮、挑顶和浅空采矿必须采用一次点火方式爆破。

（5）明火起爆应准确核实点炮数目，在最后一炮响后，井下有贯穿风流的作业面需等待15 min，无贯穿风流的作业面，需先开动局部通风机通风20 min，露天矿爆破需等待

30 min，然后才允许进入作业面检查，重点检查拒爆或半爆炮孔。

（6）在处理盲炮时，要确保安全，禁止无关人员在附近做其他工作。在有自爆可能性的高硫、高温矿床内，应划定拒爆的危险区域。交接班时应将拒爆位置、数量等情况向下一班交代清楚。

（7）爆破作业必须确定爆破地震波、空气冲击波、爆破飞石的影响范围，经过计算确定出最小安全距离，防止周围建筑物、设备及人员造成损失。

（8）选择性能良好的爆破器材，严谨使用变质或过期的爆破材料，如雷管的电阻、最大安全电流、最小准爆电流等性能应符合安全规程要求。

（9）在爆破作业中，要采取措施排除杂散电流、静电、雷电等外界能源的干扰，以预防发生早爆事故。

（10）炸药在运输、装卸过程中，严谨摩擦、撞击、抛掷、拖拽和翻转炸药箱；对炸药材料要经常检查，防止受潮变质或受高温影响自燃、自爆；爆破作业前，炸药、雷管应分开存放，不允许混放，并应远离明火。

（二）冒顶片帮事故及预防

据统计，我国冶金矿山冒顶片帮事故占全部井下事故总数的20%之多，此类事故不仅对工人生命健康威胁很大，而且直接扰乱正常生产秩序。如我国某矿发生的大冒落事故，破坏了井下七大工艺系统，采场几乎全部倒塌，巷道破坏近万米，矿石损失30余万吨，材料设备损失达数千万元。

1. 冒顶片帮事故原因

1）采场地压作用

矿体在没有开凿巷道之前，原岩应力处于平衡状态。开凿巷道以后，原岩初始压力平衡状态受到破坏，引起原岩应力重新分布，从而引起巷道围岩变形和移动，这种状态一直持续到岩体内形成新的应力平衡为止。在岩石应力重新分布的过程中，巷道顶板会下沉，甚至坍塌、底板鼓起、片帮、支护设施变形和损坏；露天矿边坡坍塌等都是应力重新分布作用的结果。

冒顶片帮破坏的程度，除受地压作用外，还与岩体的地质构造、岩体结构和强度、采掘强度等因素有关。

2）生产管理方面

冒顶片帮事故属于生产管理方面的原因约占45.6%，主要是安全意识不强，作业前没有认真的检查顶板状况，对松动岩体的处理方法和措施不当。

3）生产技术方面

（1）选择采矿方法不合理或回采顺序不合理。

（2）无支护或支护不及时，支架质量不良或不及时维护。

（3）对顶板浮石处理方法不当，或对间柱放顶的方式方法不合理等。

2. 冒顶片帮事故预防

（1）坚持采用合理的开采顺序。井下开采要自上而下，从上盘向下盘，从一翼向另一翼的开采顺序。

（2）实行“三强”的回采原则。即强掘、强采和强出的原则。集中力量快速掘进巷道，快速开采矿石，快速运出矿石，以缩短生产周期，避免和减少受到冒顶片帮事故的威胁。

(3) 根据矿床赋存条件、岩石稳定性等因素，对采区的顶板进行支护，支护形式有自然支护、充填支护、崩落围岩支护。

自然支护是指在稳固的矿岩中进行开采时，采场跨度、暴露面积和时间处在可控的允许范围内，可利用矿岩本身的自然支持能力起到支护作用。

充填支护是指以废石、水砂、混凝土等作为充填料，将采空区及时充填，以减少围岩的暴露时间，对围岩起到保护作用。

崩落围岩支护是指随着开采进度实行边采矿边放顶的原则，即崩落矿体顶板的覆盖岩石和上下盘围岩来充填采空区，以消除冒顶片帮事故的威胁。

喷锚支护是指对于含有破碎带的断层的矿床，矿体稳定性差，可采取锚杆和喷射混凝土相结合的方法进行支护，人工加固巷道，充分利用围岩本身的强度，从而达到支护巷道的目的。

(4) 对于受到爆破冲击波的震动所产生的浮石，必须及时处理。在处理浮石时，首先搞清楚浮石的范围、滑形及有无自由面等情况，同时判断浮石可能坠落的方向和地点，然后用工具小心、耐心地进行处理，切勿用力过猛和带有急躁情绪。

复习思考题

1. 坠落伤害事故类型及预防措施有哪些?
2. 简述机械事故伤害危险因素及预防措施。
3. 电流对人体伤害形式及防止触电的安全措施有哪些?
4. 简述化学危险性物品伤害事故类型及其分类。
5. 防止化学危险物品事故发生的安全措施有哪些?
6. 控制化学危险物品生产工艺过程中事故发生的安全措施有哪些?
7. 简述矿井瓦斯性质、危害及预防措施。
8. 矿山地表水灾事故原因、影响因素及治理措施有哪些?
9. 简述矿山地下水源的类型、透水征兆及预防透水事故措施。
10. 矿山内因火灾的原因，矿物自燃的条件、影响因素有哪些?
11. 矿山爆破炮烟中毒事故原因及如何预防?
12. 矿山冒顶、片帮事故原因，为防止事故发生应采取哪些措施?

第五章 起重运输安全

我国《特种设备安全法》指出，起重机械属于对人身和财产安全有较大危险性的特种设备。起重机械广泛应用于建筑、冶金、交通、港口、机械制造等各个领域，生产安全事故频率较大，一旦事故发生，会造成人员伤害和财产重大损失。因此，《安全生产法》《劳动法》《特种设备安全法》都有明确规定，对特种设备的设计、制造、安装、使用和维护等，生产经营单位都必须按照相关法律、法规和技术规范进行运作。

第一节 起重机械类型及常见事故

起重运输机械从简单到复杂，从小型设备到大型机械，与人类社会有着密切的关系。在现代工业生产中，起重运输是整个生产过程中的有机环节，是工业生产实现机械化、自动化的物质手段。它不仅能够提高劳动生产效率，而且还可以大大减轻劳动强度。因此，起重运输机械是工业生产中不可缺少的重要工具和设备。

然而，起重运输机械在使用过程中，由于操作不当，或机械部件加工质量不好，或安全检查不够等原因，往往会发生一些设备故障和人身伤亡事故，影响了工业生产的正常进行。为实现安全生产，必须研究起重运输机械的结构、工作原理以及操作、使用、检查、维护等方面的安全技术。

一、起重机械类型

起重机械是一种重复的、间歇动作的装置。其特点是通过重复短时间的工作循环，周期性地升降或搬运物品；在每一工作循环中，其所有主要工作机构都做一次正向运动和反向运动；一般是用于搬运成件或包装的物品。起重机械一般分为小型起重机、提升机和起重机。

1. 小型起重机

小型起重机如千斤顶、电（手、气）动葫芦、绞车等，其特点是起升高度小，通常只有单一的起升或牵引机构；操作简单、携带方便，更换作业地点容易。

2. 提升机

提升机如电梯、高炉升降机、矿井提升箕斗和罐笼等，其特点是使物品沿导轨单向动作。

3. 起重机

起重机是在一定范围内能将物品垂直提升和水平运移的机械。起重机按主要用途分为通用、建筑用、铁路和造船等用起重机；按机动性分为旋转式、非旋转式、固定式和运行式（有轨和无轨）；按构造分为桥架类型和臂架类型起重机，如图 5－1 所示。

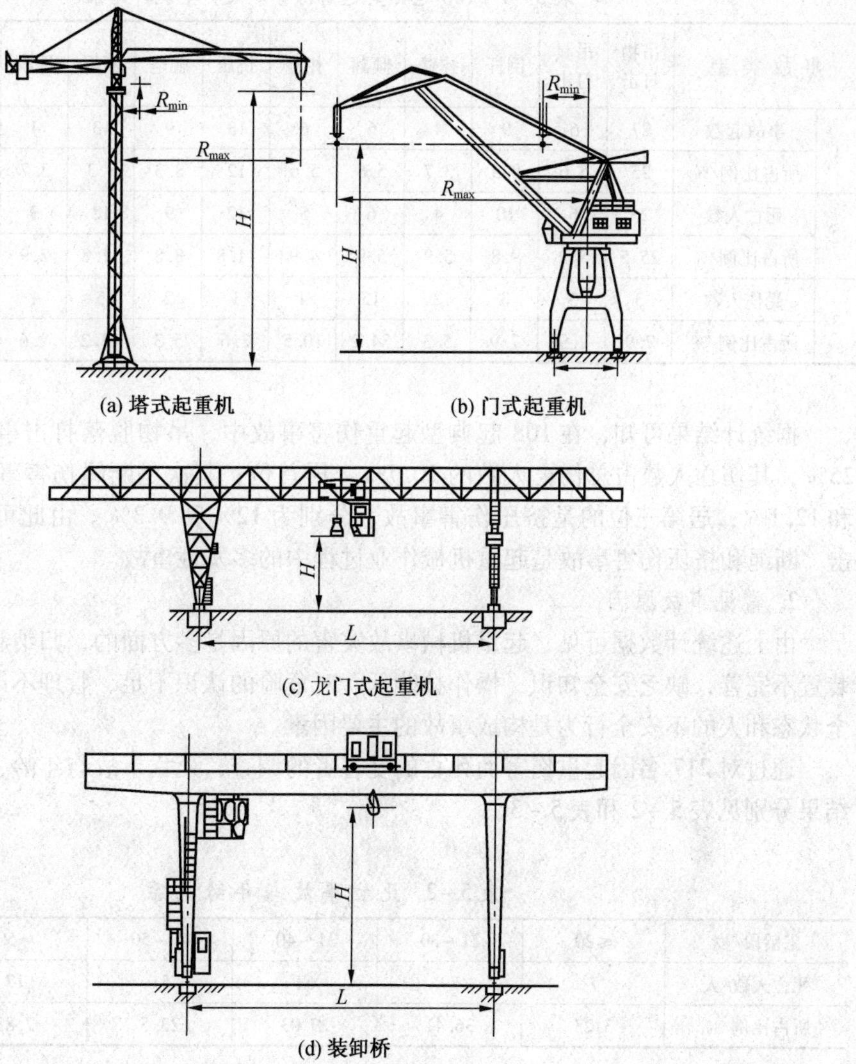

(a) 塔式起重机　(b) 门式起重机

(c) 龙门式起重机

(d) 装卸桥

图 5－1　起重机械类型

二、常见起重机械事故

起重伤害与事故，是指起重机械在作业过程中，由机具、吊物等所引起的人身伤亡或设备损坏事故。据统计，在冶金、机电、铁路、港口、建筑等生产部门，起重机械所发生的事故占有很大比例，高达 25% 左右，其中死亡事故占 15% 左右。

1. 起重机伤害事故类型

表 5－1 是某地区各行业发生的 108 起典型起重伤害事故类型的统计结果。其中在吊具打击事故中，有 3 起脱钩事故，占吊具打击事故的 50%；在断绳事故中，有 5 起过卷事故，占断绳事故的 38.5%；在 108 起事故中，有 2 起是超载事故，占事故总数的 1.9%。

表5－1　108起典型起重伤害事故类型统计结果

事 故 类 型		吊物打击	吊具打击	倒杆	摔臂	倾翻	相撞	挤压	触电	断绳	绳绞	坠落	其他	合计
1	事故起数	27	6	9	4	6	6	13	9	13	4	7	4	108
	所占比例/%	25	5.6	8.3	3.7	5.6	5.6	12	8.3	8.3	3.7	6.5	3.7	100
2	死亡人数	26	6	10	4	6	5	12	9	12	3	7	2	102
	所占比例/%	25.5	5.9	9.8	5.9	5.9	4.9	11.8	8.8	11.8	2.9	6.9	1.9	100
3	受伤人数	3	3	3	2	13	4	1	2	5	1	1	0	38
	所占比例/%	7.9	7.9	7.9	5.3	34.2	10.5	2.6	5.3	13.2	2.6	2.6	0	100

据统计结果可知，在108起典型起重伤害事故中，吊物脱落打击事故占总事故数的25%，其伤亡人数占总伤亡人数的20.7%，居首位；其次是断绳伤害事故，分别为12%和12.1%；居第三位的是挤压伤害事故，分别为12%和9.3%。由此可见，吊物脱落打击、断绳和挤压伤害事故是起重机械作业过程中的多发性事故。

2. 常见事故原因

由上述统计数据可见、起重机械事故灾害的原因是多方面的，归纳起来主要有：安全装置不完善，缺乏安全知识、操作技能低、对危险的认识不足、管理不严等。总之，不安全状态和人的不安全行为是构成事故的主要因素。

通过对217名因起重伤害而死亡的受害者的调查，死亡事故与年龄、工龄关系的统计结果分别见表5－2和表5－3。

表5－2　死亡事故与年龄关系

工龄段/岁	≤20	21～30	31～40	41～50	>50	合计
死亡人数/人	7	79	63	51	17	217
所占比例/%	3.23	36.41	29.03	23.5	7.83	100

表5－3　死亡事故与工龄关系

年龄段/岁	≤5	6～10	11～15	16～20	>20	合计
死亡人数/人	78	44	39	16	40	217
所占比例/%	35.9	20.3	18.0	7.4	18.4	100

通过调查研究可以看出，起重伤害事故发生频率与受害者的年龄、工龄密切相关。年龄小、工龄短的职工所占比例较大，主要原因是文化素质不高、操作技能低、安全意识差，而且往往存在有好奇、侥幸、省力等心理，对危险因素不会识别或重视不够，因而当事故发生时，缺乏应变能力。年龄较大、工龄较长者，除上述原因外，常常是有章不循、习惯作业，从而导致事故发生。几种主要事故的原因如下。

（1）挤伤事故多是吊载物体与地面物体之间挤着，吊载物体旋转、吊载物体撞击地面物体翻倒，被机体挤着或与机体接触等。常见的挤伤事故是桥式起重机运行中将检修人员挤伤在端梁与土建结构之间；自行式起重机旋转将作业人员挤伤在起重机平衡重与障碍物之间等。

发生事故的原因是：无联系或联系不周，无指挥或指挥不当，危险行为或处于危险区、起落吊不稳、放吊不平，歪拉斜吊，挂吊偏重，操作不熟练，大、小车提升同时操作等。

（2）失落事故包括吊物、吊具、机体构件、工具、悬臂等物体掉落事故。造成这些事故的原因较多，常见的是挂吊不牢、起落吊不稳、起升钢丝绳破断、吊装钢丝绳破断、吊装钢丝绳脱钩、吊物零乱或捆扎不牢、吊具损坏、挂吊位置不当、吊物摆动过大、设备缺陷、运行不稳等。

（3）坠落事故多半是从机体上坠落、被吊物碰落、与输送工具一起坠落等情况。坠落事故多为从事高空作业的载人吊箱脱绳、断绳等，人与箱体同时坠落而伤人。其原因是：设备有缺陷，检修人员精神不集中。

3. 常见的事故机理

任何事故都是物的不安全状态和人的不安全行为两个系列轨迹在时间和空间上交叉引起的。起重机械事故是由于管理上不科学，设备技术状态和人的不安全行为这两个因素同时发生并交叉作用所造成的，如图5－2所示。

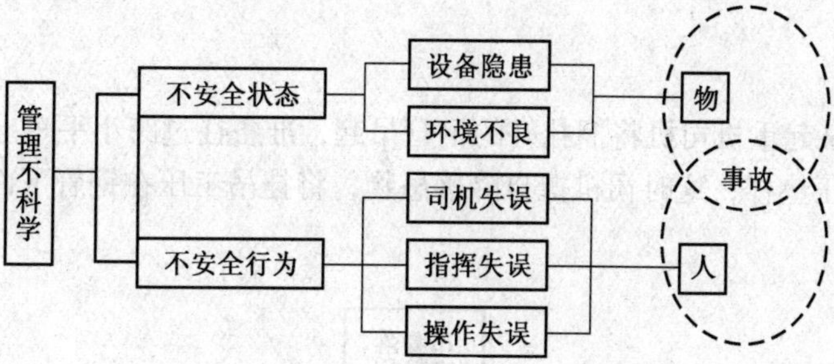

图5－2　人、物系列构成事故机理

根据事故机理，找出起重机械物质技术上的隐患与人的不安全行为在系统中的时空交叉规律，抓住其管理上的薄弱环节和防范重点，以便从物质上、人员因素上采取相应措施，切断“事故链”，防止事故发生。

三、典型事故案例定性分析

（一）桥式起重机事故定性分析

1. 事故概况

图5－3所示为某冶金企业对166起桥式起重机死亡事故的统计结果，在死亡的174人中，其中挤压死亡68人，占总死亡人数的39.1%；其次是吊物掉落死亡35人，占总死亡人数的20.1%；再次是坠落死亡22人，占总死亡人数的12.6%。

2. 事故原因

（1）操作者未经技术和安全培训，操作技能低，安全意识不强。

(2) 操作者未掌握设备性能、安全装置及操作程序。

(3) 对作业环境不了解，作业过程中精力不集中，缺乏责任心。

(4) 操作者身体不适，疲劳作业。

(5) 无人指挥或指挥不统一。

(6) 操作者习惯作业，不按规程操作。

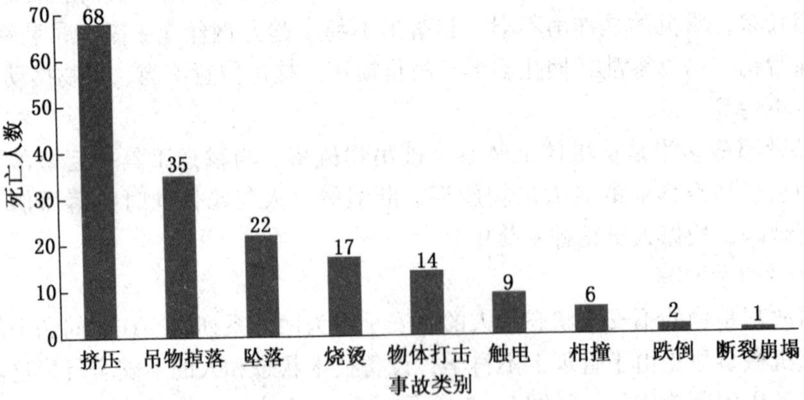

图 5-3 桥式起重机事故类别主次图

3. 事故分析

【例 5-1】某起重机司机将捆扎好的钢管吊起，准备往过跨小平车上落放时，挂吊工进入吊物下面摆正垫杆；这时司机擅自降落吊物，将挂吊工压在钢管下面。其原因分析如图 5-4 所示。

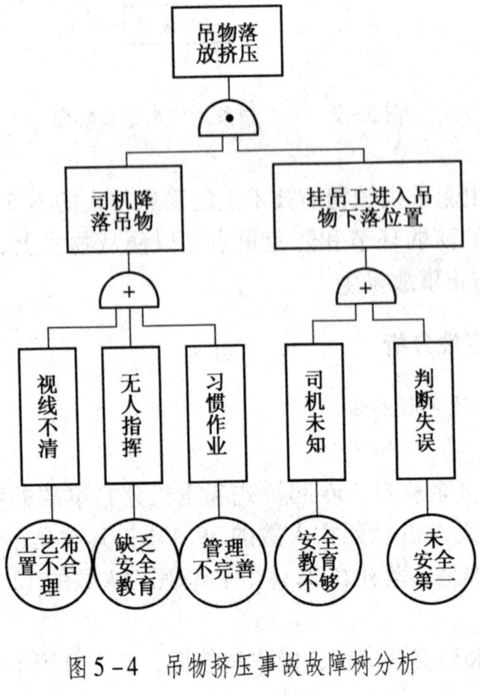

图 5-4 吊物挤压事故故障树分析

【例 5－2】某起重机司机与挂吊工为吊卷扬机，用 1 根钢丝绳对角线挂吊提升时，拉环破断，卷扬机翻落，撞倒备件架，将挂吊工挤压在备件架与绞车房 1.2 m 宽的过道上。事故原因分析如图 5－5 所示。

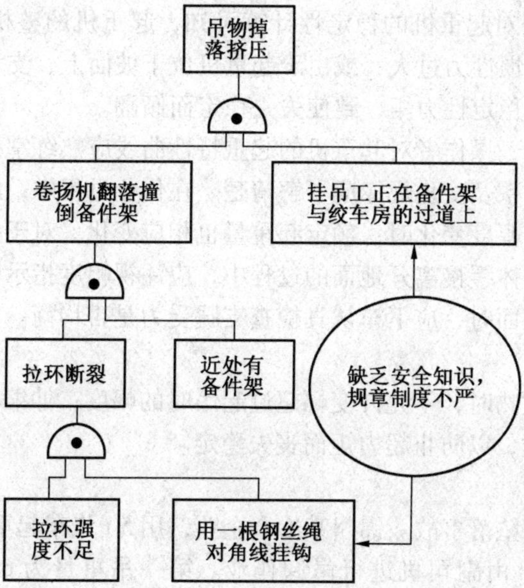

图 5－5　吊物掉落挤压事故故障树分析

（二）流动式起重机

1. 事故概况

流动式起重机有汽车式、轮胎式、浮式和履带式等。由于这类起重机作业对象变化频繁、作业环境复杂，所以事故较多。对 163 起事故进行统计结果表明：在流动式起重机发生的事故中，汽车式 20 起占 12.2%，居首位；其次是轮胎式 13 起占 8.0%。从事故类型看，整机倾翻事故最多，达 117 起，占总事故的 71.8%；其次是起重臂折损 37 起，占总事故数的 22.7%。

2. 事故原因

通过对 150 台流动式起重机发生破坏性事故原因的统计分析结果可知，操作者失误占 65%，检修不良占 20%，设备缺陷占 15%。操作失误的主要原因：在作业过程中，带载回转速度过高，带载急速制动；歪拉斜吊等；其次是超载；第三是地面下沉。此外，还有超速运行、作业时风力过大、起重机与吊重或障碍物相撞等。

起重机损坏部位主要是桁架臂、伸缩臂；其次是上下车体结构部分、驱动装置；第三是减速机构、支承机构和传动部件等。

（1）吊臂折损。流动式起重机的起重特性曲线，由两条组合而成。当吊臂长度一定时，起重量和相应的起升高度取决于幅度大小，幅度小时，起重量和相应高度的数值都大些；幅度大时，起重量和相应高度的数值都小些。前者是由吊臂结构强度决定的，后者是由整机稳定性决定的。因此，不能认为大幅度区域容易超载，小幅度区域不易超载。一旦超载，其载荷作用力矩大于其稳定性力矩或超过吊臂结构强度极限，就会造成整机倾翻或吊臂折损事故。

另外，起重臂倾角过大，也会因惯性力和离心力的作用使吊臂折损；检修不良、变幅机构制动器失灵、变幅松脱等会引起坠臂事故。

（2）整机倾翻。据对起重机的稳定性计算可知，起重机的整机倾翻事故是由于吊重超载，风力、离心力和惯性力过大，或由于起重机位于坡面上、支承不平等，使起重机所承受的倾斜力矩大于其稳定性力矩，致使失去稳定而倾翻。

为防止起重机倾翻，操作者对起重机的起重特性曲线应熟练掌握；对起重能力和相应高度与幅度间的相互关系及变化规律应了解清楚。在作业过程中，应正确理解额定起重量的概念。当臂长一定，幅度变化时，额定起重量也相应变化。对于重量不清的物体，可先进行试吊，随着被吊物体缓慢离开地面的过程中，应注视幅度指示器和极限力矩限位器指针的变化。物体离开地面时，应下车认真检查支腿受力是否均衡。如一切正常，方可继续起吊。

小幅度区域起吊重物时，不允许变幅超过起吊时的幅度；伸缩臂长度一定，起吊重物时，起吊后不允许伸臂，以防止超力矩而丧失稳定。

3. 事故分析

【例 5-3】起重臂坠落事故。锦州某冶金企业，用 5 t 汽车起重机吊卸三车皮 180 t 方钢坯。因正司机有病，由副司机进行吊卸作业。第一吊重量为 6.506 t，第二吊重量为 9.454 t。两吊顺利卸完后，在卸第二车钢坯时，起重臂伸长至 13.02 m，第一吊重量为 10.677 t，当起重机转臂时“咔”的一声巨响，主臂尾端右侧铰点处突然断裂，致使吊臂折损。

造成该事故的原因分析如下：

（1）直接原因是严重超载。5 t 汽车起重机是指作业时最大起重量为 5 t，实际起重量达 10.677 t，导致主臂尾部铰点销轴孔部位受力超过其强度极限产生断裂，从而造成起重臂坠落。

（2）主要原因是起重机无超载保护装置或失效。起重力矩限制器是起重机上必备的安全装置，其作用是控制起重量与幅度相适应。当起重量超过规定值时，起升机构应自动停止运行，起保护作用。

（3）间接原因包括：①起重机运行多年设备状况不佳，未进行自检或经有关部门进行检测；②安全生产责任制不落实，起重副司机没取得合格驾驶证便上岗操作；③作业人员对起重机性能掌握不到位，安全操作意识不强，存有侥幸心理。

（三）塔式起重机

1. 事故概况

除有一般起重机常见事故外，由于塔式起重机塔身较高、稳定性差、工作地点不断转移，常见的大事故还包括倒塔、折臂以及安装拆卸时臂架坠落等。对 120 起塔式起重机常见事故的统计结果表明，在塔式起重机发生的事故中，倒塔事故最为严重，占事故总数的 52%；其次是塔身或底架损坏，占事故总数的 27%；第三是臂架折损，占事故总数的 18%。

2. 事故原因

（1）塔式起重机作业时，发生事故的主要原因包括：不按要求调整或使用力矩限制器、超载作业；吊拔埋在地下的物体或歪拉斜吊；塔机运行至轨道端头，未及时减速或未及时切断电源，致使塔机冲出轨道；臂架向上仰起变幅或起吊时过卷，吊重突然脱落；作业时风速超过规定要求；塔机沿轨道运行遇有障碍物时，导致车轮脱轨；各种构件和电控系统检查维修不及时，安全装置失灵；作业时电压过低或电压降太大，造成电控失灵；指挥不统一，动作不协调；超级换挡，起制动过猛等都会引起倒塔、塔身和臂架损坏。

（2）安装、架设、拖运塔式起重机时，操作顺序不符合规定；连接构件使用不当或腐蚀严重；架设初始状态不合设计要求；高强度螺栓预紧力不够，连接强度低；架设用钢丝绳规格、型号不符合要求，钢丝绳本身或连接强度不够；中途停止安装，未采取可靠措施；拖运或液压顶升时，不符合操作要求；安装、架设时风速超过规定要求或不注意观察、监视，或在塔机上焊接未采取可靠措施等都会造成倒塔、塔身坠落、机构损坏等重大事故。

3. 事故分析

【例 5－4】上海市某电磁厂使用 2～6 t 塔式起重机吊卸线钢，共 9 卡车，每车装约 10 t。作业时，起重臂幅度 16.3 m，阵风 5.7 级。当吊卸第一车时，分 3 次吊卸。但从第二车开始，为抢时间，急于吊卸完，改为两次吊完。当吊到第四车第二吊时，刚一起吊，恰巧遇到一阵大风，塔式起重机倾覆。

造成该事故的原因分析如下：

（1）直接原因包括：①风速过大致使附加载荷增大，作业时阵风达 5.7 级，超过规定的 5 级风速；②起重机工作幅度 16.3 m 时，允许起吊的最大载荷为 2.74 t，而实际起吊载荷超过 5 t。

（2）主要原因是起重力矩限制器失灵，失去超载保护功能，致使起重机倾覆边的倾覆力矩大于稳定力矩。

（3）间接原因是操作者未经安全技术教育培训，对起重机技术性能未能全面掌握而且缺乏安全意识；驾驶室内既无起重机性能标牌，又无操作规程标牌，造成司机无操作依据。

（四）起重机吊物脱钩坠落事故定性分析

【例 5－5】起重机在作业过程中，吊物脱钩坠落事故较多。20 世纪 80 年代，据不完全统计，各种类型起重机共发生 20 余起。为防止此类事故发生，运用故障树演绎法分析其事故原因，并提出相应的安全措施。

1. 建立故障树

起重机吊物脱钩坠落事故故障树的结构是由基本事件、中间事件和顶事件构成，如图 5－6 所示。

（1）基本事件 X_i 是导致起重机吊物脱钩坠落事故发生的基本原因。根据逻辑演绎法推理，该事故的基本事件为：

X_1——司机疏忽；　X_2——视线被挡；　X_3——场地昏暗；
X_4——无信号；　X_5——手势不清；　X_6——场地噪声大；
X_7——信号弱；　X_8——信号错误；　X_9——制动过猛；

X_{10}——吊物重心不稳；　X_{11}——撞冲其他物体；　X_{12}——吊钩开口度过大；
X_{13}——检查不良；　X_{14}——挂钩方法错误；　X_{15}——捆绑不牢；
X_{16}——强度不够；　X_{17}——质量缺陷；　X_{18}——失灵或损坏；
X_{19}——检查不良；　X_{20}——无防脱钩装置。

（2）中间事件 A_i 是基本原因事件与顶事件之间的事件。

A_1——运行中故障；　A_2——防脱钩装置缺陷；　A_3——吊物下有物体；
A_4——受到振动、冲击；　A_5——挂钩不当；　A_6——防脱钩装置故障；
A_7——司机未发现有物体；　A_8——吊钩变形；　A_9——钢丝绳变形过大；
A_{10}——指挥失误；　A_{11}——绑挂人员失误；　A_{12}——信号指挥不清；
A_{13}——看不清信号；　A_{14}——听不清信号。

（3）顶事件 T 是事故发生的结果事件。

T——起重机吊物脱钩坠落。

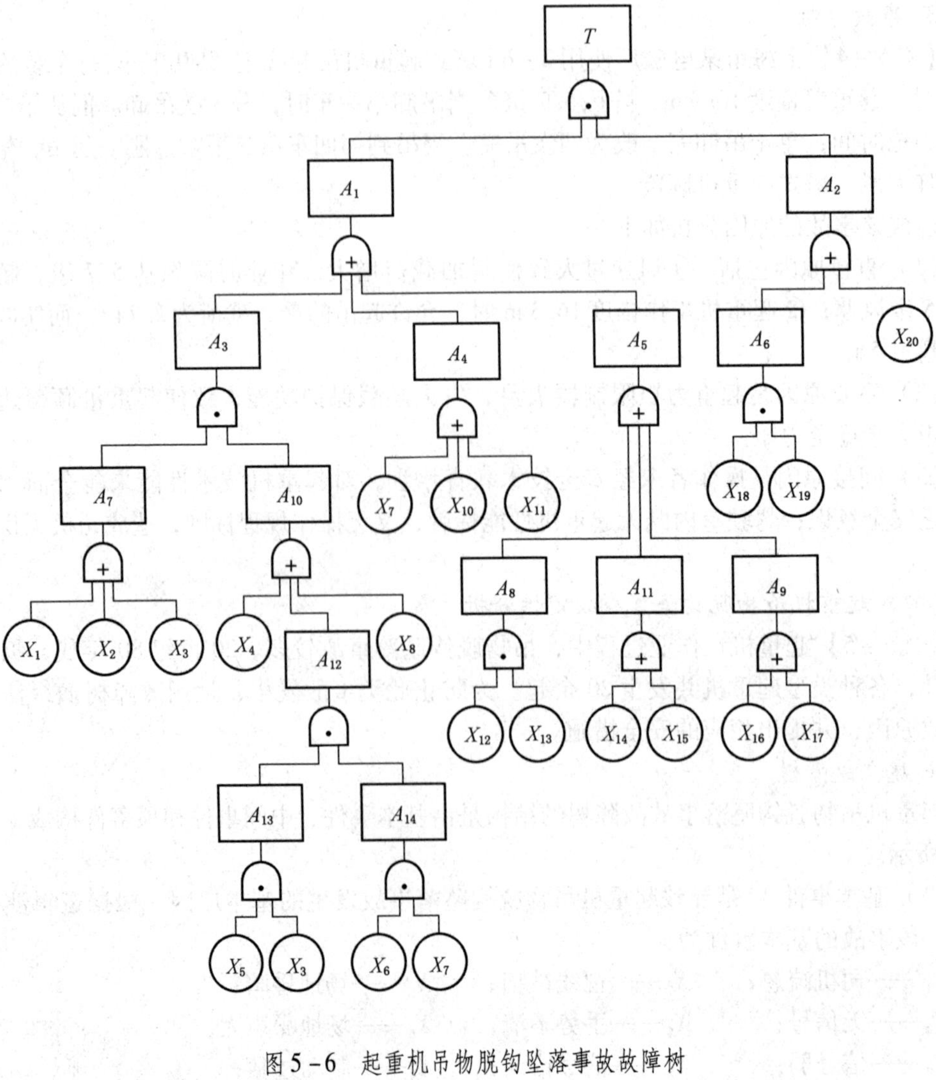

图 5－6　起重机吊物脱钩坠落事故故障树

2. 确定最小割集

起重机吊物脱钩坠落事故与构成故障树的各种基本事件的状态直接相关。若所有基本事件都同时发生时，则事故一定发生。但是，在多数情况下，并非所有基本事件都会同时发生。而是某些基本事件集合在一起同时发生，就可能导致事故。

故障树定性分析的主要任务就是要找出吊物脱钩坠落事故故障树的全部最小割集。经计算机运算，起重机吊物脱钩坠落事故故障树的最小割集为：（X_{20}，X_{11}）（X_{20}，X_{10}）（X_{20}，X_{9}）（X_{20}，X_{17}）（X_{20}，X_{16}）（X_{20}，X_{15}）（X_{20}，X_{14}）（X_{20}，X_{13}，X_{12}）（X_{20}，X_{8}，X_{3}）（X_{20}，X_{8}，X_{2}）（X_{20}，X_{8}，X_{1}）（X_{20}，X_{4}，X_{3}）（X_{20}，X_{4}，X_{2}）（X_{19}，X_{18}，X_{7}，X_{6}，X_{5}，X_{3}）（X_{20}，X_{4}，X_{1}）（X_{19}，X_{18}，X_{11}）（X_{19}，X_{18}，X_{10}）（X_{19}，X_{18}，X_{9}）（X_{19}，X_{18}，X_{17}）（X_{19}，X_{18}，X_{16}）（X_{19}，X_{18}，X_{15}）（X_{19}，X_{18}，X_{14}）（X_{19}，X_{18}，X_{13}，X_{12}）（X_{19}，X_{18}，X_{8}，X_{3}）（X_{19}，X_{18}，X_{8}，X_{2}）（X_{19}，X_{18}，X_{8}，X_{1}）（X_{19}，X_{18}，X_{4}，X_{3}）（X_{19}，X_{18}，X_{4}，X_{2}）（X_{19}，X_{18}，X_{4}，X_{1}）（X_{20}，X_{7}，X_{6}，X_{5}，X_{3}）。

上述30个最小割集表明，该事故发生有30种可能的途径，说明系统的危险性很大。

3. 事故危险性分析

从图5－6中可以看出，起重机吊物脱钩坠落事故系统中有逻辑与门7个，逻辑或门8个，表明起重机在吊物作业过程中，易于发生吊物坠落伤害事故。在所求得的30个最小割集中，检查不良（X_{19}）出现15次；无防脱钩装置（X_{20}）和失灵或损坏（X_{18}）各出现15次；场地昏暗（X_{3}）和无信号（X_{4}）各出现6次；司机疏忽（X_{1}）、视线被挡（X_{2}）和信号错误（X_{8}）各出现6次，说明X_{1}、X_{2}、X_{3}、X_{4}、X_{8}、X_{18}、X_{19}与X_{20}是比较危险的基本事件。

根据起重机吊物脱钩坠落事故基本事件的重要程度，失灵或损坏（X_{18}）、无防脱钩装置（X_{20}）、捆绑不牢（X_{15}）、吊物重心不稳（X_{10}）、撞击其他物体（X_{11}）、制动过猛（X_{9}）及挂钩方法错误（X_{14}）等是造成吊物脱钩坠落事故较为重要的因素。

4. 预防措施

综上所述，造成吊物脱钩坠落事故既有人的原因又有物的因素。因此，要从人、物两方面入手，既要控制人的不安全行为的出现，又要消除物的不安全状态的存在，根据其故障树中各基本事件临界重要度的排序，吊物脱钩坠落事故预防的主要措施如下：

（1）建立健全对特种作业的操作者进行技术培训制度。

（2）保证安全装置可靠有效，如吊钩闭锁装置等。

（3）作业场所视野良好，如夜间照明光线充足等。

（4）要有专人指挥，信号清楚，确认无误方可操作。

（5）有关作业人员要密切配合，杜绝违章。

（6）使用质量合格的钢丝绳吊索，且捆绑物体要牢固。

（7）作业前要做好检查，作业中按规程认真操作。

（8）加强对起重机械的安全检验，如季检、年检等。

（9）经常对起重机进行维护保养，保证设备良好的工作状态。

（10）安全管理科学化、规范化，如强化安全培训，增强安全意识等。

第二节　起重机主要取物装置及其安全要求

起重运输机械装卸和搬运的物品种类很多，因此需要在起重机械上装设各种取物装置。常用的取物装置分为装卸成件物品和散粒物品两类，如吊钩、吊环、夹钳和电磁吸盘等用于成件物品的装卸，抓斗等用于散粒物品的装卸。

一、吊钩

（一）吊钩的分类

（1）按吊钩的形状可分为单钩和双钩，如图 5 - 7 所示。单钩的优点是制造与使用比较方便，双钩的受力情况比单钩好；单钩用于中小起重量，双钓用于大起重量。

（2）按吊钩制造方式分为锻造吊钩和板式吊钩。锻造吊钩用于中小起重量，板式吊钩用于大起重量。

（3）按吊钩用途可制成梯形断面、T 字形断面和工字形断面。根据断面承载能力分析，T 字形断面最合理，但制造工艺复杂。一般常用的是梯形断面吊钩，其受力较合理，制造工艺简单。

（二）吊钩的危险断面

根据受力情况（图 5 - 7），吊钩的危险断面有以下 3 个情况（设吊钩上吊挂货物的质量为 Q）。

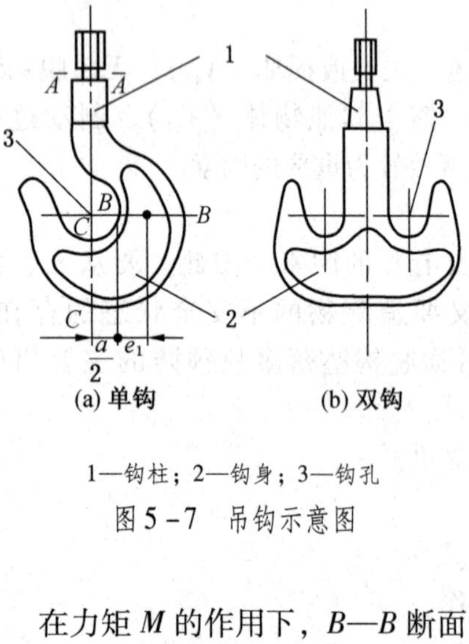

1—钩柱；2—钩身；3—钩孔

图 5 - 7　吊钩示意图

（1）对于 A—A 断面，在 Q 的作用下，有将吊钩拉断的趋势，其拉应力 σ_A 为

$$\sigma_A = \frac{Q}{F_A} \tag{5-1}$$

式中　F_A——A—A 断面的面积，mm^2。

（2）对于 B—B 断面，除受 Q 的拉应力外，还受到力矩 M 的作用。因此，吊钩有被拉直的趋势。该断面所受的力矩为

$$M = \left(\frac{a}{2} + e_1\right)Q \tag{5-2}$$

式中　$\frac{a}{2}$——钩孔半径；

e_1——断面到形心内缘距离。

在力矩 M 的作用下，B—B 断面的内侧受拉应力，外侧受压应力。这样在内侧拉应力叠加，外侧拉压应力抵消一部分。根据计算，内侧拉应力比外侧拉应力大 1 倍多。所以，吊钩的梯形断面内侧大、外侧小。

（3）对于 C—C 断面，货物重量通过钢丝绳作用在该断面上，有使吊钩被切断的趋势。该断面所受的切应力为

$$\tau = \frac{Q}{F_C} \tag{5-3}$$

式中　F_C——C—C 断面面积，mm^2。

对于双吊钩，除吊钩尾部有被拉断的趋势外，每侧也各有两个危险断面。

(三) 吊钩的安全使用

1. 吊钩的负载试验

对于新的吊钩，使用时应进行负载试验。试验时，要吊 1.25 倍的额定负载，时间不少于 10 min。此时，吊钩上不得有裂纹、断裂或产生永久变形；而且在挂上和撤去试验载荷后，吊钩的开口度在没有任何明显缺陷和变形的情况下，不应超过 0.25%。

2. 吊钩的安全检查

吊钩每年要检查 1～3 次，以防出现疲劳变形和裂纹而发生事故。吊钩可用探伤仪或 20 倍放大镜进行检查，发现下列情况之一者应进行更换：

(1) 吊钩表画出现裂纹、破口。

(2) 钩尾部位和螺纹部分以及吊钩横梁等处，出现疲劳变形和裂纹。

(3) 吊钩的钩口尺寸被拉大到和内圆直径尺寸相等。

(4) 板制吊钩的衬套、心轴、小孔、耳环以及其他各紧固件等出现裂纹和变形，衬套磨损量超过厚度的 50%，销轴磨损量超过原直径的 5% 时，都应更新。

(5) 钩口嘴的危险断面磨损量超过其高度的 5%，应降载使用；超过 10% 应进行更换。

吊钩使用一段时间以后，因受钢丝绳的摩擦作用，会使吊钩表面硬化，为防止其硬化可定期进行热处理。为防止钩口磨损，在吊运工件时，要使钢丝绳在钩口处挂牢，不要使它来回窜动。

二、抓斗

抓斗是一种抓取块状、散粒状物料（如矿石、水泥、钢屑及铁皮等）的自动取物装置。

抓斗各机构构件的动作应灵敏可靠。抓斗起升时，应使开闭绳和支持绳受力均衡，以防开闭绳超载发生断裂事故。抓斗刃口板有较大的变形或严重磨损，应及时更换或修理。

三、电磁吸盘

电磁吸盘用于搬运具有导磁性的材料和黑色金属制品。电磁吸盘具有圆形和方形两种。圆形电磁吸盘适于吸附钢锭、钢板和钢块等；方形电磁吸盘适于吸附条形的钢板、钢管、型钢等。

电磁吸盘的吸附能力并不是恒定不变的，它与吸附材料的形状、尺寸和大小、温度以及电磁吸盘温升和供电电压等都有关系，因此适应性差。使用时应注意下列事项：

(1) 电磁吸盘不许吊运温度大于 200 ℃的物品。当物品温度大于 200 ℃时，必须采用有特殊散热条件的电磁盘来承担，但物品的温度也要小于 700 ℃。

(2) 电磁吸盘在吊运物料时，因为随时都有断电造成物料坠落的危险，所以采用电磁吸盘搬运物料时，不准在人或设备的上方通过。

四、钢丝绳

钢丝绳是由钢丝股和绳芯绕成。绳芯充填中央断面，同时还能增加钢丝绳的挠性。绳芯可分为有机芯（棉、麻）、石棉芯和金属芯。有机芯是用浸透润滑油的麻绳做成，起润滑作用；石棉芯是用石棉绳制成，起耐高温作用；金属芯是用软钢丝制成，起耐高温和承受较大挤压应力的作用。

（一）钢丝绳的类型

（1）按捻绕方法分为单绕绳、双绕绳、三绕绳。

（2）按捻绕方向分为顺绕、交绕和混绕绳。

（3）按钢丝在股中的相互接触状态分为点接触、线接触和面接触。

（二）钢丝绳的选用

钢丝绳是一种易损坏的零件，在使用过程中，必须有足够的强度以保持工作的安全。因此，选用钢丝绳时必须经过计算，经验证合格方可使用。一般是按近似公式计算钢丝绳的静拉力，然后验算钢丝绳直径。

1. 静拉力计算

钢丝绳所受的静拉力用下式计算：

$$T=\frac{Q}{n\eta_z} \tag{5-4}$$

式中 Q——起重量，N；

n——承载钢丝绳根数；

η_z——滑轮组效率。

根据钢丝绳的静拉力 T 和安全系数 K，确定出钢丝绳的最大拉力 T_{max}，即

$$T_{max}=TK\leqslant[T] \tag{5-5}$$

式中 $[T]$——钢丝绳的破断拉力，N；

K——钢丝绳的安全系数，见表 5-4。

表 5-4 钢丝绳安全系数 K

工作类型	轻 级	中 级	重 级	捆绑用绳
安全系数	5.0	5.5	6.0	5.0～10.0

2. 验算钢丝绳直径

钢丝绳的使用寿命主要与卷筒、滑轮的直径大小、数目及使用与维护等因素有关。为提高钢丝绳的使用寿命，钢丝绳直径 d 和卷筒直径 D 必须满足 $D/d=K_e$，K_e 为与起重机工作类型有关的系数，轻、中、重（特重）级分别为 20、25、30。

3. 捆绑钢丝绳的安全使用

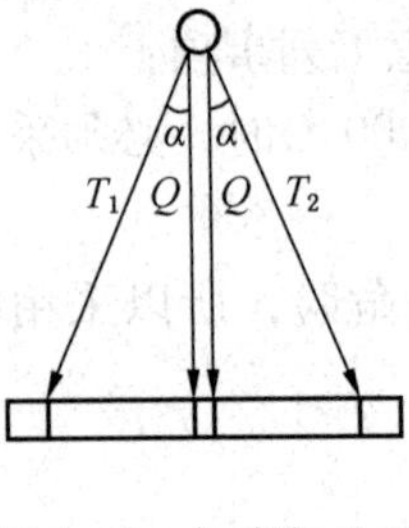

图 5-8 捆绑钢丝绳受力分析

用钢丝绳捆绑起升重物时，由于受力复杂，磨损严重，除选取较大的安全系数外，还应选择合适的钢丝绳与铅垂线间的夹角及钢丝绳的曲率半径。

例如，用两根钢丝绳起吊重量为 $2Q$ 的一个物体（图 5-8）。当用两条绳子竖直起吊时，则每根钢丝绳的张力为 Q。若用两根钢丝绳与铅垂线间夹角为 α 起吊时，则每根钢丝绳的拉力为

$$T=\frac{Q}{\cos\alpha}$$

由上述公式可以看出，钢丝绳与铅垂线间的夹角愈小，钢丝绳所受的拉力愈小，钢丝绳的承载能力就愈大；反之，夹角愈大，钢丝绳所受的拉力愈大，承载能力降低。例如，当 $\alpha = 45°$时，钢丝绳的拉力将增至 141%，每根钢丝绳的承载能力将降低 29%。

实际工作中，常采用的角度是 $2\alpha = \frac{\pi}{3}$和 $2\alpha = \frac{\pi}{2}$。

据实验，钢丝绳的承载能力还与捆绑重物时钢丝绳的曲率半径有关。曲率半径大，承载能力增加；曲率半径小，承载能力降低。当钢丝绳曲率半径大于绳径 6 倍以上时，承载能力不受影响。

（三）钢丝绳的安全要求

正确使用钢丝绳，可以提高其寿命，减少更换次数，既有利于维修，又有利于保证安全。

1. 钢丝绳的维护

（1）钢丝绳使用时，要保持清洁，润滑良好。

（2）钢丝绳不允许有打结、绳股凸出或扭曲。

（3）钢丝绳在绳槽中和卷筒上固定要正确，而且牢固可靠。

（4）钢丝绳不允许超负荷使用，高温条件下作业时应有绝热装置。

（5）钢丝绳使用时，要防止受到突然载荷的冲击；钢丝绳与平衡固定架之间不要产生卡死和摩擦现象。

2. 钢丝绳的更换

为确保安全，若发现钢丝绳断丝或磨损腐蚀严重，应及时维修或更换。

（1）交绕钢丝绳。断丝数占总数的 10% 时，应更换新钢丝绳。

（2）顺绕钢丝绳。断丝数占总数的 5% 时，应更换新钢丝绳。

（3）钢丝绳中若有一股折断时，应立即更换。

（4）钢丝绳外层磨损量达 40% 或钢丝绳直径磨损减小 15% 时，应更换。

（5）钢丝绳磨损严重，尚未达到 40%，根据磨损程度，应降低报废断丝数标准，并按折减后的断丝数更换，见表 5－5。

表 5－5　钢丝绳表面磨损或腐蚀后的折减标准　　%

磨损或腐蚀量	10	15	20	25	30～40	＞40
折减系数	85	75	70	60	50	0

注：吊运炽热金属或危险品的钢丝绳的断丝数，取一般起重机钢丝绳断丝数的一半，其中包括钢丝绳表面腐蚀进行的折减。

（四）钢丝绳的端部固定

1. 固定方法

钢丝绳与其他承载零件连接时，其端部固定方法如下：

（1）端部捆扎。将钢丝绳一端绕过套环后与自身编织在一起，然后用细钢丝扎紧，如图 5－9a 所示。

（2）楔形套筒固定。将钢丝绳一端绕过楔块，与楔块一起放入套筒内，楔块在套筒

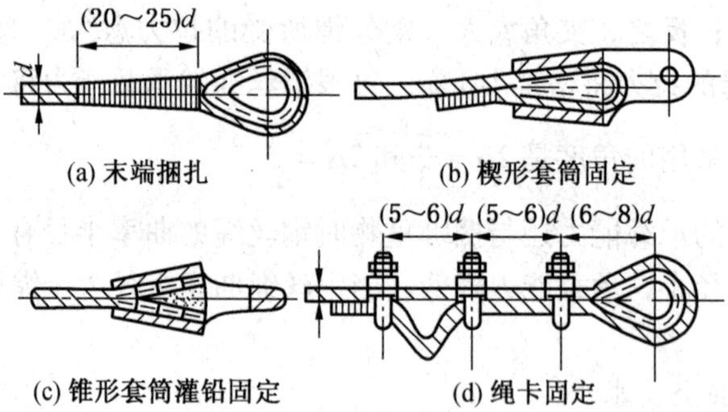

图 5－9　钢丝绳端部的固定方法

的锁紧作用下将钢丝绳与套筒固定为一体，如图 5－9b 所示。

（3）锥形套筒灌铅固定。钢丝绳穿过锥形套筒，然后将末端钢丝绳松散，并弯成钩状，再浇入铅或锌液，凝固后与套筒固定为一体，如图 5－9c 所示。

（4）绳卡固定。绳卡固定方法如图 5－9d 所示。这种方法简单、可靠，应用较广泛。

2. 安全要求

（1）用捆扎连接时，捆扎长度 $L=(20\sim50)d$（d 为钢丝绳直径），并且不得小于 300 mm。连接处的强度不得小于钢丝绳破断拉力的 75%。

（2）用楔形套筒连接时，连接处的强度不得小于钢丝绳破断拉力的 75%。

（3）用锥形套浇铸法连接时，连接处的强度应与钢丝绳的破断拉力相等。

（4）用绳卡连接时，绳卡数量应按表 5－6 选取，同时应保证连接强度不得小于钢丝绳破断拉力的 85%。

表 5－6　绳卡连接时的安全要求

钢丝绳直径/mm	7～18	19～27	28～37	38～45
绳卡数量/个	3	4	5	6

注：绳卡压板应在钢丝绳长头一边，U 形螺栓扣在短头一边，绳卡间距不应小于钢丝绳直径的 6 倍。

第三节　起重机的安全装置

一、制动装置

起重运输机械是一种间歇动作的机械，需要经常起动、制动或停止，所以都必须有良好可靠的制动装置，以保证安全生产。制动装置有支持、调速或限速、制动等作用。

支持是将已提升的物体支持在任意高度上，以阻止其因自重而引起的机构逆转和物体自由下降。

调速或限速是调节或限制机构、机器及物体的运动速度。

制动是使运动的机构或机器停止。

制动装置分为制动器和停止器。制动器是利用摩擦力将机械运动的部分或全部动能转化为热能，达到减速或制动的目的；停止器是利用机械止挡作用支持物体，达到不使物体运动的目的。

1. 制动器

根据使用的特点，制动器应满足以下基本要求：

（1）能产生很大的制动力矩。

（2）松闸和抱闸迅速而平稳，动作准确可靠。

（3）结构紧凑，体积小，调整和维修方便。

（4）摩擦零件的耐磨和耐热的性能良好。

制动器的类型很多，常用的有块式、带式和盘式3种；按其工作状态，可分为常闭式和常开式两种。

为了保证安全，起重机的起升机构和变幅机构必须使用常闭式制动器；轮式车辆的运行机构和臂架具有大幅度的旋转机构，可采用常开式制动器，其优点是制动力可以调节，制动平衡。用来提升和运输熔化金属及有毒性或爆炸性物质的机构中，必须同时安装两个制动器，以获得更大的安全性。

2. 停止器

停止器也是一种制动装置，主要有支持作用、止逆作用、超越离合作用。

（1）支持作用是指长时间支持重物不动。

（2）止逆作用是指允许机构单方向运动。

（3）超越离合作用是指允许机构单方向自由运动，逆方向限速运动。

常用的停止器有棘轮式、滚柱式和带式。

二、缓冲器

缓冲器的作用是用来减小起重机与终端挡板相碰撞时或起重机相互碰撞时的冲击能量，以保证设备和人身安全。所以，桥架类型起重机的大车和小车以及门座起重机等均安装缓冲器。为了起重机能停车平稳，要求缓冲器体积小、吸收能量大、后坐力小。起重机上常用的缓冲器有橡胶缓冲器、弹簧缓冲器和液压缓冲器。

（1）橡胶缓冲器。橡胶缓冲器的结构简单、制造方便、成本低，但因缓冲能力小，只适用于运行速度小于50 m/min的情况，此外工作环境温度一般在30～50 ℃。

（2）弹簧缓冲器。目前起重机上应用最广泛的是弹簧缓冲器。这种缓冲器的优点是结构简单、维修方便、不受工作环境温度的影响，而且吸收能量较大；其缺点是具有较大的反弹力，因为在起重机与缓冲器相碰撞时，大部分撞击能量储存在弹簧内，在反弹时又将能量传递给起重机，这对起重机的零部件是有害的。因此，弹簧缓冲器适用于车速50～120 m/min的起重机上。

（3）液压缓冲器。液压缓冲器的结构如图5－10所示。其工作原理是在碰撞力的作用下，加速弹簧使活塞移动，迫使油缸中的油液通过心棒与活塞底部的环行间隙注入储油腔，从而使撞击动能转化为热能，实现其缓冲作用，并在最短距离缓慢地停车。

当小车或起重机离开时，复位弹簧使活塞恢复到原始位置，油液又流回油腔。塞头被

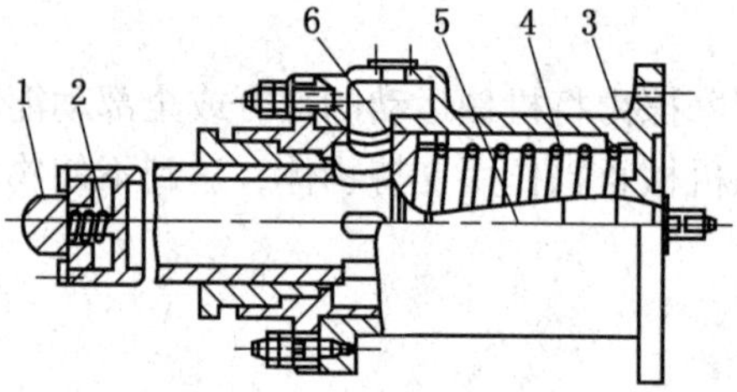

1—塞头；2—加速弹簧；3—缸体；
4—复位弹簧；5—心棒；6—活塞
图5-10　液压缓冲器

加速弹簧顶回到初始位置。由于心棒的断面是逐渐变化的，所以圆环间隙的面积随心棒的移动而相应地改变，这样可根据需要来调整活塞移动阻力和油液压力，以获得需要的缓冲性能。液压缓冲器无反弹作用，在碰撞过程中，缓冲力为恒定值。与橡胶和弹簧缓冲器相比较，在较大速度一定的情况下，液压缓冲器的缓冲行程比橡胶和弹簧缓冲器可减小一半，因而液压缓冲器非常紧凑，适用于较大冲击能量的起重机。液压缓冲器的缺点是结构复杂，维修不方便，密封要求高，而且受环境温度的影响。

三、固定装置

露天作业的起重机，按起重机械管理规程应安装固定装置，如龙门起重机、装卸桥、门座起重机及塔式起重机等都应安装夹轨器、止轮器和锚定装置，以防大风吹袭时起重机被大风吹走或吹倒。固定装置也称为防风防爬装置。

在非工作状态下起重机不被暴风吹走，则夹轨器产生的防爬力 W 应该满足：

$$W \geqslant 1.1W_{fm} + W_p + W_m \tag{5-6}$$

式中　W_{fm}——起重机非工作时沿行走方向受的最大风力，N；

W_p——起重机在最大坡度时，由自重产生的下滑力，N；

W_m——起重机运行摩擦阻力（不考虑附加阻力），N。

1. 夹轨器

（1）手动夹轨器。手动夹轨器的型式较多，常用的是螺旋式夹轨器。其作用是转动螺旋杆使钳口夹紧轨道，以防止起重机被大风吹走。此类夹轨器具有构造简单、操作方便等优点，但因夹紧力有限，安全性差，只适用于中小型起重机。

（2）电动夹轨器。电动夹轨器有弹簧式、重锤式和液压式等。当遇到大风或起重机不工作时，夹轨器自动将起重机牢靠地固定住，从而起到保护作用，安全可靠。电动夹轨器构造复杂、自重大、体积大、成本高，适用于大型起重机。起重机高度超过 50 m 时，在起重机上装有风速仪，当风速超过规定的要求时，发出警报，风速再大时，运行机构自动关停，夹轨器同时起作用。

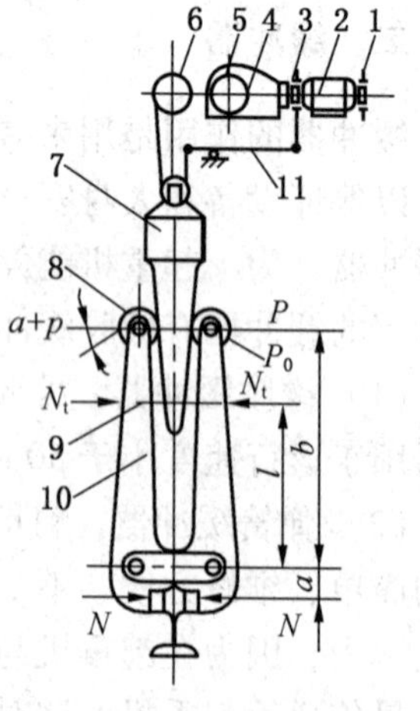

1—常开式制动器；2—电动机；
3—安全制动器；4—减速器；
5—卷筒；6—钢丝绳；7—重锤；
8—滚轮；9—弹簧；10—钳臂；
11—杠钎
图5-11　电动重锤式夹轨器

图5-11是电动重锤式夹轨器示意图。重锤沿导轨升降时易于进入夹轨钳上端的滚子之间。重锤提起时，在弹簧的作用下使钳口张开。重锤上升到第一个行程开关时，起重机电源接通，进入准备远行状态；继续上升

到第二个行程开关时，提升重锤的电动机断电，常开式制动器通电，使重锤悬挂在一定高度上。

当需要夹紧时，重锤靠自重下落，并带动电动机空转。当重锤下降到极限位置时，在惯性作用下电动机继续旋转，钢丝绳从卷筒上不断放出，使钢丝绳愈来愈松弛，其结果一是会引起钢丝绳脱槽；二是当再次提升重锤时，会造成结构的冲击。另外，当下降的重锤中途被卡住时，钢丝绳也会松弛。为此安装安全制动器，钢丝绳一旦发生松弛，通过杠杆系统的作用，安全制动器自动上闸，钢丝绳不再从卷筒上放出；当夹轨器工作时，作用于滚轮上的水平压力 P 为

$$P=\frac{Na+N_t l_t}{b\eta} \tag{5-7}$$

式中 N——夹轨器的夹持力，N；

a、b——夹钳力臂（取 $a/b=0.1$），mm；

η——夹轨器铰轴处效率（滑动轴承 $\eta=0.9$，滚动轴承 $\eta=0.96$）；

l_t——弹簧力臂，mm；

N_t——夹钳弹簧力，N。

2. 止轮器

在车轮与轨道之间放入铁楔，当起重机受到风力而动时，铁楔便阻止车轮滚动并通过轨道与铁楔间的摩擦力防止滑动，该装置称为止轮器，俗称铁鞋。平动四连杆机构止轮器如图 5-12 所示。止轮器正常工作时，应使铁楔前端满足楔块自锁条件，否则起重机会推着止轮器一起前进失去止轮作用。

楔块同时受到车轮和轨道两个力的作用，大小都等于 P，且方向相反并共线，如图 5-13 所示。楔块自锁条件为：轨道对楔块的作用力 P 与法线间夹角 β 以及车轮对楔块作用力 P 与法线间夹角 $(\alpha-\beta)$ 都小于钢对钢的摩擦角 ρ，即

$$\beta<\rho$$

$$\alpha-\beta<\rho \tag{5-8}$$

所以 $$\alpha<2\rho \tag{5-9}$$

因为 $$\cos\alpha>\cos2\rho \quad (0<\alpha<90°)$$

$$\frac{r-\delta}{r}>\frac{1-\tan^2\rho}{1+\tan^2\rho} \tag{5-10}$$

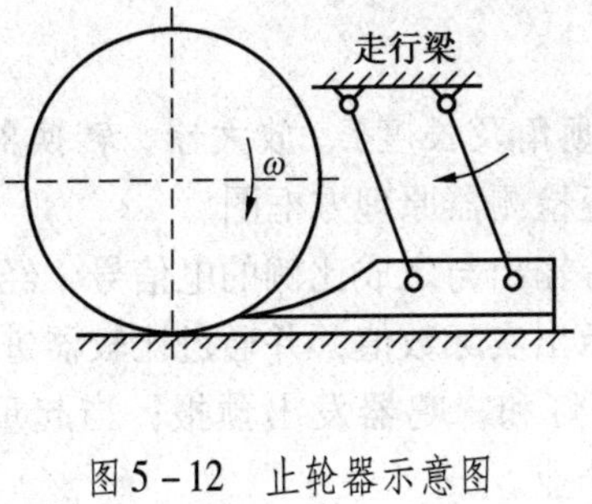

图 5-12　止轮器示意图

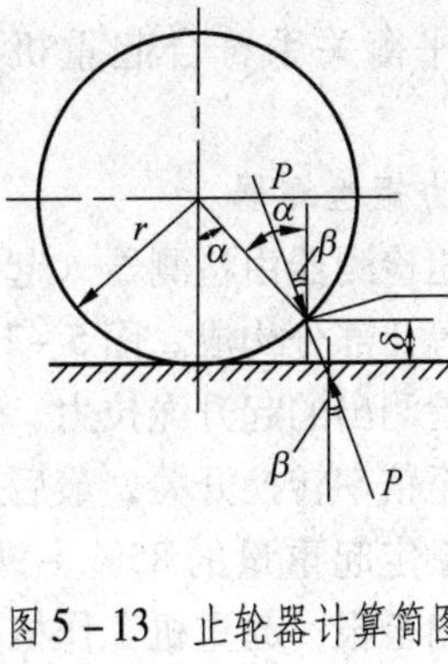

图 5-13　止轮器计算简图

则
$$\delta < \frac{2\mu^2 r}{1+\mu^2} \tag{5-11}$$

式中　μ——摩擦系数；

　　　r——车轮半径，m。

3. 起重量和起重力矩限制器

起重量限制器的作用是限制吊重不超过额定起重量，以防止造成严重事故。通常桥式起重机、龙门起重机、装卸桥和门座起重机等都安设起重量限制器以防止超载。

当起重机的额定起重量随幅度而变化时，在起重机上通常需要安装起重力矩限制器，例如汽车起重机、轮胎起重机和塔式起重机等。

杠杆活动重锤式起重量和起重力矩限制器如图 5－14 所示。

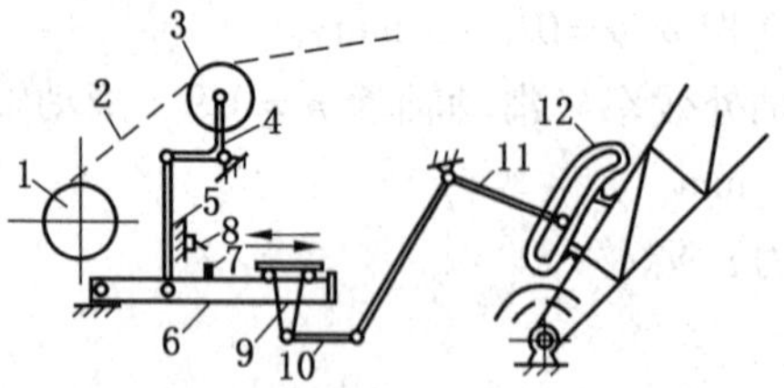

1—卷筒；2—起升绳；3—导向滑轮；4、11—角形杠杆；5—拉杆；6—水平杆；
7—撞杆；8—限位开关；9—活动重锤；10—连杆；12—曲线导槽

图 5－14　活动重锤式起重量和起重力矩限制器

（1）起重量限制。正常情况下，拉杆使水平杆绕支点的力矩（由起重量产生）与处于一定位置的活动重锤对支点的力矩相平衡。若重锤位置不变，当起重量增加时，起升绳作用于导向滑轮上的力增大，角形杠杆便绕其支点顺时针转动，拉杆提起水平杆，使撞杆与限位开关相碰，线路断电，起升机构停止作业，起重量受到限制。

（2）幅度限位。当幅度增大时，曲线导槽使角形杠杆 11 顺时针方向转动，通过连杆将活动重锤向左移动，此时限位开关允许起吊较小的载荷；反之，允许起吊较大的载荷，从而起到幅度限位作用。

（3）起重力矩限制。根据水平杆的平衡条件，幅度小时，活动重锤向右移动；幅度大时，活动重锤向左移动。由此可见，只要曲线导槽能够控制活动重锤位置，使杠杆系统的平衡关系符合起重机的 $Q-R$ 特性曲线，就能有效起到力矩限制保护作用。

4. 起重力矩检测器

电子力矩检测器由检测器（起重量、吊臂倾角及长度）、放大器、转换器、运算器、自动停止器等几部分构成。图 5－15 是起重力矩检测器原理方框图。

检测器检测出的起升绳拉力、臂长、倾角等输出与之成比例的电信号，经相应放大器放大后，送至倍率转换开关，最后显示器将显示出实际数值，并通过比较器进行比较。当起重量达到额定起重量的 85% ～90% 时，信号灯和蜂鸣器发出预报；当起重量超载时，信号装置发出警报，起重机工作机构自动停止作业。

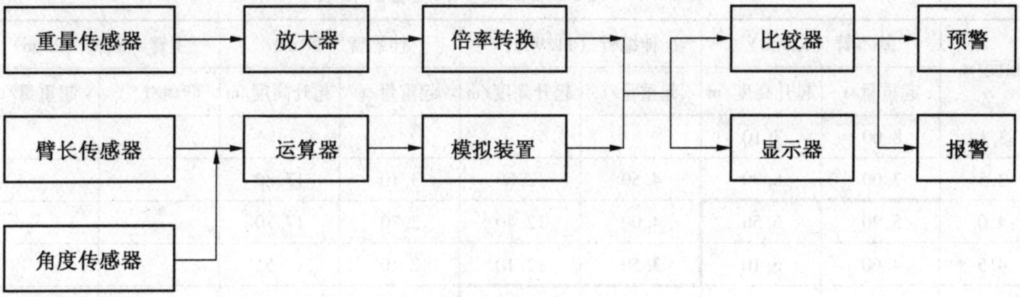

图5-15　起重力矩检测器原理方框图

第四节　起重机安全使用与管理

一、起重机稳定性

（一）起重机稳定性的基本概念

（1）倾斜轴线：指起重机各相邻支点的连线。当用支腿作业时，倾翻轴线是支腿中心线的连线。当不用支腿作业时，对于单排轮胎，倾翻轴线是各轮胎（刚性悬挂）触地点的连线；对于双排轮胎，倾翻轴线是外侧轮胎触地点的连线（刚性轴和被锁住的弹性轴）。

（2）作业稳定性：当起重机进行起重作业时，其整机作业稳定性是指对抗倾翻力矩的能力。

（3）最不利的稳定位置：是指在臂架幅度相同的条件下，稳定临界状态总起重量为最小时的起重臂所处的位置。

（4）作业方位和方位区：起重机作业时，作业方位是指起重臂纵轴线与起重臂下车纵轴线在水平面上投影的相对位置；方位区是指用支腿作业时，由回转中心通过各支腿中心的射线，将水平面按行驶方向划分为几个区。若起重机的4支腿左右对称布置时，一般划分为前方、后方、左侧方、右侧方4个方位区。若汽车式起重机下车前方无支腿时，前方位区通常不允许起吊载荷。

（5）作业方式：对于汽车起重机，只有用支腿作业的一种作业方式，不允许吊载行驶。对于轮胎式起重机，分为用支腿作业和不用支腿作业两种方式。前一种方式作业时的额定起重量比后一种方式大，要分别按不同作业方式时起重机的特性曲线或起重特性表来确定额定起重量。轮胎式起重机可以吊载行驶。

对于履带式起重机，通常不带支腿，往往是针对不同的作业特点，需要不同的作业装置。此时，应按起重机使用说明书进行作业。

（6）起重机特性曲线和起重特性表：起重机的起重特性曲线和起重特性表都是用来表示起重机在某一臂长、幅度、方位和支腿使用情况下的额定起重量和相应起升高度的。掌握和了解起重特性曲线和起重特性表，是司机防止超载事故，确定起重机的起重能力大小的主要依据。某8 t液压起重机起重特性见表5-7。

表5-7　某8t液压起重机起重特性表

幅度/m	基本臂（6.8 m）		伸缩臂（11.9 m）		伸缩臂（17 m）		主臂+副臂（23 m）	
	起重量/t	起升高度/m	起重量/t	起升高度/m	起重量/t	起升高度/m	仰角/(°)	起重量/t
3.1	8.00	7.10						
3.5	7.00	6.90	4.50	12.60	3.10	17.80		
4.0	5.90	6.50	4.00	12.40	2.70	17.70		
4.5	4.60	6.10	3.50	12.10	2.40	17.55		
5.0	4.00	5.40	3.20	11.80	2.20	17.40	75.0	1.15
6.0	2.70	3.60	2.60	11.40	1.90	17.00	72.5	0.95
7.0			2.00	10.60	1.60	16.60	70.0	0.80
8.0			1.60	9.70	1.40	16.00	67.3	0.70
9.0			1.20	8.60	1.20	15.40	64.6	0.60
10.0			1.00	7.00	1.00	14.70	61.8	0.50
11.0			0.80	4.70	0.80	13.80	60.0	0.40
12.0					0.60	12.90	56.1	0.35
13.0					0.50	11.60	53.0	0.30
14.0					0.40	10.40	50.0	0.25
15.0					0.30	8.50	46.6	0.23
16.0							43.2	0.20
17.0							39.5	0.15

注：粗实线以上数据是由吊臂结构强度决定的，以下数据是由整机稳定性决定的。

（二）稳定性安全系数法

“稳定性安全系数”法，简称稳定系数。它是评价起重机抗倾翻能力的一个数量指标，通常用稳定力矩 M_w 与抗倾翻力矩 M_q 的比值 K 来表示，即稳定条件为

$$K=\frac{M_w}{M_q}\geqslant[K] \tag{5-12}$$

起重机的稳定性分为载重稳定性（工作时）和自身稳定性（非工作时）两种情况分别进行验算，M_w 和 M_q 应选择起重机处于最不利的工况、承受最不利的载荷作用进行计算。验算时，起重机防滑装置的作用不予考虑。

1. 载重稳定性验算

起重机载重稳定性验算是指起重臂在各种幅度和臂长的作业情况下，以其行走方向为轴线，将额定起重量、风力、离心力、坡度力、惯性力等对倾翻轴线的合力矩与稳定性相比是否满足稳定性条件。验算起重机稳定性时，为考虑其稳定性裕度，通常仅将额定载荷的力矩作为倾翻力矩，而把其他倾翻力矩作为减少复原力矩的因素来考虑。

图5-16所示为载重稳定性计算示意图。

（1）当起重臂处于最大幅度，且当坡度角 β 很小时（$\cos\beta\approx1$），则载重稳定性系数计算式为

$$K_1=\frac{M_w}{M_q}\geqslant 1.15 \quad (5-13)$$

$$M_w=G\left[\left(c+\frac{b}{2}\right)-h_1\sin\beta\right]-(M_f+M_g+M_x)$$

$$M_q=Q_e\left(a-\frac{b}{2}\right)$$

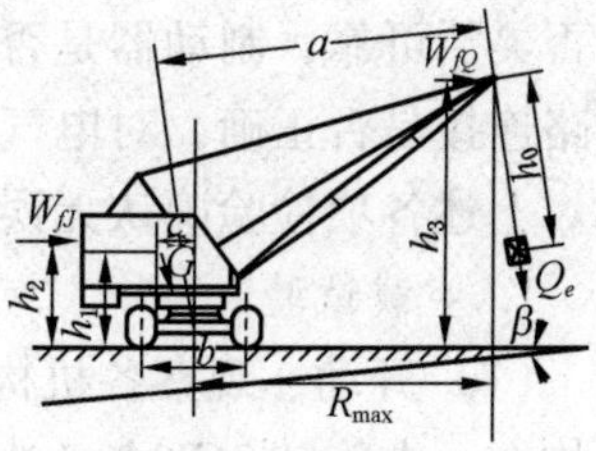

图 5-16 载重稳定性计算示意图

式中 G——起重机自重；

M_f——起重机和载荷的风力矩；

M_g——惯性力矩；

M_x——旋转力矩。

（2）当不考虑附加载荷和坡度角影响时，其载重稳定系数为

$$K_1=\frac{M_w}{M_q}=\frac{G\left(c+\frac{b}{2}\right)}{Q_e\left(R_{max}-\frac{b}{2}\right)}\geqslant 1.14 \quad (5-14)$$

2. 自重稳定性验算

起重机处于非工作状态，起重臂置于最小幅度并垂直于倾翻轴线（图 5-17）。起重机沿倾斜方向承受最大风载荷，稳定性系数为

$$K_1=\frac{M_w}{M_q}=\frac{G\left\{\left(\frac{1}{2}l-c'\right)-h'_1\sin\beta\right\}}{W'_{fJ}h'_2}\geqslant 1.15 \quad (5-15)$$

式中 c'——最小幅度时起重机重心至旋转中心的距离，m；

h'_1——最小幅度时起重机重心高度，m；

h'_2——最小幅度时起重机迎风面积形心高度，m；

W'_{fJ}——最小幅度时起重机上非工作状态的最大风力，N。

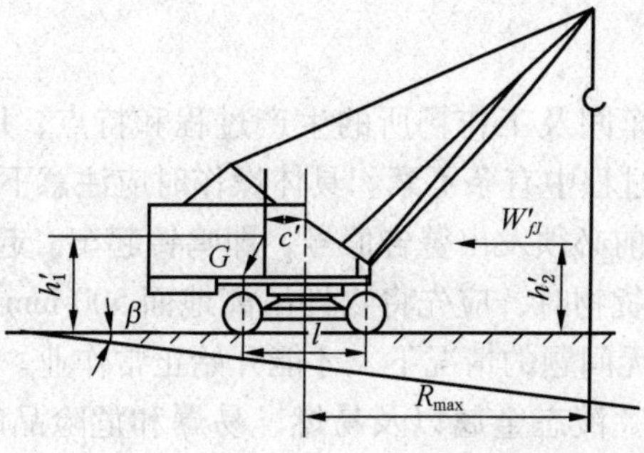

图 5-17 自重稳定性计算示意图

二、起重机负荷试验

新安装、改造或大修后的起重机，都必须进行负荷实验、检验其性能是否达到设计要求，以保证安全生产。如塔式起重机投入使用前应进行一般性安全技术检验：各工作机构

是否灵活可靠，制动器是否有卡滞现象；起重机各个部件装配是否牢固和完备；电气设备线路连接是否正确，对电气系统进行绝缘试验；各种安全装置应齐全、动作灵敏、准确可靠。上述各项检验确认无误后，可进行如下实验。

1. 空载试验

（1）开动、观察各机构工作是否正常。①起升机构反复起钩、落钩各3次；②旋转机构左、右旋转360°各3次；③运行机构前后各行走20～30 m；④变幅机构起臂、落臂反复各3次；⑤起重力矩和最大起重量限制器各试验3次。

（2）进行联合动作试验，试验中各工作机构应运转平稳，各安全装置应灵敏可靠，各部件无过热和异常噪声、冲击等现象。

2. 静负荷实验

静负荷试验时，由于超载较大，试验时必须认真检查各连接部位、安装好夹轨器，调整好制动器，然后非常谨慎地进行操作。

试验应在最大幅度和最大起重量位置分别进行，起吊载荷为1.25倍的额定起重量，误差不超过3%。起升机构起吊载荷后，其他机构都不得运行。将试验载荷缓慢吊离地面100～200 mm高度处，停留10 min，检查重物下滑量；用经纬仪测量吊重前后塔顶水平坐标、臂架头部垂直坐标、底架垂直坐标（卸载后坐标与未吊重前相重合，说明整体结构无永久变形）；同时检查各受力连接件、焊缝、焊件等是否产生局部永久变形，或出现开裂、油漆脱落等现象。

试验结束后，应将安全装置、制动器等调节到原来的正常状态。

3. 动负荷试验

将夹轨器松开，起吊1.1倍的额定起重量，进行起升—制动—起升、下降—制动—下降的动作，反复进行3次。当将起吊载荷升至10 m高度时，使旋转机构进行左右各3次回转试验；然后进行各机构的联合动作试验，检查各转动机构工作是否正常。在各种工况下，各工作机构应运转平稳、无噪声、冲击和过热现象，安全装置灵敏可靠，制动器满足要求。

三、起重机安全操作

操作者要熟悉和了解车间及工作场所的生产过程和特点，以及被吊物件的形状、大小、轻重等，以便在操作过程中有条不紊。具体操作时应注意下列要求：

（1）起重机再次开动前必须发出警告信号，即鸣铃起车。起车要稳，逐渐加速。

（2）每班第一次吊运货物时，应先将物件吊离地面500 mm，然后缓慢下降，试验制动器是否可靠，只有确认无问题的情况下。才能开始正常作业。

（3）吊运较重的物件、液态金属以及易燃、易爆和危险品时，必须先缓慢地吊离地面100～200 mm，观察制动器是否正常。

（4）吊运货物时，不得从人头顶上越过，货物上也不准站人。如必须越过障碍物时，须高于地面障碍物500 mm以上。空车行走时，吊钩及吊索必须悬挂在上面，其高度应超过人的高度。

（5）起重机不允许超负荷使用，对估重不清的物件，可先进行试吊，确认物件重量不超过额定载荷，才能进行作业。

（6）起重机对下列情况下的物件禁止起吊：重量不清、信号不明、捆绑不牢、歪拉、斜吊、埋入地下或凝（冻）在地面的物件；被吊物上有人或有物；没有安全保护措施的易燃、易爆和危险品；装满钢水或其他液体的容器，与车辆或货物相勾连的物件。

（7）起重机在操纵时，应使货物减少摇动；也不准起重机吊着货物在空中长时间停留；卷筒上的钢丝绳不可全部放尽，应保留两圈以上的安全绳，以防钢丝绳的末端松脱。

（8）起重机正常作业时，不允许用限位开关、紧急开关、打反车等作为停车的手段。

（9）起重机在工作中对下列情况均须发出信号：大、小车的起动和停止；接近邻车或上、下层起重机；开始起升或下降；吊钩或吊运货物接近人员时。

（10）操作者只能听从指挥人员的信号，按信号进行操作。如认为指挥有误，应及时发出询问信号，确认没有问题，方可进行操作。在操作过程中，任何人发出停止信号时，都要立即停车。

第五节　电梯安全使用与管理

近年来现代化高层建筑迅速兴起，电梯成为一种大型运输工具。《特种设备安全法》规定电梯属于对人身和财产安全有较大危险性的特种设备。由于电梯是机电相结合的复杂运输设备，而且频繁地起动、制动和升降。因此为了保障电梯安全运行，确保乘降人员的人身安全，除对电梯在机械和电气上要求绝对安全可靠外，还要求电梯的重要部件有足够的机械强度和较大的安全系数，同时设有限速装置、限位开关、超载保护装置等各种安全保护措施，以防发生安全事故。

一、电梯类型

电梯通常使用电力拖动，是具有乘客或载货轿厢，沿垂直方向或沿与垂直方向倾角小于15°的刚性导轨之间运行的固定设备。电梯可分为以下几类：

（1）按电梯用途分为乘客电梯、载货电梯、客货电梯、医用病床电梯、杂货电梯、船舶电梯、观光电梯、车辆电梯、自动扶梯和自动人行道、建筑用电梯。

（2）按电梯速度分为超高速电梯，速度为3～10 m/s或更高的电梯；高速电梯（甲类梯），其速度为大于2 m/s但小于等于3 m/s；快速电梯（乙类梯），其速度为大于1 m/s但小于等于2 m/s；低速电梯（丙类电梯），速度为1 m/s及以下的电梯。

（3）按拖动方式分为电力驱动和液压驱动两种。电力驱动又分为直流和交流；液压驱动有柱塞直顶式和柱塞侧置式两种。

（4）按操作控制方式分为简易自动式、有司机控制、无司机控制和群控方式等。

二、电梯试验

电梯试验的目的是检验整套设备的运行是否正常。电梯安装完毕并经过调整，在确认各种安全保护装置处于正常工作状态后，方可进行运行试验。

1. 空载运行试验

（1）手摇试车。试车时不接通电源，一个人负责松开抱闸，另一个人负责用盘车手轮进行缓慢地摇车使轿厢下行。同时，检查轿厢和对重导靴的吻合情况，开门刀与各层层门开门滚轮的吻合情况，平层感应盒与各层感应铁的吻合情况；检查轿厢地坎与各层层门门锁滚轮的距离，开门刀与各层层门地坎之间的距离，各种安全开关的触碰距离。

（2）低速运行试车。开始试车时要以低速运行，其速度以 0.63 m/s 为宜。使轿厢在整个行程高度内往返各一次，然后由人站在轿厢顶上观察各层的开关门和平层情况，测量底坑和顶站的缓冲越程值，检测限位开关和极限开关动作的灵敏性和可靠性，检验限速器和安全钳的可靠性等。

（3）快速运行试车。对电梯进行低速往返运行试验一次后，再进行快速运行试车。检测电梯的实际运行速度和额定运行速度，两者的差值应小于 ±3%。检查选层、平层的准确性，轿厢超载或未关门时能否限制运行，轿厢和层门安全触板的灵敏性，各种安全装置的可靠性以及安全窗的使用情况等。根据电梯快速运行情况，进行必要的调整，使电梯达到运行平稳、安全可靠。

2. 静载荷试验

静载荷试验的目的主要是检验曳引钢丝绳的强度及两端固定的可靠性；观察曳引绳在曳引轮槽内有无滑动现象；检查各零部件的强度和制动器的可靠性等。

静载荷试验时，轿厢应位于最底停站位置，然后逐次平稳地增加载荷。而且试验载荷应均匀地摆放，不要集中堆放在轿厢的某一侧。对于一般客梯、额定载重量 2000 kg 以下有司机的载货梯或医用电梯，试验载荷应为额定载荷的 200%；对于载客电梯，试验载荷应为额定载重量的 175%；对于无司机的载货电梯、小型杂物电梯或额定载重量 2000 kg 以上的货梯，试验载荷应为额定载重量的 150%。

3. 额定载荷试验

静载荷试验后，应进行额定载荷试验。试验时，轿厢负以额定起重量进行反复升降。检验轿厢的稳定性、有无冲击和强烈振动现象；检查起动或制动时是否有跳动现象，检查制动器调节的是否适宜，能否保证停层平稳；检查操纵器、控制器、召唤装置和信号指示装置的准确性；检查门、门锁和门的电气触头的作用是否正常；检查极限开关、安全钳开关和限速器是否可靠；检查控制屏、电动机和制动器的工作性能是否正常。

4. 电梯平层准确度试验

对电梯平层准确度进行试验时，应分别在空载、0.5 倍的额定载荷和额定载荷 3 种情况下进行上下运行，并分别测定底层的上一层、中间层和顶层的下一层轿厢平层准确度。电梯平层准确度应符合表 5－8 中规定的要求。

表 5－8 轿厢平层准确度

电梯类型	额定速度/（$m \cdot s^{-1}$）	平层准确度/mm
甲	2，2.5，3	≤ ±5
乙	1.5，1.75	≤ ±15
丙	0.25，0.5	≤ ±15
	0.75，1.0	≤ ±30

5. 超载试验

对电梯进行上述试验且合格后，还要进行超载试验。试验时，使轿厢承受额定载荷的 110% 的重量，在接电持续率为 40% 的情况下，间歇地反复上升、下降，时间一般为 30 min。在试验过程中，电梯应能安全启动和运行，制动器作用应灵敏可靠，曳引机工作机构应一切正常。

三、电梯安全运行

电梯伤亡事故往往是发生在电梯升、降过程中。人员正在上、下电梯时，电梯突然发生意外移动；电梯正在移动时，人员上、下电梯；由于人员拥挤致电梯门开启或损坏等都会使人员受到严重伤害。

1. 电梯安全运行的基本要求

为避免人身和设备事故的发生，要求电梯司机经培训考核后合格才允许上岗。操作时，应遵守操作规程，用手操作开关或按钮，不准采用其他方式操纵。检查时，只准听从检修人员指挥。有下列情况之一，不推开动电梯：超载、安全装置不灵、物体堆放不牢、载运物体体积过大或太长、运行速度异常、人身体部分伸出轿厢外、层门或轿门没关好、电梯出现声响或感觉异常等现象。

2. 电梯安全运行时的注意事项

（1）乘客电梯不能当货梯用。

（2）轿厢内一般不能装运易燃、易爆危险品，特殊情况应采取安全措施。

（3）放置轿厢内的物件不能伸出轿厢外，也不能让物件伸出交栅孔洞，更不能让物件伸出轿厢内的紧急安全窗口，正常行驶时应将安全窗关闭好。

（4）在轿厢未停稳定时不能开启轿门、层门。

（5）轿厢向上行驶时应向上自平，不能让轿厢反向倒自平。

3. 电梯发生事故时的应急措施

（1）当电梯突然产生超速下坠而无法控制或轿厢自动行驶,应立即切断安全开关和控制电源,按下紧急停车按钮。如仍不能制止时,乘客必须保持冷静,不能拉开轿门往外逃。

（2）当电气设备发生燃烧事故时，在切断电源前，应立即用干粉、二氧化碳等避电灭火器来灭火。防止用一般酸碱、泡沫灭火机和水来灭火。当切断电源后，方可采用常用灭火器来灭火。若电气设备浸入井道底坑内的水中，应切断全部电源后，才能排水。

（3）发生紧急事故时,应立即按急停按钮停止电梯运行,然后切断电源采取急救措施。

复习思考题

1. 说明起重伤害事故类型及常见事故机理。
2. 说明吊钩主要危险断面及安全使用时应注意的问题。
3. 电磁吸盘使用时应注意哪些安全事项？
4. 选用捆绑钢丝绳时应注意的安全要求是什么？
5. 制动装置的作用有哪些？制动器应满足哪些基本要求？
6. 说明起重机缓冲器、停止器、固定装置的类型及功能。
7. 说明重锤式起重量和超重力矩限制器的工作原理及功能。
8. 说明汽车式起重机作业稳定性应注意的事项。
9. 起重机进行哪些负荷试验？其目的是什么？
10. 电梯使用前应进行哪些试验？安全运行应注意的要求有哪些？

第六章　压力容器安全

压力容器，作为传热、传质、物料储存和化学反应等方面的基础设备，被广泛应用于各个部门。为了储存、运输和应用上的方便，往往将气体加压和液化。储存这些压缩气体和液化气体的容器，如气瓶、液化气贮罐、槽车以及压缩机的受压辅助设备（如气体冷却器、油水分离器、贮气罐等）都是压力容器。

在石油化工生产中，几乎每一个工艺都离不了压力容器，而且是生产中的主要设备。压力容器使用广泛，但容易发生事故，而且事故的破坏性非常严重，它的安全问题特别引人关注。

《中华人民共和国特种设备安全法》指出：压力容器属于对人身和财产安全有较大危险性的特种设备，由专门机构进行监督管理，并须按规定、规范进行制造和使用。

第一节　压力容器及压力容器事故

一、压力容器的概述

一个密闭的容器，当其内部承受流体压力载荷时称为内压容器，当其外部承受流体压力载荷时称为外压容器，统称压力容器。

从使用和管理的角度出发，常把压力容器分为两大类，即固定式容器和移动式容器，如图 6－1 所示。

我国《压力容器安全技术监察规程》中，根据压力容器工作压力的高低、介质的危害程度以及在使用中的作用，将压力容器分为三大类，其中第三类容器最为重要，对其要求也最严格。

1. 一类容器

（1）非易燃或无毒介质的低压容器。

（2）易燃或有毒介质的低压分离容器和换热容器。

2. 二类容器

（1）中压容器。

（2）易燃介质或毒性为中度危害介质的低压反应容器和贮存容器。

（3）毒性程度为极度和高度危害介质的低压容器。

（4）低压管壳式余热锅炉。

（5）玻璃压力容器。

3. 三类容器

（1）毒性程度为极度和高度危害介质的中压容器，和 pv 大于等于 0.2 MPa · m^3 的低压容器。

（2）易燃或毒性程度为中等危害程度介质且 pv 大于等于 0.5 MPa · m^3 的中压反应容

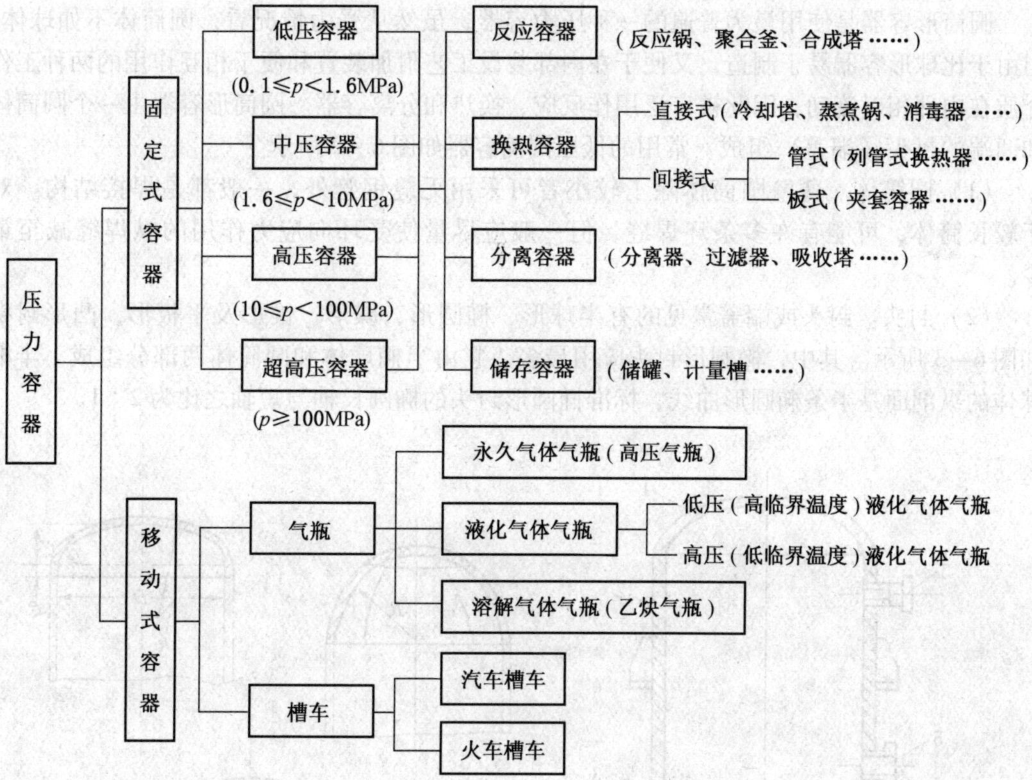

图6-1　压力容器分类图

器，和 pv 大于等于 10 MPa · m³ 的中压贮存容器。

（3）高压、中压管壳式余热锅炉。

（4）高压容器。

根据《压力容器安全技术监察规程》的注释，上述分类中所谓极度危害（Ⅰ级）是指最高容许浓度小于 0.1 mg/m³；高度危害（Ⅱ级）为 0.1～1.0 mg/m³；中度危害（Ⅲ级）为 1.0～10 mg/m³；轻度危害（Ⅳ级）为大于等于 10 mg/m³，或爆炸上限和下限之差值大于等于 20% 的气体，如甲胺、乙烷、乙烯、氯甲烷、环氧乙烷、环丙烷、丁烷、三甲胺、丁二烯、丁烯、丙烷、丙烯、甲烷等。

二、压力容器的基本类型与结构

压力容器的主要部件是一个能承受压力的壳体及其他必要的连接件和密封件，主要包括本体、封头及其主要附件等。

1. 球形容器

球形容器的本体就是一个圆球壳，由于直径比较大，难以整体或半球体压制成形，所以大多是由许多块按一定尺寸预先压制成形的球面板组焊而成。板的曲面半径和板厚一般都是一样的，只有一些特大型液化气体贮罐下部球壳板厚比上部的稍大一些。

2. 圆筒形容器

圆筒形容器是使用最为普遍的一种压力容器，虽然从受力情况看，圆筒体不如球体，但由于比球形容器易于制造，又便于在内部装设工艺附加装置和便于相互作用的两种工作介质在内部相对流动，因此被广泛用作反应、换热和分离容器。圆筒形容器由一个圆筒体和两端的封头（端盖）组成。常用的低压圆筒容器如图 6－2 所示。

（1）圆筒体。薄壁圆筒体除了较小者可采用无缝钢管外，一般都是焊接结构。对于较长筒体，可能有许多条环焊缝，但一般应尽量使受环向应力作用的纵焊缝减至最少。

（2）封头。封头或端盖常见的有半球形、椭圆形、碟形、锥形及平板形，凸形封头如图 6－3 所示。其中，椭圆形封头应用最多，它由半椭球体和圆筒体两部分组成。半椭球体的纵剖面是半条椭圆形曲线，标准椭圆形封头的椭圆长轴与短轴之比为 2∶1。

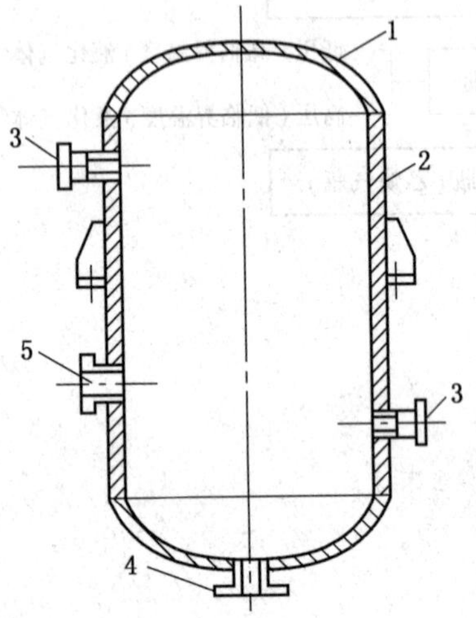

1—封头；2—圆筒体；3—接管；4—排泄管；5—人孔

图 6－2　低压圆筒容器

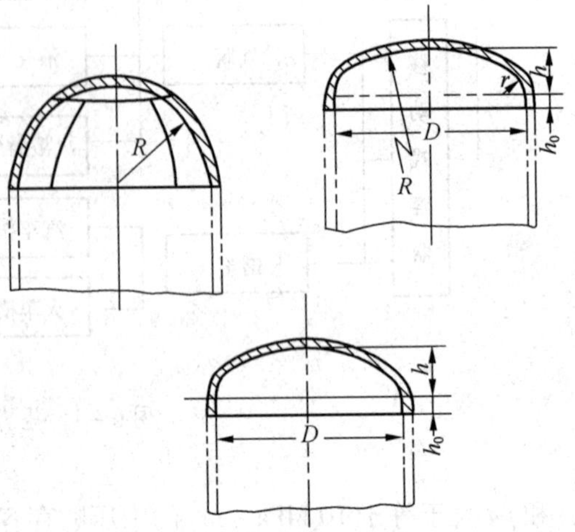

图 6－3　凸形封头

（3）容器的开孔、接管与补强。由于设备工作、检修和检测的需要，压力容器的壳体和封头通常要开孔、接管以供物料的进出和测量压力、温度、液位，以及装设安全装置、视镜、留作人孔、手孔。容器开孔以后，不仅整体强度削弱，且由于开孔引起应力集中而造成开孔边缘局部高应力。为了保证容器的安全使用，除视镜、人孔、手孔均必须按相应的标准执行外，还必须充分考虑开孔、补强问题。开孔及补强的结构形式通常有补强圈补强、接管补强、整体锻件补强。

补强圈补强是在容器外壁或者在内、外壁孔边上接焊一金属圈，以全焊透的方法与壳体及接管熔合在一起，使它与容器壁同时受力，以达到加强的目的。

接管补强是把与开孔连接接管的管壁加厚，接管除了承受管内压力所需厚度外，还有很大一部分剩余壁厚用作孔边补强。

整体锻件补强是在开孔处焊接一整体锻制的补强体。由于补强元件与壳体采用对接焊接，且焊缝又远离应力集中区（孔口处），因而具有较好的抗疲劳性能。

3. 高压容器

高压容器多为厚壁容器，其外径与内径的比值 k 大于 1.2。高压容器中承受压力的壳体以圆筒形占大多数。在工业生产中所用高压工艺设备一般由承受高压的壳体和进行物理或化学过程的内筒构成。高压容器筒体结构形式按壳壁构成可分为单层式、多层式及绕制式三大类。

（1）单层式筒体可采用整体锻造、锻焊、原板卷焊或电渣重熔方式制成。单层厚壁容器结构简单，但是存在不能充分利用整个筒壁材料的强度且产生脆性破裂，甚至当壳壁中局部应力较大部位出现裂纹缺陷时会导致整个壳体破裂等缺点。

（2）多层式筒体采用多层包扎式、螺旋包扎式、热套式、整体多层包扎式等结构。螺旋包扎式和多层绕板筒体截面如图 6－4 和图 6－5 所示。

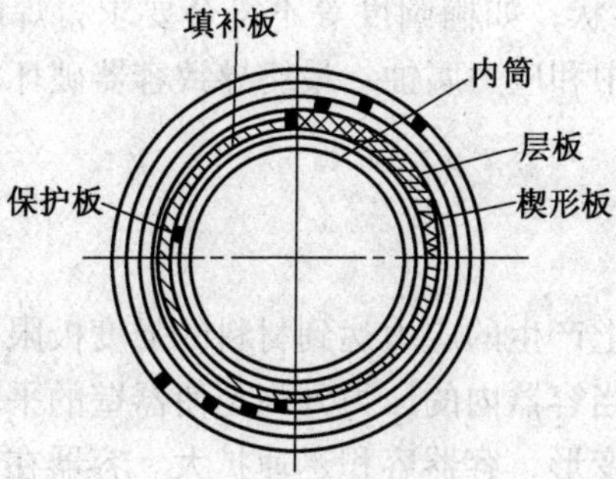

图 6－4　螺旋包扎式筒体截面

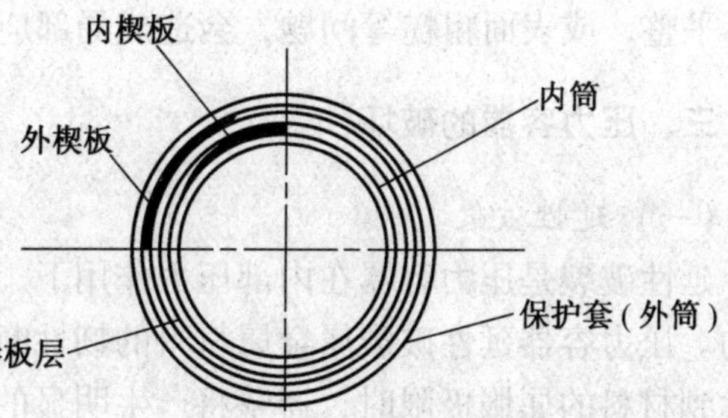

图 6－5　多层绕板筒体截面

（3）绕制式筒体是在多层包扎式的基础上发展而来的，两者内筒相同，所不同的是绕制式是在内筒外连续缠绕若干层薄钢板而构成筒节，绕板层只有里外两道纵焊缝。

多层式筒体和绕制式筒体不受冶炼、锻压设备的限制，生产效率高，材料消耗少；由于制造过程中产生预紧力，在内压作用下筒壁压力分布均匀，可充分利用材料性能，承载力和耐疲劳强度均高于同等情况单层容器；可根据介质特性选择合适的内筒，适用于腐蚀介质和氢介质；层板间隙具有阻止缺陷和裂缝向厚度方向扩展的能力，减少了脆性破裂的可能性。

4. 压力容器结构的基本要求

压力容器的结构是否合理，对容器的安全性有重大影响，不合理的结构会使容器局部产生过高的应力而破坏。为了减少局部应力，压力容器的结构应该符合如下基本要求：

（1）承压壳体的结构形状应该连续和圆滑过渡，避免因几何形状的突变或结构上的不连续产生较高的应力。

（2）把器壁开孔、焊缝或转角等产生应力集中或降低部件强度的结构相互错开，防止局部应力叠加。

（3）避免采用刚性大的结构。刚性结构使焊接时的自由胀缩受到约束，产生较大的焊接内应力；也会限制承压壳体受压力或温度变化引起的伸缩变形，产生附加弯曲应力或正应力。

5. 压力容器常见的制造缺陷

除了正确的设计之外，压力容器的加工制造质量也是影响容器安全的重要因素。由焊接等工艺特点决定，压力容器的制造过程中经常会出现各种缺陷，导致压力容器运行过程中发生事故。常见的制造缺陷有焊接缺陷、残余应力和几何形状不连续等问题。

（1）焊接缺陷。焊接质量不好，如没焊透、气孔、夹渣、焊缝咬边和焊缝裂纹等，不仅降低容器强度，而且还会在这些缺陷周围产生较大的局部应力，使容器易于产生裂纹。

（2）残余应力。焊接时焊缝内的金属呈熔融状态，当焊缝冷却时焊缝内的金属收缩受到刚性焊件的限制，在焊缝周围产生拉应力，称为焊接残余应力。较大的残余应力会使容器的承压能力降低，产生局部裂纹，并且能加剧应力腐蚀破坏及疲劳破坏。经过适当的热处理，可以消除残余应力。

（3）几何形状不连续。压力容器壳体的几何形状，如椭圆度等不符合要求，焊缝接头不平整，或表面粗糙等问题，会造成局部应力集中和应力腐蚀，最终导致容器破坏。

三、压力容器的破坏

（一）延性破裂

延性破裂是压力容器在内部压力作用下，器壁上产生的应力达到材料的强度极限而发生的。压力容器延性破裂属金属材料的韧性断裂。当容器内的压力升高至使器壁的平均应力达到材料的屈服极限时，器壁将产生明显的塑性变形，容器容积迅速扩大。容器在超过屈服压力以后，如果压力继续升高，达到材料的断裂强度时，容器即发生韧性断裂。

（二）脆性破裂

从以往发生的压力容器破裂事故情况看，并不是所有破裂的容器都是经过显著的塑性变形的。有些容器破裂后经检查并没有发现可见的变形现象；根据破裂时的压力进行应力计算，器壁的平均应力远远低于材料的强度极限，有的甚至还低于屈服极限。这种破裂现象和脆性材料的破裂很相似，称为脆性破裂；因为它是在较低应力状态下发生的，故又称作低应力破裂。

为了防止压力容器发生脆性断裂事故，主要应注意以下 3 个方面。

（1）减少部件结构及焊缝的应力集中。裂纹是造成脆断的主要因素，而应力集中往往是产生裂纹的重要原因。在压力容器中，引起应力集中的因素是多方面的，诸如容器整体或局部结构形状的不连续，焊缝布置不当，焊接不符合要求等。

（2）部件在使用条件下要有较好韧性。材料的韧性差是造成脆断的另一重要因素。要防止容器的脆性破裂，必须使容器的材料具有较好的韧性，同时也需防止在使用过程中容器材料韧性降低。

（3）消除残余应力。钢构件残余应力的存在是产生脆裂的一个影响因素，所以消除残余应力是防止容器发生脆性破裂的一个重要措施。焊缝的残余应力是容器中最主要的残余应力，容器制造过程中的冷加工变形，运行过程中压力和温度剧烈变化都会使它的残余应力增大。

（三）疲劳破裂

承受交变载荷的金属构件，尽管载荷对构件引起的最大应力并不高，有时还低于材料的屈服极限，但如果长期在这种载荷作用下也会突然发生断裂，且无明显的塑性变形，此种现象称为金属疲劳。压力容器在反复的加压和卸压过程中，壳体材料长期受到交变载荷的作用出现金属疲劳，从而产生疲劳破裂。疲劳破裂一般具有以下特征。

（1）容器没有明显的变形。

（2）疲劳破裂断口一般都存在比较分明的两个区域，一个是疲劳裂纹产生及扩展区，另一个是最后断裂区。大多数压力容器载荷变化周期较长，裂纹扩展较为缓慢，加上器内介质在裂纹内的渗透，所以常见到裂纹扩展的弧形纹路，甚至可找到疲劳裂纹的策源点。

（3）容器常因开裂泄漏而失效。

（4）破裂总是在容器经过反复加载和卸载后发生。

（四）腐蚀破裂

压力容器的腐蚀破裂是指容器因受到腐蚀介质的腐蚀而产生的一种破裂形式。

（1）钢制容器的氢脆。在高温高压的还原性介质（特别是氢）的作用下，碳钢的强度和塑性都会严重下降，有时在它的外表面可发现鼓包现象，这一现象就是钢的氢脆。

（2）锅炉和容器的碱脆。压力容器的工作介质中，如果含有一定浓度的氢氧化钠溶液，在温度较高的环境中会对碳钢或合金钢产生应力腐蚀，这种现象称碱脆或苛性脆化。

（3）硫化氢引起的应力腐蚀。在煤和石油加氢反应器以及其他石油化工设备中，常常含有有害气体硫化氢，它的含量与所用原料有关。硫化氢会对碳钢及合金钢产生应力腐蚀。

（4）氯离子引起的不锈钢容器应力腐蚀。在用奥氏体不锈钢制造的压力容器中，如果有氯化物溶液存在，也会引起应力腐蚀。这种应力腐蚀是由溶液中的氯离子引起的，氯离子使不锈钢表面的钝化膜受到破坏，在拉伸应力的作用下，钝化膜被破坏的区域就会受到腐蚀而产生裂纹，成为腐蚀电池的阳极区，连续不断地电化学腐蚀最终导致金属的断裂。

（5）一氧化碳应力腐蚀。盛装一氧化碳、二氧化碳混合气体容器破裂事故，研究认为这是一氧化碳应力腐蚀所致。

（五）蠕变失效

压力容器所用金属材料长时间在应力和高温作用下会产生缓慢而连续的塑件变形，甚至发生断裂，称为蠕变失效。

蠕变失效是材料性能退化或“老化”产生的。材料性能的退化是材料在使用过程中性能下降，根本原因是材料组织、结构热力学上的不稳定性。材料在外界条件（环境、应力等）作用下，组织、结构发生变化，向更加稳定即自由能减小的方向发展，导致材料性能变化。

（六）压力容器爆炸

1. 压力容器的爆炸能量

压力容器破裂时，气体泄出，瞬间膨胀释放出大量的能量，这就是通常所说的物理爆炸现象。如果容器内充装的是可燃的液化气体，在容器破裂后，它立即蒸发并与周围的空气形成可爆性混合气体，遇到明火、容器碎片撞击设备产生的火花或高速气流所产生的静电作用，会立即发生化学爆炸，即通常所说的二次爆炸。因此，压力容器破裂时，其爆炸能量的大小不但与原有的压力和容器的容积有关，而且还与介质的化学性质及在容器内的物性状态有关。

（1）压缩气体容器的爆炸能量。压缩气体在容器破裂时降压膨胀，由于膨胀过程所经历的时间很短，可以认为没有热量的传递，即气体的膨胀是在绝热状态下进行的，所以压缩气体容器的爆炸能量就是气体绝热膨胀所做的功。气体绝热膨胀功可用如下公式计算：

$$U_k = \frac{pV}{k+1}\left[1 - \left(\frac{0.1013}{p}\right)^{\frac{k-1}{k}}\right] \times 10^3 \qquad (6-1)$$

式中 U_k——气体膨胀功，即爆炸能量，kJ；

p——容器内气体的绝对压力，MPa；

V——容器的容积，m^3；

k——气体的绝热指数。

气体的绝热指数可以按它的分子组成近似地确定，如双原子气体，$k=1.4$；三原子和四原子气体，$k=1.2\sim1.3$。常见的气体绝热指数可从表6－1中查出。

表6－1 常见的气体绝热指数

气体名称	空气	氮	氧	氢	甲烷	乙烷	一氧化碳	二氧化碳
k	1.4	1.4	1.397	1.412	1.315	1.18	1.395	1.295

（2）液化气体容器的爆炸能量。介质为液化气体的压力容器，在破裂时，除了气体迅速膨胀以外，还有处于过热状态的液体急剧蒸发，所以这类容器在破裂时所释放出的能量包括容器内饱和蒸汽绝热膨胀产生的爆炸能量和饱和液体急剧蒸发产生的爆炸能量。一般情况下，这类容器内饱和液体占绝大部分，它的爆炸能量要比饱和蒸汽的爆炸能量大得多，所以计算时饱和蒸汽的爆炸能量可忽略不计。

饱和液体在大气压力下过热而急剧蒸发的过程是在极短的时间内完成的，所以它也是一个绝热过程。因此，饱和液体的爆炸能量即为处于过热状态的液体在绝热条件下膨胀所做的功，可以按下式计算：

$$U_L = [(i_p - i_l) - (S_p - S_l)T_b]W \qquad (6-2)$$

式中 U_L——过热状态下液体的爆炸能量，kJ；

i_p——在容器破裂前的压力下饱和液的焓，kJ/kg；

i_l——在大气压力下饱和液的焓，kJ/kg；

S_p——在容器破裂前的压力下饱和液的熵，kJ/(kg·K)；

S_l——在大气压力下饱和液的熵，kJ/(kg·K)；

T_b——介质在大气压力下的沸点，K；

W——饱和液的质量，kg。

（3）可燃气体容器外二次爆炸能量。介质为可燃气体的压力容器破裂时，除了容器内高压气体膨胀释放能量以外，往往还会发生化学爆炸，即通常说的二次爆炸。两次爆炸往往是相继发生的，间隔的时间很短，而且二次化学爆炸的能量常比第一次气体膨胀爆炸的能量大得多。

虽然容器内可燃气体量是已知的，在容器破裂时又几乎全部流出，但由于这些可燃气体一般以球形或其他形状向四周扩散，只有外围的一部分可燃气体与大气中的氧混合形成爆炸性混合物，并不是全部可燃气体都参与爆炸反应。由于参加反应的可燃气体量的多少与许多因素有关，因此要准确计算化学爆炸的能量是比较困难的，一般只能是估算，即假定参与反应的气体所占的百分比，然后按照这些可燃气体的燃烧热计算其爆炸能量，即

$$L_H = VH \qquad (6-3)$$

式中 L_H——化学爆炸时的爆炸能量，kJ；

V——参与化学反应的可燃气体体积，m^3；

H——可燃气体的高燃烧热值，kJ/m^3。

2. 压力容器爆炸的危害

压力容器爆炸造成的危害主要有爆炸冲击波及碎片的破坏作用；有毒介质破裂后造成的毒害作用；可燃气体容器破裂后造成的火灾等。

（1）冲击波及其破坏作用。压力容器爆炸时，气体爆炸的能量除了很少一部分消耗于将容器进一步撕裂并将容器或其碎片抛出以外，大部分产生冲击波。

当容器破裂，高压气体大量喷出时，它周围的空气受到冲击而发生扰动，其压力、密度、温度等发生突跃变化。这种扰动在空气中传播就成为冲击波。在离爆炸中心一定距离的地方，空气压力会随时间发生迅速而悬殊的变化。冲击波对建筑物的破坏作用主要与波阵面的超压 Δp 的大小有关。在爆炸中心附近，空气冲击波波阵面上的超压 Δp 较高，在它的作用下建筑物将被摧毁，设备、管道均会遭到严重破坏。冲击波超压对建筑物的破坏作用见表6-2。

冲击波除了破坏建筑物以外，还会直接危害在它所波及范围内的人身安全。如冲击波超压大于0.10 MPa时，大部分人员会死亡；0.05~0.10 MPa的超压会严重损伤人的内脏；超压为0.03~0.05 MPa时，可使人的听觉器官损伤或骨折。

表6-2 冲击波超压对建筑物的破坏作用

超压 Δp/MPa	破坏情况	超压 Δp/MPa	破坏情况
0.005~0.006	门窗玻璃部分破碎	0.060~0.070	木建筑厂房屋柱折断，房架松动
0.006~0.010	受压面的门窗玻璃大部分破碎	0.070~0.100	砖墙倒塌
0.015~0.020	窗框损坏	0.100~0.200	防震钢肋混凝土破坏，小房倒塌
0.020~0.030	墙裂缝	0.200~0.300	大型钢架结构破坏
0.040~0.050	墙大裂缝，屋瓦掉下		

（2）碎片的破坏作用。压力容器破裂时，壳体裂成碎块或碎片具有较大的动能，不仅损坏了附近的设备或管道，还会引起连锁爆炸或酿成火灾，造成更大的危害。

碎片对人的伤害程度或对设备的损坏程度主要决定于它的动能。压力容器碎片在离开壳体时常有80~120 m/s的初速，飞离到较远的地方仍有20~30 m/s的速度。在此速度下，质量为1 kg的碎片动能即可达到200~450 J，足以造成人身伤亡。

（3）有毒液化气体容器破裂时的毒害区。在压力容器所盛装的液化气体中，有很多

是有毒的，如液氨、液氯、二氧化硫、二氧化氮、氢氰酸等。当容器破裂时，大量液体被蒸发成气体，从而造成大面积的毒害区域。

液化气体容器破裂时，虽然容器内的液体不可能立即全部蒸发，但是绝大部分液体在容器破裂时就立即蒸发，生成大量蒸汽。这些有毒蒸汽的体积可由下式进行估算：

$$V_g = \frac{22.4\, Wc(t - t_b)}{Mq} \times \frac{273 + t_b}{273} \qquad (6-4)$$

式中 V_g——有毒蒸汽的体积，m^3；

M——介质的相对分子质量；

W——容器内液化气体的质量，kg，

q——介质的汽化潜热，kJ/kg；

c——介质的比热容，kJ/(kg·℃)；

t——容器破裂时容器内介质的温度，℃；

t_b——介质的标准沸点，℃。

从式中可以看出，液化气体在容器破裂时蒸发出的气体体积与当时的液体温度有关。一般在常温下破裂的容器，爆炸后生成的蒸汽体积约为液体体积的 100～250 倍。这些有毒的蒸汽，随着气流方向不断向外扩散，形成大面积的毒害区域。

（4）可燃液化气体容器破裂时的燃烧区。充装可燃液化气体容器破裂时，一部分液体蒸发成气体与周围空气混合，遇到适当条件在容器外发生燃烧爆炸，并使其他未被蒸发而以雾状的液滴散落在空气中的液体也随着与周围空气混合而着火燃烧。爆炸燃烧后生成的高温燃气（水蒸气、二氧化碳等）与空气中的氮气升温膨胀，形成体积巨大的高温燃气团，使周围很大一片地区变成火海。

第二节　压力容器设计与制造

为了保证压力容器的安全运行，压力容器的设计和制造必须严格按照《压力容器安全监察规程》和《钢制石油化工压力容器设计规定》进行。下面以常见的圆筒形薄壁容器为例，介绍压力容器的设计计算。

一、圆筒形薄壁容器的应力分析

压力容器在工作过程中承受许多种载荷，这些载荷产生许多种应力，例如：容器内部的压力引起的应力；由容器本身、附属设备、介质等的重力引起的应力；由于焊接或局部受热引起的残余应力；由于温度变化引起的温度应力；其他临时载荷（如风、地震等）引起的应力等。在设计计算时，仅考虑其中主要的应力，同时在结构上采取措施，清除或降低那些次要的应力。

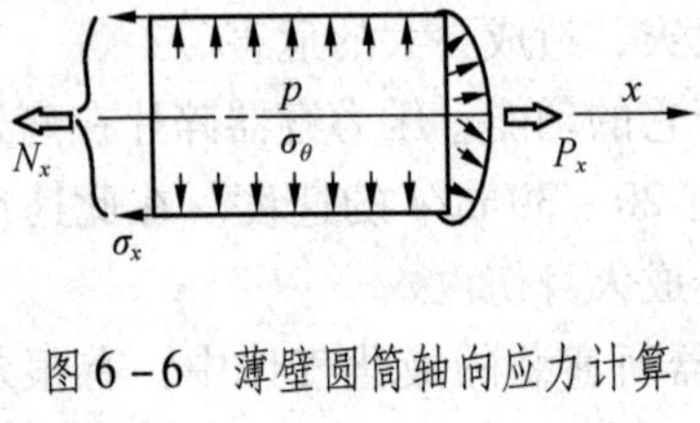

图 6-6　薄壁圆筒轴向应力计算

圆筒形薄壁容器的主体部分为圆筒形壳体，称其为“薄壁圆筒”，如图 6-6 所示。薄壁圆筒在内压力 p 的作用下，筒壁上的任一点产生两个方向的应力，即沿圆筒轴向的轴向应力 σ_x 和沿圆周切向的环向应力 σ_θ。

1. 轴向应力分析

用垂直于圆筒轴线的假想截面将圆筒截为两部分，考察其中一部分的力平衡条件（图6-6）。在x方向的力平衡条件是

$$p\frac{\pi D^2}{4}-\sigma_x\pi Dt=0$$

式中　D——圆筒的平均直径，m；

t——圆筒壁厚，mm。

于是σ_x轴向应力为

$$\sigma_x=\frac{pD}{4t} \tag{6-5}$$

2. 环向应力分析

假设圆筒长为L，且沿长度方向上环向应力均匀分布。用沿圆筒轴向通过直径的假想截面把圆筒分为两部分，考察其中一部分的力平衡条件（图6-7）。Y方向的力平衡条件为

$$\int_0^{\pi}p\frac{D}{2}L\sin\theta\mathrm{d}\theta=2\sigma_\theta Lt$$

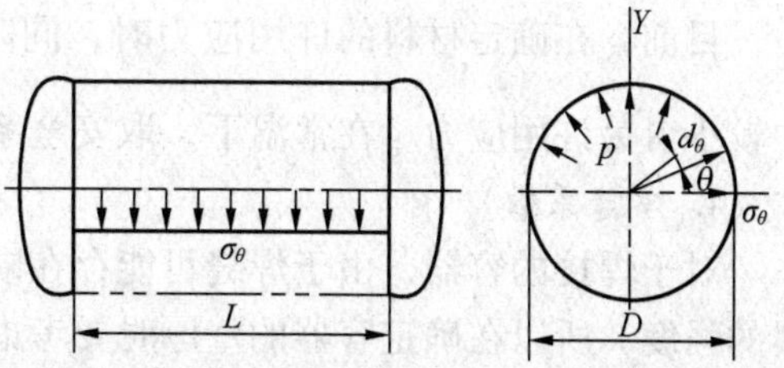

图6-7　薄壁圆筒的环向应力计算

即可得：

$$\sigma_\theta=\frac{pD}{2t} \tag{6-6}$$

比较式（6-5）和式（6-6）可以看出，薄壁圆筒承受内压时，其环向应力是轴向应力的2倍。因此，筒体的纵焊缝较环焊缝受力大得多，在制造和检验方面都有特殊的要求。另外，如果需要在筒体上开孔，应该尽量开成其短轴平行于筒体轴线的椭圆形孔。

类似地，可以求得封头顶部的应力为

$$\sigma_x=\sigma_\theta=\frac{pDS}{4t} \tag{6-7}$$

式中　S——封头形状系数（对于半球形状封头，$S=1$；对于标准椭圆形封头，$S=2$）。

二、压力容器设计的几个基本参数

进行压力容器设计计算之前，必须正确地选择下列重要参数。

1. 设计压力

容器的设计压力是指在设计的工作温度一定时，用以确定壳壁计算厚度及其他零部件尺寸的压力。一般情况下，取压力容器的最高工作压力作为设计压力。这是因为，压力容器运行时不得超过最高工作压力，安全装置的调整也以最高工作压力为准。

在容器带有安全泄压装置的场合，设计压力往往略高于最高工作压力，以避免安全泄放装置做不必要的泄放。在使用安全阀的场合，取最高工作压力的1.05～1.15倍作为设计压力；在使用防爆片的场合，取最高工作压力的1.25～1.50倍。

当容器内的介质为液体时，如果液体的静压力超过最高工作压力的5%时，则设计压力为最高工作压力与液体静压力之和。

对于盛装液化气体的压力容器,选取与最高工作温度相应的饱和蒸汽压力为设计压力。

2. 设计温度

设计温度是指容器在正常工作过程中，在相应的设计压力下，壳体或金属元件可能达到的最高温度或最低温度。当设计温度不超过 20 ℃时，属于低温容器；当设计温度高于 45 ℃时，属于高温容器。

3. 许用应力

材料的许用应力［σ］是以材料的极限应力 σ 为基础，并选用合理的安全系数 n 得到，即

$$[\sigma]=\frac{\sigma}{n}$$

目前，在确定材料的许用应力时，同时考虑强度极限 σ_b 和屈服极限 σ_s，取$\frac{\sigma_b}{n_b}$和$\frac{\sigma_s}{n_s}$中较小者为许用应力。在常温下，取安全系数 $n_b=3$，$n_s=16$。

4. 焊缝系数

对于焊接的容器，由于焊缝可能存在缺陷，或者由于焊接过程的热作用，可能削弱材料的强度，所以在确定容器的壁厚时要考虑焊缝的影响。在设计计算时，用数值上等于焊缝强度与原材料强度比值的焊缝系数来表示这种影响。焊缝系数的大小取决于焊缝的焊接方式和无损探伤情况，见表 6－3。

表 6－3 焊 缝 系 数

焊 缝 结 构	焊 缝 系 数		
	完全无损探伤	局部无损探伤	不作无损探伤
双面对接焊缝	1.00	0.85	0.70
带垫板的单面对接焊缝	0.90	0.80	0.65
无垫板的单面对接焊缝	1.00	0.60	0.60

5. 壁厚附加量

为了补偿钢板的负偏差、加工引起的减薄及腐蚀造成的减薄，设计计算时要考虑壁厚附加量。

三、圆筒形薄壁容器壁厚设计

1. 筒体壁厚计算

由薄壁圆筒应力分析知道，圆筒形容器的最大主应力是环向应力 σ_θ。于是，根据式（6－6）应有：

$$\sigma_\theta=\frac{pD}{2t}\leqslant[\sigma]$$

用内径 D_i取代平均直径 D，其关系式为

$$D_i=D-t$$

再考虑焊缝系数和壁厚附加量，得到计算圆筒壁厚的公式为

$$t=\frac{pD_i}{2[\sigma]\phi-p}+c \tag{6-8}$$

式中　ϕ——焊缝系数；

c——壁厚附加量，mm。

如果已知圆筒体尺寸，则可按下式进行强度校核：

$$\frac{p[D_i+(t-c)]}{2(t-c)}\leqslant[\sigma]\phi \tag{6-9}$$

按下式校核压力容器的最高使用压力，即

$$p=\frac{2[\sigma]\phi(t-c)}{D_i+(t-c)} \tag{6-10}$$

2. 封头壁厚计算

我国现行的压力容器椭圆形封头采用 GB 150. 3—2011 和 GB/T 25198—2010 标准。在图 6－8 所示的椭圆形封头中：

$$\frac{D_i}{2h_i}=2$$

这时的椭圆形封头壁厚计算公式为

$$t=\frac{pD_i}{2[\sigma]\phi-0.5p}+c \tag{6-11}$$

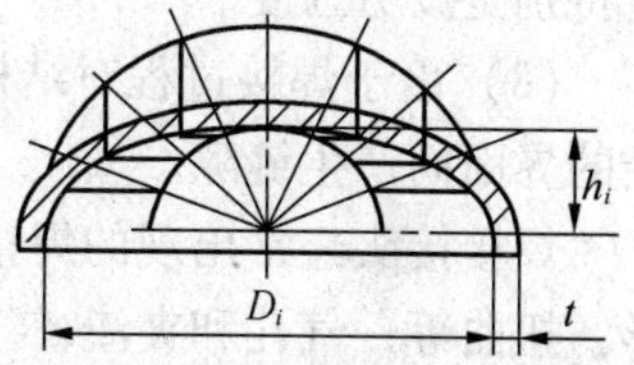

图 6－8　标准椭圆封头

【例 6－1】设计一台内径 $D_i=2.2$ m，长 $l=3.2$ m，最高工作压力为 1. 58 MPa 的圆筒形薄壁压力容器，计算筒体及椭圆形封头的壁厚。

解　压力容器安设有安全阀时，安全阀的开启压力为

$$p=1.1\times1.58=1.74(\text{MPa})$$

故取设计压力为 $p=1.8$ MPa。

筒体选用 16 MnR 钢板焊接制造，钢板的许用应力为［σ］＝173 MPa。筒体纵焊缝采用双面焊，局部探伤，则焊缝系数为 0. 85。考虑钢板的厚度偏差、材料腐蚀裕度及冷卷加工造成的钢板减薄，取壁厚附加量 $c=2.4$ mm。

根据式（6－8），筒体壁厚为

$$t=\frac{pD_i}{2[\sigma]\phi-p}+c=\frac{1.8\times2200}{2\times173\times0.85-1.8}+2.4=15.9(\text{mm})$$

取筒体壁厚 $t=16$ mm。

用同样材料拼焊成形后整体冲压，制成标准椭圆形封头。封头焊缝采用双面焊，局部探伤，则焊缝系数 $\phi=0.85$。取壁厚附加量 $c=4.2$ mm。

根据式（6－11），封头壁厚为

$$t=\frac{pD_i}{2[\sigma]\phi-0.5p}+c=17.7(\text{mm})$$

则取封头壁厚为 $t=18$ mm。

四、压力容器焊接

压力容器基本上采用焊接成形，焊接质量对压力容器的安全可靠性有直接影响，国内

外大量压力容器事故几乎都起源于焊接缺陷，特别是焊接裂缝。

压力容器焊接几乎全部采用熔化焊，即利用局部加热使连接处的金属熔化，再加入（或不加入）填充金属，使两部分结构形成永久联结的方法。

在焊接过程中，利用热源产生的高温将填充金属及连接部分母材熔化，形成熔池，并在熔池内产生复杂的热力变化和冶金变化。由于熔池冷却，凝固结晶形成焊缝；焊缝边缘的母材在焊接过程也被加热到较高温度并随后又冷却，使其组织和性能产生程度不同的变化。焊接过程使焊接接头具有如下3个特点。

（1）焊接接头组织不均匀，导致整个接头力学性能不均匀。

（2）焊接接头几何形状不连续，承载后在接头处应力分布不均匀，存在一定程度的应力集中。但焊接外形不合理或接头形式不合理时，将加剧应力集中程度，降低接头的强度特别是疲劳强度。

（3）由于焊接过程对结构实施不均匀的局部加热，在焊体中不可避免地产生焊接残余的界面而产生缝隙。

焊接接头经常出现的焊接缺陷主要包括：外观缺陷，即咬边、凹坑、烧穿、错边、变形、扭曲等；气孔和夹渣，气孔是焊接时熔池中的气体未能在金属凝固前溢出而残存在焊缝中形成的孔穴，夹渣是指溶渣残存在焊缝中；裂纹，焊缝中原子结合受到破坏，形成新的界面而产生缝隙。

五、安全装置

为了使压力容器能安全运行，通常在压力容器上装设一些附属机构，按其适用性能和用途可分为以下4类。

（1）联锁装置，指为了防止误操作及在紧急状态下能自动停车而设置的控制机构，如联锁开关、联动阀等。

（2）警报装置，指容器在运行过程中出现不正常、不安全因素，使容器处于危险状态时能自动发出音响或其他警报信号的仪器，如压力、液位、温度检测报警器等。

（3）安全计量装置，指能自动显示容器中与安全有关的工艺参数的器具，如压力表、温度计等。

（4）泄压装置，指容器超压时能自动泄放压力的装置。

1. 泄压装置

泄压装置是防止压力容器超压的一种器具，当容器在正常的工作压力下运行时，保证严密不泄漏；若容器内压力超过规定值，则能自动地、迅速地泄放出容器内介质，防止容器因超压发生事故。

泄压装置按其工作原理和结构形式可分为阀型、断裂型、熔化型和组合型。

（1）阀型泄压装置，即常用的安全阀。它是通过阀的自动开启排出部分气体来降低其过高的压力。其优点是仅排放压力容器内高于规定值的部分压力，当容器内压力降到正常工作压力时，自动关闭，可避免容器一旦超压就得把全部气体排出而造成生产中断及气体浪费。其缺点是密封性能较差，即使是合乎规定的安全阀，在正常的工作压力下也难免有轻微的泄漏，且由于弹簧等惯性作用，阀的开启有滞后现象，因而泄压较慢。

安全阀适用于比较洁净的气体介质，如空气、水蒸气等，不宜用于有剧毒性的介质，更不能用于可能产生剧烈化学反应而使容器压力急剧升高的介质。

（2）断裂型泄压装置。常用的有爆破片和爆破帽型。前者多用于中低压容器，后者多用于超高压容器。这种装置是利用爆破片在较高压力下即发生断裂而排放气体。其优点是密封性好，在容器正常工作时不会泄漏；爆破片的破裂速度高，所以泄压反应较快；介质中含有油污等杂物也不会对装置的气体动作压力产生影响。其缺点是在泄压动作完成后，爆破原体不能继续使用，容器一旦超压就得被迫停止运行；爆破片长期处于高应力状态，容易过早因疲劳失效，因而需定期更换；此外爆破片动作压力也不易准确确定和控制。

断裂型泄压装置宜用于容器内可能发生使压力急剧升高的化学反应或介质具有剧毒性的容器，但不宜用于液化气贮罐及压力波动较大的容器。

（3）熔化型泄压装置，即易熔塞。它是利用装置内的低熔点合金在较高温度下融化，打开通道，使容器内气体泄放出以降低压力。其优点是结构简单、更换容易，动作压力控制较准确。

（4）组合型泄压装置。由两种泄压装置组合而成，常用的是安全阀和爆破片（或易熔塞）的组合结构。组合型泄压装置同时具有阀型和断裂型的优点。组合装置的爆破片可装置在安全阀的入口或出口侧。

组合型泄压装置一般用于介质为具有腐蚀性的液化气体或剧毒、稀有气体的容器。因为装置的安全阀有滞后作用，所以不能用于容器内升压速度极快的反应容器。

2. 压力容器的安全泄放量

压力容器的安全泄放量是指压力容器超压时为保证它的压力不会再升高而在单位时间内所必须泄放的气体。

压力容器的安全泄放量应该是容器在单位时间内由产生气体压力的设备（如压缩机、蒸气锅炉等）所能输入的最大气量；或容器在受热时，单位时间内容器内所能蒸发、分解出的最大气量；或容器内部的工作介质发生化学反应，在单位时间内所能产生的最大气量。

（1）气体或蒸气贮罐的安全泄放量。用以贮存气体、水蒸气的压力容器，容器内气体压力一般不会显著升高，所以其安全泄放量决定于容器的气体输入量。

对于压缩机贮罐、余热锅炉汽包等的安全泄放量 G 按下式计算：

$$G = H \tag{6-12}$$

式中　H——压气机的产气量或锅炉最大蒸发量，kg/h。

对于集气罐或分气罐：

$$G = 2.83 \times 10^{-3} \rho v d^2 \tag{6-13}$$

式中　ρ——气体在排放状态下的密度，kg/m；

v——进气管内气流速度，m/s；

d——容器进气管内径，mm。

（2）液化气体贮罐的安全泄放量。对周围环境有火灾可能的贮罐，容器的安全泄放量要按周围发生火灾情况下的液体蒸发量考虑，即

$$G = \frac{2.55 \times 10^5 \times FA^{0.82}}{q} \tag{6-14}$$

式中　G——液化气体贮罐的安全泄放量，kg/h；

q——在泄放状态下液化气体的汽化热，kJ/kg；

A——容器的受热面积，m^2；

F——系数。

容器在地面上时，$F=1$；置于水量大于 10 L/(m^2·min)，在淋喷装置时，$F=0.6$；设于地面以下且用沙土覆盖时，$F=0.3$。

液化石油气汽车槽车的安全泄放量 G 按下式计算：

$$G=\frac{1.55\times10^5\times A^{0.82}}{q} \tag{6-15}$$

如果这种液化气体贮罐设有完善的绝热材料保温层，则其安全泄放量 G 可按下式计算：

$$G=\frac{2.61\times(650-t)\times\lambda A^{0.82}}{\delta q} \tag{6-16}$$

式中　t——排放状态下介质的饱和温度，℃。

λ——绝热材料的导热系数，kJ/(m·h·℃)；

δ——保温层厚度，m。

无火灾危险环境下的液化气贮罐的安全泄放量可根据其有无隔热保温层分别选用式（6-15）或式（6-16）计算，取其值的30%。

由于容器内液体被加热蒸发而产生气体，或者由于介质的化学反应而使气体体积增大，容器内压力升高的容器，其安全泄放量应分别根据输入载热体的最大热量或容器内化学反应可能生成的最大气量以及反应所需时间确定。

3. 安全阀

安全阀由阀座、阀芯和加载机构 3 部分组成。阀芯通常带有连杆，紧扣在阀座上。阀芯上面是加载机构，用来调节载荷的大小。当容器内压力在规定范围内时，容器内介质作用于阀芯上的压力小于加载机构施加在它上面的力，两者之差构成阀芯与阀座之间的密封力，使阀芯紧压着阀座，容器内气体无法排出；当容器内压力超过规定的工作压力并达到安全阀的开启压力时，介质作用于阀芯上的压力大于加载机构的作用力，阀芯开启，容器内气体通过阀座排出，压力不断降低；当容器内气体压力降低到工作压力时，加载机构作用于阀芯上的力大于加重对它的作用力，阀芯返回，气体停止排出。

1）安全阀类型

安全阀有重锤杠杆式（图 6-9）和弹簧式（图 6-10）两种。

重锤杠杆式安全阀结构简单，调整容易且比较准确，动作与性能不太受高温影响。

弹簧式安全阀结构轻灵紧凑，灵敏度较高，安装方位不受限制，对振动不敏感，但长期高温会使弹簧弹力降低。

2）安全阀基本要求

安全阀在工作压力下应严密；阀门灵敏可靠，在开启压力下能自动开启，使气体顺利排出；在排放压力下阀门能完全打开，并达到额定排气量；阀门开启稳定，无振动现象；阀门自行关闭后仍保持严密等。

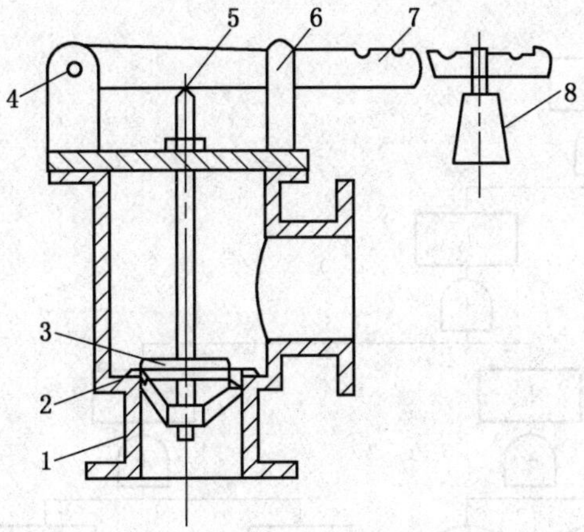

1—阀体；2—阀座；3—阀芯；
4—支点；5—力点；6—导架；
7—杠杆；8—重锤

图6-9　重锤杠杆式安全阀

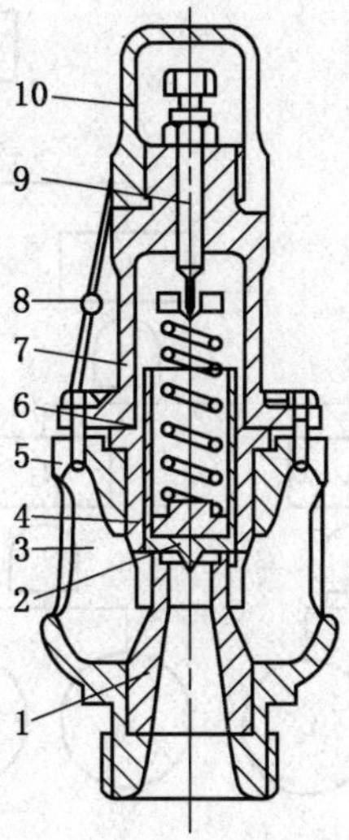

1—阀座；2—阀芯；3—排气孔；4—阀套；
5—阀体；6—弹簧；7—上体；8—铅体；
9—压力调节螺钉；10—阀盖

图6-10　弹簧式安全阀

3）安全使用

为了使安全阀能确保压力容器的安全运行，需要从选用、安装、试验及维护几个方面采取措施。

（1）安全阀主要根据容器的设计压力选用，安全阀的公称压力即最高许用压力。高温压力容器选用安全阀时还应考虑阀体材料在高温下许用压力的降低。

（2）为了使安全阀在容器超压排放气体后，容器内压力不再升高，要求安全阀的排放量必须大于容器的安全泄放量。

（3）安全阀最好安装在容器本体上。如果不能直接安装在容器上时，则应将安全阀安装在截面不小于安全阀入口截面的进口管道上，并应尽量减小管道中的局部阻力。

（4）安全阀安装时应使其阀杆处于铅垂方向的位置。安全阀安装在易燃易爆或有毒介质设备上时，从安全阀排出的气体通常采取火炬排放，如排入大气时须考虑防火或防毒措施。

（5）安全阀安装后需进行强度试验，验证安全阀是否具有承受工作压力的能力；进行密封试验，检验其封闭机构的严密程度；进行动作试验，检验并调整动作压力、开启高度、排放量等。

（6）安全阀使用中要经常维护，要保持其清洁，防止阀体弹簧被锈蚀，阀体排放管被油垢或异物堵塞。露天设备的安全阀，冬天温度过低时应经常检查是否冻结。为防止阀芯和阀座被油垢或结晶物黏住或堵塞，对于排气不会造成危害的气体的安全阀应定期做手提排气试验。对使用的安全阀应定期清洗、研磨、试验和校正调整。

例如，蒸汽锅炉发生爆炸事故，其主要原因分析如图6-11所示。

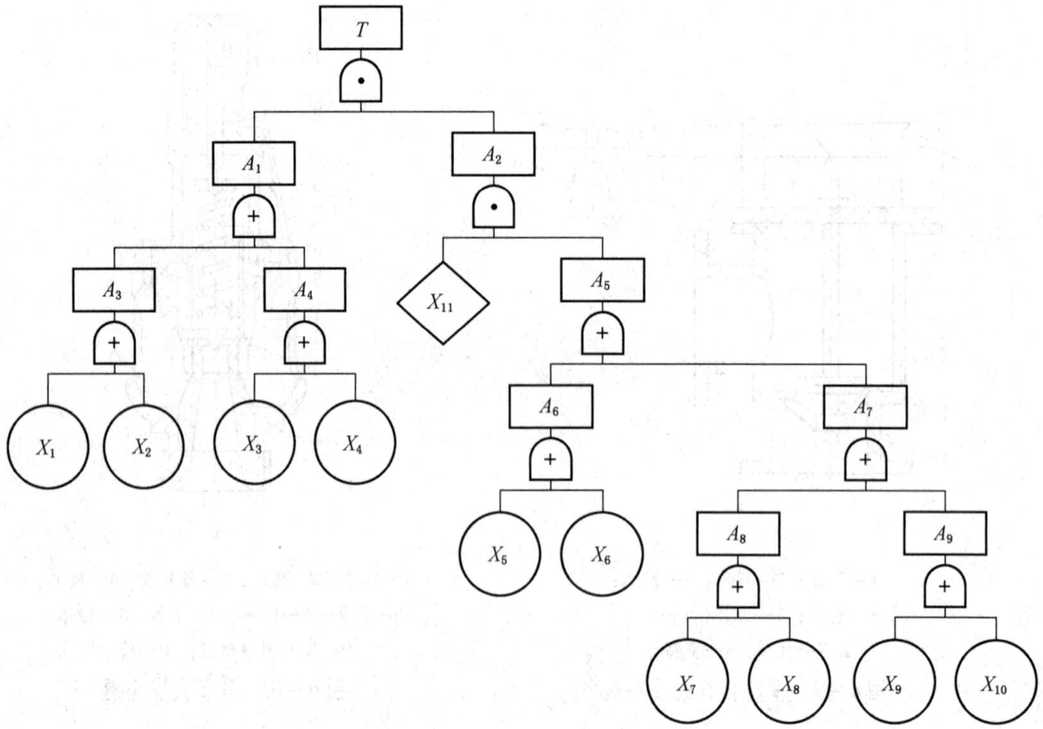

图 6-11　蒸汽锅炉爆炸事故定性分析

由图 6-11 中的故障树可以看出，蒸汽锅炉爆炸事故是由基本事件（X_i）、中间事件（A_i）和顶事件（T）构成。

基本事件（X_i）是导致蒸汽锅炉爆炸事故发生的基本原因。根据逻辑演绎法推理，该事故的基本事件有：X_1，阀芯未开启；X_2，设置压力过高；X_3，阀门选型有误；X_4，阀芯开启高度不够；X_5，技能不高；X_6，精力分散；X_7，损坏；X_8，失效；X_9，表盘污浊；X_{10}，照明不良；X_{11}，压力增大。

中间事件（A_i）是基本原因事件与顶事件之间的事件，包括：A_1，安全阀门故障；A_2，压力值超限；A_3，阀门没泄压；A_4，阀门泄压偏小；A_5，燃烧强度大；A_6，操作失误；A_7，压力读值偏小；A_8，压力表故障；A_9，读值错误。

顶事件（T）是蒸汽锅炉爆炸事故的结果事件，即蒸汽锅炉爆炸。

对蒸汽锅炉爆炸事故进行定性分析后可以看出，压力增大（X_{11}）是锅炉压力安全值超限事故发生的主要原因；安全阀门故障是导致锅炉爆炸事故的直接原因；操作失误是间接原因。因此，在蒸汽锅炉运行时，要重点在这 3 个方面加强管理，提高操作人的安全意识和技能。

第三节 压力容器的使用与管理

一、压力容器的管理

（一）分类与制造管理

我国《压力容器安全技术监察规程》根据压力容器工作压力的高低、介质的危害程度以及使用中的重要性，将其分为三类进行管理，其中第三类容器最为重要。这种分类管理主要体现在压力容器的设计和制造资格的审批以及在选材、设计、制造、检验、使用、管理和安全附件等方面均有着不同的要求和明确规定，必须严格遵照执行。

根据《锅炉压力容器安全监察暂行条例》规定：压力容器的设计单位须经主管部门的批准，并报同级锅炉压力容器安全监察机构备案。三类容器的设计，须报上级锅炉压力容器监察部门备案。压力容器的设计单位应对所设计容器的安全性能负责，设计应由设计单位的技术负责人批准。

压力容器设计单位必须具有与设计的压力容器类别、品种相适应的技术力量和设计手段，具有健全的设计管理制度和技术责任制度；必须具有经省级以上主管部门批准，同级劳动部门备案的《设计单位批准书》。

压力容器的制造部门必须具备与所制造的压力容器类别、品种相适应的技术力量、工装设备和检测手段。焊接工人必须具有当地锅炉压力容器安全监察机构颁发的合格证书，具有健全的质量保证体系和管理制度，能严格执行有关规程、规定、标准和技术要求，保证产品制造质量，并持有经省级以上锅炉压力容器安全监察机构签署的《压力容器制造许可证》。

压力容器在制造过程中，必须严格执行设计过程和制造过程的质量管理。

设计资料应包括设计图样，设计、安装说明书；对中压以上的反应容器和贮存容器，设计单位应向用户提供强度计算书。

设计总图上应注明下列内容：压力容器的名称、类别，主要受压元件材料牌号，必要时注明材料热处理状态、设计温度、设计压力、最高工作压力、最大允许工作压力、介质名称、容积、压力容器净重、焊缝系数、腐蚀程度、热处理要求、压力试验要求、检验要求以及对包装、运输、安装的要求等。

制造资料应包括竣工图样、产品质量证书、压力容器产品安全质量监督检验证书。

（二）使用管理

1. 容器技术档案的建立

压力容器技术档案是压力容器从设计、制造、使用、检修全过程的记录，它不仅是压力容器管理部门和操作人员全面掌握其技术状况，正确合理地使用压力容器的主要依据，也是研究压力容器失效规律的重要资料，因此建立压力容器技术档案是安全技术管理的一个重要基础工作。压力容器应逐台建立技术档案。技术档案应包括容器的原始技术资料、容器使用情况记录资料和容器安全附件技术资料等。

2. 压力容器使用登记

压力容器的使用单位，在压力容器投入使用前应向市、地锅炉压力容器监察机构申报和办理使用登记手续，取得使用证书后，才能将容器投入运行。

3. 压力容器使用管理

为了使压力容器管理上制度化、规范化，有效地防止和减少事故的发生，国务院颁布了《锅炉压力容器安全监察暂行条例》，原劳动部颁发了《固定式压力容器安全技术监察规程》《在用压力容器检验规程》等一系列法规，对压力容器安全使用管理提出了明确内容和严格要求。

(1) 容器管理责任制。容器使用单位除由主要技术负责人（厂长或总工程师）对容器的安全技术管理负责外，还应设置专门机构或指定专职人员负责压力容器安全技术管理工作。专职人员负责贯彻压力容器有关法规，制定本单位安全管理规章制度及安全操作规程，办理使用登记手续，建立并管理压力容器技术档案，编制年度定期检验计划并负责实施，定期向有关部门报送定期检验计划和执行情况，负责压力容器运行、维修和安全附件校验情况的检查，做好压力容器的检验、修理、改造、报废等的技术审查工作，负责组织压力容器检验、焊接、操作人员技术培训和考核。

(2) 容器操作责任制。每台压力容器都应有专职操作人员，专职操作人员应具有压力容器安全运行所必需的知识和技能，并经考试合格。操作人员应按安全操作规程规定，正确操作使用压力容器，填写操作记录、生产工艺记录或运行记录，做好维护、检查和保养工作；对运行情况进行检查，发现不正常时及时调整，遇到紧急情况应按规定采取紧急处理措施并及时向上级报告。

(3) 容器管理规章制度。一般包括压力容器使用登记制度、压力容器定期检验制度以及压力容器修理、改造、检验、报废的技术审查和报批制度；压力容器安装、改装、特装的竣工验收制度和停用保养制度；安全附件校验、修理制度；容器的统计上报和技术档案管理制度；容器操作、检验、焊接及管理人员的技术培训和考核制度；容器使用过程中出现紧急情况的处理规定，压力容器事故报告制度。

（三）安全操作规程

为了保证压力容器的正确使用，防止因操作不当而发生事故，压力容器的使用单位须根据设备的技术性能及工艺要求，制定压力容器安全操作规程。安全操作规程包括下列5个方面的内容。

(1) 压力容器的操作控制指标，包括最高、最低工作温度，最高工作压力，压力波动幅值，介质成分的控制值等。

(2) 压力容器岗位操作方法，开停的操作程序和注意事项。

(3) 运行中重点检查的部位和项目。

(4) 运行中可能出现异常现象的判断和处理方法及防范措施。

(5) 压力容器的防腐措施和停用时维修保养。

（四）气瓶与槽车

气瓶与槽车是移动的压力容器，除了遵守《锅炉压力容器安全监察暂行条例》的同时还应分别遵循《气瓶安全监察规程》《溶解乙炔气瓶安全监察规程》《液化石油气槽车安全管理规定》。凡制造、充装、检验各种气瓶、槽车均需经过劳动部门审批同意，具备资格。

我国与国际上大多数国家一样，是以气液相变这个主要规律来划分气瓶类别的，这是因为在等容过程中发生相变的同时，压力会发生突变，直接关系着气瓶的安全，而温度又是相变的先决条件。我国规定临界温度 $t_c \leq -10$ ℃的气体为压缩气体，-10 ℃$< t_c \leq 70$ ℃的气体为高压液化气体，$t_c > 70$ ℃且在 60 ℃时饱和蒸汽压力 $p_v > 0.1$ MPa 的气体列为低压液化气体。为了有助于判别气瓶中充装气体的种类、压力范围，避免在充装、运输、贮运、使用和定期检验时混淆不清造成事故，各种气瓶都按规定漆色（参见贮气瓶颜色标记 GB 7144—2016）。

为防止气瓶发生爆炸事故，对气瓶的充装、运输、贮运、使用、检验均有严格规定。这些规定的要点是严格防止充装过量，防止受高温作用使瓶内介质受热，严格控制各种致燃因素，尽量减少发生事故时的受害人数和范围，对气瓶进行定期检验及对有疑问气瓶进行实时检验等。

二、压力容器的运行

1. 压力容器的投用

（1）压力容器投用前必须对压力容器本体、附属设备，安全装置进行全面核查。

（2）检查容器内是否有遗留的工具、杂物，容器安装、检验、修理完成后遗留的辅助设施是否全部拆除。

（3）水、电、气供给是否正常。

（4）容器与系统的连接是否好，阀门是否处于规定的启闭状态。

（5）进行吹扫贯通试运行。检查整个系统通畅情况及严密性，检查容器本体、机泵、阀门及安全附件是否处于良好状态，是否有跑、冒、滴、漏、串气等现象。

容器进料时，操作人员要沿着工艺流程路线跟随物料进程进行检查，防止物料走错流向，注意查看阀门开启度是否合适，并密切注意运行中的细微变化。

2. 运行后总工艺参数的操控

压力容器失效有两方面原因：一是超设计参数运行使其因承载能力不足而导致事故；二是在长期运行中，在压力、温度、介质腐蚀等因素综合作用下，使设备产生缺陷，并进一步发展。因此，必须在运行中对其工艺参数进行严格操控，才能将缺陷的发生、发展控制在一定限度内，保证压力容器的安全运行。

（1）压力和温度是压力容器使用过程中主要的工艺参数。运行中必须保持容器的操作压力不超过其所限定的最高工作压力。

温度上要控制容器的极端工作温度，高温下使用的压力容器要控制介质的最高温度，并保证器壁温度不高于设计容许温度；低温下使用的容器，要保证其壁温度不低于其设计容许温度。

压力容器运行时，操作人员要严格按照安全操作规程中规定的压力和温度进行操作，严禁擅自提高工作压力和温度。对于反应容器，必须严格按照规定的工艺要求进行投料、升温、升压和控制反应速度，注意投料的顺序及反应物料的配比，并按规定程序泄压、降温和出料。

（2）液位控制。对于贮存容器，要严格按照规定的充装系数进行充装；对于反应容器，通常通过控制液位控制反应速度和防止某些不正常的反应产生。

（3）介质腐蚀性的控制。运行中，介质的工艺条件对其腐蚀性有很大的影响，因此需严格控制介质的成分、杂质含量、流速、温度、水分及pH值等指标，减少介质的腐蚀速度，延长容器使用寿命。

生产工艺中存在的某些杂质，如汞离子、氢离子及硫化氢，在特定的条件下，往往会造成严重的腐蚀，已发现液化石油气贮存罐由于介质中含有硫化氢而对其安全使用形成隐患。

气体、液化气体中的水分由于溶解多种介质形成电解质溶液，导致电化学腐蚀产生，从而会加速器壁的腐蚀。无水的氯不会腐蚀器壁，但在少量水存在的情况下，器壁会产生强烈的腐蚀。水中氯离子的浓度值、酸度值对器壁腐蚀有很大的影响，对奥氏体不锈钢容器易造成晶间腐蚀。

（4）交变载荷控制。压力容器开孔、接管、焊缝、转角及其他几何形状发生突变的高应力区，在反复变化的载荷作用下会产生疲劳破坏。所以，在容器运行中，要尽量保持压力，温度升降平稳，避免突然的开停车，避免频繁加压和卸压，防止压力、温度的急剧上升。

压力容器操作人员应平稳操作。容器加载时速度不宜过快，加压要分阶段进行，并在各阶段保持一定时间，然后再继续加压至规定压力。高温容器或低温容器，在加热或冷却时都应缓慢进行，避免容器壳体产生过大的热应力。对于间断式操作的容器，往往温度、压力变化幅度很大。尽管在容器设计时做了考虑，但在运行时仍应注意尽可能缓慢变动载荷。

3. 压力容器运行中的检查

压力、温度、介质腐蚀性等运行参数的变化和操作人员的操作情况等因素随时影响着压力容器的安全运行，要求运行人员经常对其进行检查，及时发现设备及操作上存在的不安全状态，以便及时采取措施。

（1）工艺条件方面的检查主要是工作压力、工作温度、液位是否在操作规程的范围内；介质的化学成分，特别是杂质含量是否符合要求。

（2）设备状况方面要检查容器各连接部位有无渗漏、泄漏现象，容器是否变形、容器及系统各部位有无腐蚀，有无异常振动等现象，基础与支承是否完好，阀门的启闭与挂牌是否一致等。

（3）安全装置方面要检查安全阀、爆破片等，泄压装置、联锁装置是否保持良好状态。例如安全阀在开启压力时能否自动迅速开启，在正常工作压力下有否泄漏；爆破片有无伤痕、腐蚀、变形，有无异物附着；泄放管道是否畅通、有无腐蚀，拦截爆破碎片装置是否完好；警报装置声、光报警能否在危险状态自动报警等。

4. 压力容器停止运行

压力容器有正常停止运行和紧急停止运行两种情况。

压力容器及附属设备按规程要求进行定期检查、检修、技术改造，或因原料、能源供应变化，或对内部填料定期更新等需要停止运行均属正常停止运行。停运过程是一个变更工艺参数的过程，通过较短的时间不断变化操作压力、温度、液位，切断物料，返出物料，对容器及设备进行吹扫、置换等。

停运操作过程，操作人员多方位交叉作业，频繁开关阀门，人的精神处于高度紧张状态，很容易发生误操作，导致设备事故，甚至危及人身安全，所以必须事先编制停运方案。停运方案应有以下4个方面的内容。

（1）停运操作的程序、步骤及停运周期。

（2）停运过程中与各操作程序相对应的工艺参数的具体要求。

（3）容器内物料的处理，置换、清洗的方法及要求。

（4）停运检修内容、要求、动火范围、组织实施及有关制度。

压力容器停运操作过程中要严格控制降压、降温速度，防止因急剧降温使器壁产生疲劳和较大的温度应力，导致容器产生裂纹、变形、接连部位泄漏进而造成火灾或中毒事故。

容器内剩余物料多为有毒、易燃、腐蚀性介质，必须清理干净，人员才能进入其内部检查、维修。如果整个系统停运，往往用真空法或加压法清除整个系统物料；若单台停运，一般采用盲板及阀门切断与其他单元的联系。

停运时操作人员必须在排料后准确无误地执行操作规程，开关阀门要缓慢，操作顺序要正确。

停运操作期间，容器周围要杜绝一切火源。

压力容器在运行过程中，如突然发生下列故障，严重威胁设备和人身安全时操作人员须立即采取紧急措施，停止容器运行。

（1）压力容器的工作压力、介质温度或器壁温度超过规定值，采取措施仍不能有效控制。

（2）压力容器主要承压部件出现裂纹、变形、泄漏等危及安全的缺陷。

（3）安全装置失效、连接管断裂、紧固件损坏，难以保证安全运行。

（4）发生火灾直接威胁到压力容器安全运行。

（5）压力容器液位超过规定，采取措施后仍不能得到有效控制。

（6）压力容器与管道发生严重振动，危及安全运行。

压力容器在紧急停运过程中，首先应迅速停止向容器内输送物料设备的运行；然后迅速打开出口阀，泄放容器内的气体或其他物料，使容器压力下降；必要时打开放气阀，把气体排入大气。对于系统性连续生产的压力容器，应及时与前后顺序有关岗位联系。紧急情况时应及时向上级主管部门报告，以便有效控制险情，避免发生重大事故。

三、压力容器的检验

压力容器的检验包括产品检验，运行前的投产检验，运行时的定期检验或临时检验。

产品检验和投产检验主要为了检查验证压力容器设计的结构、形式是否合理，制造、安装的质量是否可靠。定期检验和临时检验是因为在使用过程中由于长期承受压力和其他载荷，有时还要受到腐蚀性介质腐蚀，或在高温、深冷的工艺下运行，容器部件难免会产生各种各样的缺陷。为了尽早发现这些缺陷及原有缺陷发展情况，以确定容器能否继续运行和为保证容器安全运行所必须采取的相应措施。压力容器定期检验的周期根据容器技术状况、使用条件和有关规定执行。检验的一般程序包括检验前设备内外部检验、缺陷及问题的处理、检验结果汇总和出具检验报告等常规要求。如图6－12所示，检验人员可根据实际情况，确定检验项目，进行检验工作。压力容器检验通常分为外部检查、内外部检验、压力试验和气密性试验。

外部检查包括压力容器本体、接口部位、焊接接头等的裂纹、过热、变形、泄漏；外表面腐蚀状况；保温完好状况，检漏孔、信号孔状况，安全附件状况，支座、基础的完好状况，排放装置的状况等。外部检查以直观检查为主，直观检查采用目视检查、灯光检

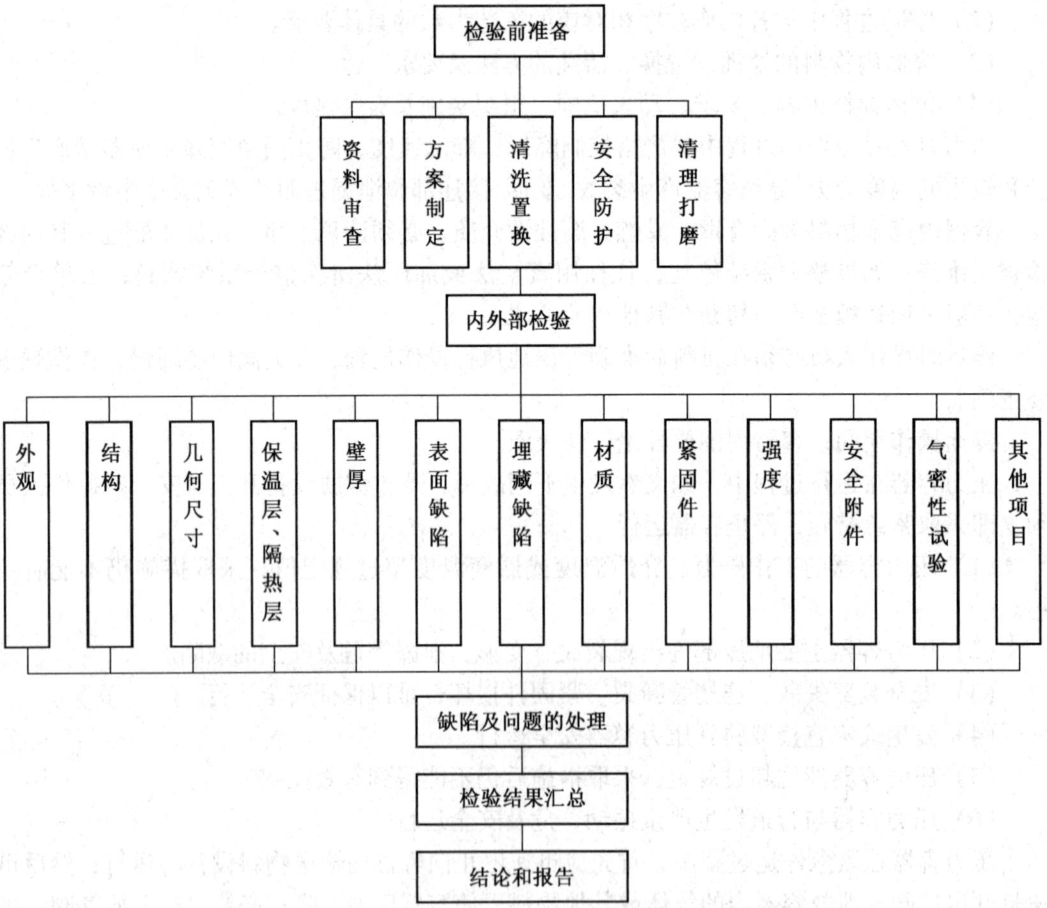

图6-12　检验的一般程序

查、锤击检查。内外部检查主要包括结构检查、几何尺寸检查、表面缺陷情况检查（焊缝上的表面缺陷和器材上的表面缺陷检查）、壁厚测定、材质检查（验证材料的种类和牌号，材料在使用过程中的老化程度）、焊缝埋藏缺陷检查、安全附件检查、紧固件检查。内外部检查应以直观检查、量具测定为主，必要时可采用以下方法：耐压试验、表面探伤、射线探伤、超声波探伤、硬度测定、金相检验、应力测定等。

1. 耐压试验

压力容器耐压试验可采用水压试验和气压试验。它是一种综合性检验，不仅是产品验收时必须进行的项目，也是定期检验项目中的重要检验项目。耐压试验是检验容器受压部件的强度，验证其是否具有在设计压力下安全运行所需的承压能力，同时可检查容器各连接处有无渗漏。

耐压试验原则上以水压试验为主，这是因为耐压试验主要是为了检验压力容器的强度，试验时的压力要比容器的最高工作压力还高，所以在耐压试验时发生破裂的事件很多。为了减轻容器在耐压试验时破裂所造成的危害，应选用破裂时爆炸能量低的物质作为试验介质，由于水的爆炸能量远小于气体的爆炸能量，所以通常均采用水作为耐压试验的介质。

进行水压试验时，为防止压力容器因温度过低而发生低应力脆性破坏，试验时必须保证容器的壁温高于容器材料的无塑性转变温度。试验压力应保证壳体总体薄膜应力值不超过试验温度下材料屈服极限的90%，以免发生整体屈服。

试验时由容器下部一接管口往容器中注水，并在容器顶部设排气口，使器内空气排出。当容器被水充满，气体已全部排净，且容器壁温与水温相同后，才能缓慢升压。先将压力升至最高工作压力，确认无泄漏后继续升压到规定的试验压力，保压10～30 min；然后降到最高工作压力，保压进行检查，保压时间不少于30 min。重点检查容器有否整体或局部变形，各连接处有无泄漏。水压试验完毕后，将容器卸压至零，打开排气阀和排水阀，将容器内水排净，并自然通风使内壁晾干或人工烘干。经水压试验后，容器本体和各焊缝、连接部位无渗漏，无可见的异常变形，试验过程无异常响声即为合格。

2. 气密性试验

气密性试验的目的是检验压力容器的严密性。对介质毒性为高度危害以上或设计上不允许有微量泄漏的压力容器，底片除进行水压试验以外，还应在整体全部装配结束后进行气密性试验。气密性试验压力通常为容器的设计压力，试验时气体的温度不应低于5 ℃。试验时应缓慢通气，当压力达到试验压力的10%时，停气保压，对连接密封部位及焊缝等进行检查，若无泄漏或异常再继续升压，升压按每级为试验压力的10%～20%逐级升高，每级之间适当保压，以观察有无异常。压力达到试验压力后，应保压10～30 min，检查各连接部位及焊缝有无泄漏，确认无泄漏即为合格。

3. 无损探伤

无损探伤是不破坏、损伤构件而对构件进行质量检验的方法。压力容器检验中常用的方法有射线照相、超声波探伤、磁粉探伤、渗透探伤等。

射线照相探伤是利用某种射线（X射线、γ射线等）在物质中的衰减规律和对某些物质产生光化及荧光作用这一现象进行探伤的。如图6－13所示，强度为J的X射线穿过工件C后，强度为J_C；穿过缺陷A、B后强度分别为J_A和J_B。由于A、B处厚度比无缺陷处C的厚度小，对X射线的衰减也小，即J_A、J_B的强度大于J_C。如在工件背面垂直于射线的平面内放上感光片，则A、B处的感光量大于C处，底片将呈现不同的现象，据此可判断工件内部缺陷大小、位置和种类。

超声波探伤是利用进入被检查材料中的高频声波遇到界面会发生反射，通过探测和分析反射声波，可确定缺陷的位置、种类和尺寸。单收单发式探伤的情形如图6－14所示。探头沿工件表面滑动，若工件没有缺陷，荧屏上出现始波A；当声波遇到与它基本垂直的缺陷时，被反射回来，荧屏出现始波A和缺陷波F；探头滑近工件端部，荧屏出现端角反射波B。

磁粉探伤是利用强磁场中铁磁性材料表层缺陷产生的漏磁场吸附磁粉的现象而进行的无损探伤方法，其原理如图6－15所示。

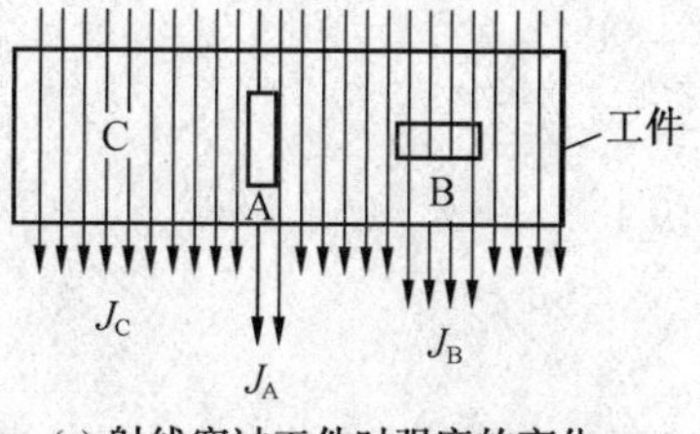

(a) 射线穿过工件时强度的变化

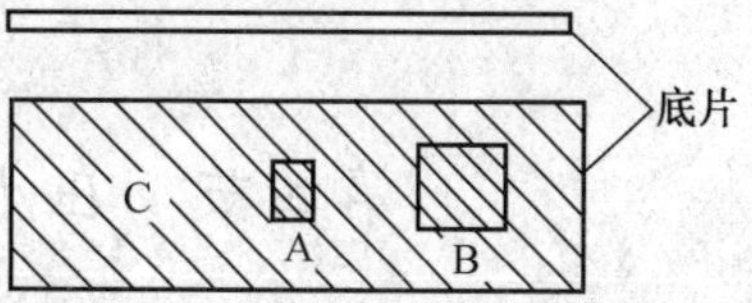

(b) 不同强度的射线对底片作用后黑度的变化

图6－13　射线穿过工件并与底片作用的情况

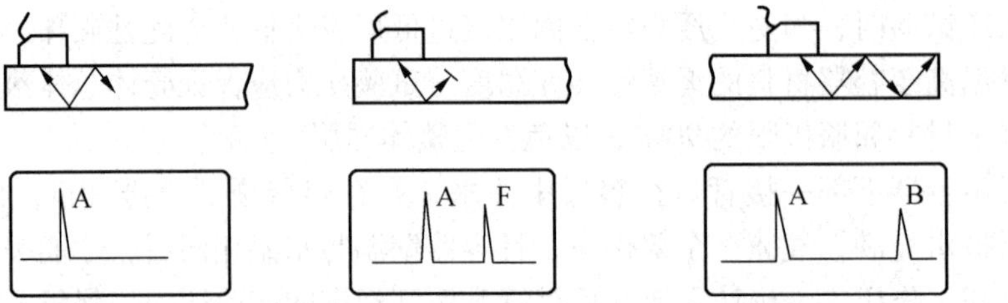

(a) 工件无缺陷，出现始波 (b) 工件有缺陷，有缺陷波F (c) 在工件边缘有端角反射波

图 6－14 单收单发斜探头探伤

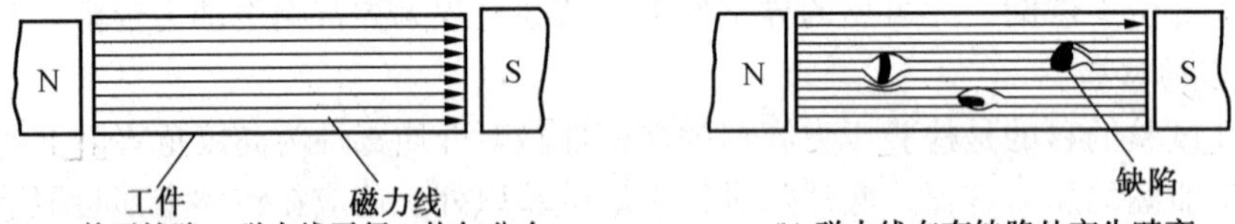

(a) 工件无缺陷，磁力线平行，均匀分布 (b) 磁力线在有缺陷处产生畸变

图 6－15 磁粉探伤原理

渗透探伤包括着色探伤和荧光探伤两种，用以检查材料表面缺陷。着色探伤是将强渗透性的有色液体渗入工件表面缺陷中，除去表面油液，涂上显像剂即可看到彩色的缺陷图像，如图 6－16 所示。着色剂由色料和矿物油配成，显像剂的主要成分是氧化锌、氧化镁、高岭土和火棉胶液。

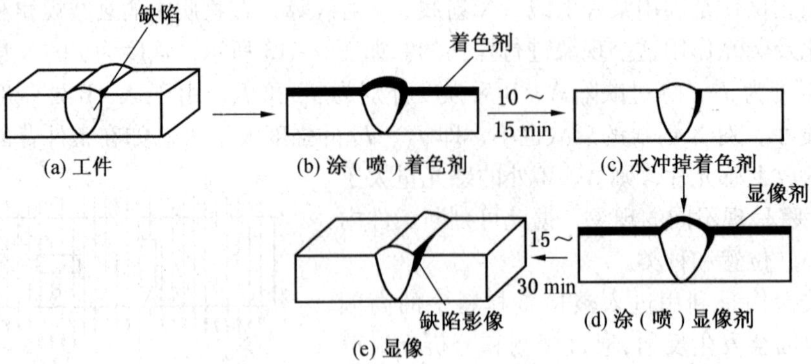

图 6－16 着色探伤的过程

第四节 压力容器缺陷、检查与等级评定

一、压力容器缺陷

压力容器常见缺陷有腐蚀、裂纹和变形等。

1. 腐蚀

腐蚀是由于金属材料与所接触的介质产生化学或电化学反应而引起的。压力容器绝大多数是由金属材料制造的，在使用中与环境及介质作用会产生腐蚀损坏。

压力容器产生腐蚀的原因有大气腐蚀，酸碱等腐蚀性介质引起的腐蚀，应力腐蚀，疲劳腐蚀，氢脆及氢腐蚀。

（1）大气腐蚀发生在器壁的外表面。空气中的氧通过器壁上的水膜与金属发生电化学腐蚀生成氧化铁，直至钢材被腐蚀破坏。

（2）在有酸碱等腐蚀性介质工作的压力容器通常均采取防腐蚀措施，但常因防腐层局部破坏、内衬开裂、操作不当或使用不当、正常工艺条件被破坏等原因使器壁受到酸碱等腐蚀性介质强烈腐蚀。

（3）应力腐蚀是金属材料在拉应力和特定腐蚀性介质共同作用下产生的一种腐蚀形态。压力容器在运行中产生的拉应力，如承压应力、热应力及结构不连续引起的边界应力和容器制造过程中留下的残余应力（如焊接应力），冷加工成形时产生的应力是能引起应力腐蚀的拉应力。

（4）疲劳腐蚀是交变拉伸应力与腐蚀介质共同作用引起的腐蚀。当金属发生疲劳腐蚀时，一方面腐蚀使金属表面局部破坏，并促使疲劳裂纹产生与发展，另一方面交变的拉伸应力促使表面腐蚀产生。在腐蚀与交变应力共同作用下，裂纹不断扩展加深直至金属断裂。

（5）氢在钢中富集使钢材变脆的现象称为钢脆。氢腐蚀是钢材在高温高压氢作用下，引起钢的金相组织发生变化使钢的强度和塑性下降的现象，氢腐蚀后的材料在晶界处伴有大量的腐蚀裂纹。

2. 裂纹

裂纹是导致压力容器发生脆性破坏的主要因素，同时它还会加速容器的疲劳破裂和腐蚀断裂。裂纹按产生的原因可分为原材料裂纹、焊接裂纹、热处理裂纹、过载裂纹、疲劳裂纹、腐蚀裂纹。检查中发现的原材料裂纹、焊接裂纹、热处理裂纹多是原材料、焊接或热处理中的细微裂纹在运行条件下发展起来的。

原材料裂纹多是材料在轧制过程中形成的，可以在材料内部，也可以在表面，无方向性和固定部位。

焊接裂纹是在焊接制造时产生的。焊接裂纹既与焊缝本身的原始缺陷有关，也和外部运行因素有关。

热处理裂纹是在焊接后消除应力的热处理过程中产生的。常见于低合金、高强度、钢容器、焊缝、热响应区。

在外加载荷超过金属材料抗拉强度时产生过载裂纹。常发生在部件受力最大的部位或应力集中部位。裂纹细长、尖锐、无分枝或分枝很少，绝大多数是穿晶裂纹。

疲劳裂纹是因为材料或结构存在缺陷造成的局部应力过高，经反复加载、卸载或反复压力波动之后产生的裂纹。

腐蚀裂纹是在金属材料被腐蚀过程中伴随产生的裂纹。苛性脆化裂纹产生在盛装热碱液的容器中，起源于金属表面微细缝隙处。氢脆裂纹是容器运行过程中因氢腐蚀及氢损害而产生的一种内部裂纹。

3. 变形

压力容器变形常见的有局部凹陷、鼓包、整体扁瘪和整体膨胀 4 种形式。

局部凹陷是容器受到外部撞击或冲压而形成的。这种变形通常在壳壁较薄的小型容器上产生。

鼓包是容器局部区域发生大面积片状腐蚀，壁厚显著减薄，在内压作用下发生向外凸起的变形；也可能是局部温度过高致使材料强度降低而产生局部鼓包。

整体扁瘪是承受外压的壳体在超压或超温时出现内陷或被压瘪。

整体膨胀是由于容器超压运行，致使整个容器或某些截面产生屈服变形造成的。例如有些充装液化气的气筒或气瓶，因充装过量在温度升高时，容器内液体体积膨胀、压力急剧上升，发生整体膨胀变形，形成腰鼓形。

二、压力容器检查与等级评定

压力容器经定期检验后，应根据检验结果对其安全状况进行评定以等级形式确定。

压力容器安全状况的 5 级划分如下所示。

1 级：出厂资料齐全，设计、制造质量符合有关法规和标准的要求。在法规规定的检验周期内，在设计条件下能安全使用。

2 级：出厂资料基本齐全，设计、制造质量基本符合有关法规和标准的要求；根据检验报告，存在某些不危及安全、不可修复的一般性缺陷，在法规规定的检验周期内，在规定的操作条件下能安全使用。

3 级：出厂资料不够齐全，主体材质强度、结构基本符合有关法规和标准的要求；对于制造时存在的某些不符合法规或标准的问题或缺陷，根据检验报告，未发现由于使用而发展扩大，焊接质量存在的超标准的体积缺陷，经检验不需要修复；在使用过程中造成的腐蚀、磨损、损伤、变形等缺陷，检验报告确定为能在规定的操作条件下，按法规规定的检验周期安全使用；对经安全评定的，其评定报告确定为能在规定的操作条件下，按法规规定的检验周期安全使用。

4 级：出厂资料不全，主体材质不符合有关规定，或材质不明，或金属选用正确但已有老化倾向；强度经校核尚满足使用要求，主体结构有较严重不符合有关法规和标准的缺陷，根据检验报告，未发现由于使用因素而发展或扩大；焊接质量存在线性缺陷；在使用过程中造成的磨损、腐蚀、损伤、变形等缺陷，检验报告确定为不能在规定的操作条件下，按法规规定的检验周期中安全使用；对经过安全评定的，其评定的报告确定为不能在规定的操作条件下，按法规规定的检验周期安全使用，必须采取有效的措施，进行妥善处理，改善安全状况等级，否则只能在限定的条件下使用。

5 级：缺陷严重，难以或无法修复，无修复价值或修复后难以保证安全使用的压力容器，予于判废。

压力容器根据定期检验中材质检验、结构检验和缺陷检验 3 个项目的检验结果作为依据划分安全状况等级。定级时先对各分项检验结果划分等级，以其中项目等级最低者为评定级别。

(1) 与原设计不符，材质不明或者材质劣化时，安全状况等级划分依据：

① 用材与原设计不符，如果材质清楚，强度校核合格，经过检验未查出新生缺陷

（不包括正常的均匀腐蚀），可以安全使用的不影响定级；如果使用中产生缺陷，并且确认是用材不当所致，可以定为4级或者5级。

② 材质不明，对于经过检验未查出新生缺陷（不包括正常的均匀腐蚀），并且强度校核合格的，在常温下工作的一般压力容器，可以定为3级或者4级；移动式压力容器和液化石油气储罐，定为5级。

③ 材质劣化，发现明显应力腐蚀、晶间腐蚀的，定为4级或者5级；发现存在表面脱碳、渗碳、石墨化、蠕变、回火脆化、高温氢腐蚀等材质劣化现象并且已产生不可修复的缺陷或者损伤时，根据材质劣化程度，定为4级或者5级；如果缺陷可以修复并且能够确保在规定的操作条件下和检验周期内安全使用的，可以定为3级。

（2）结构不合理时安全状况等级划分依据：

① 封头主要参数不符合制造标准，但经过检验未查出新生缺陷（不包括正常的均匀腐蚀），可以定为2级或者3级；如果有缺陷，可以根据相应的条款进行安全状况等级评定。

② 封头与筒体的连接，如果采用单面焊对接结构，而且存在未焊透时，罐车定为5级；其他压力容器，可以根据未焊透情况规定定级；如果采用搭接结构，可以定为4级或者5级；不等厚度板（锻件）对接接头，未按规定进行削薄（或者堆焊）处理的，经过检验未查出新生缺陷（不包括正常的均匀腐蚀），可以定为3级，否则定为4级或者5级。

③ 焊缝布置不当（包括采用“十”字焊缝），或者焊缝间距小于规定值，经过检验未查出新生缺陷（不包括正常的均匀腐蚀），可以定为3级；如果查出新生缺陷，并且确认是由于焊缝布置不当引起的，则定为4级或者5级。

④ 按照规定应当采用全焊透结构的角接焊缝或者接管角焊缝，而没有采用全焊透结构的主要受压元件，如果未查出新生缺陷（不包括正常的均匀腐蚀），可以定为3级，否则定为4级或者5级。

⑤ 如果开孔位置不当，经过检验未查出新生缺陷（不包括正常的均匀腐蚀），对于一般压力容器，可以定为2级或者3级；对于有特殊要求的压力容器，可以定为3级或者4级；如果孔径超过规定，其计算和补强结构经过特殊考虑的，不影响定级；未作特殊考虑的，可以定为4级或者5级。

（3）存在不同缺陷压力容器的安全状况分类：

① 内、外表面不允许有裂纹。如果有裂纹，应当打磨消除，打磨后形成的凹坑在允许范围内不需要补焊的，不影响定级；否则，可以补焊或者进行应力分析，经过补焊合格或者应力分析结果表明不影响安全使用的，可以定为2级或者3级。

② 机械损伤、工卡具焊迹和电弧灼伤，打磨后按照上款规定评定级别；变形不处理不影响安全的，不影响定级；根据变形原因分析，不能满足强度和安全要求的，可以定为4级或者5级。

③ 内表面焊缝咬边深度不超过0.5 mm、咬边连续长度不超过100 mm、并且焊缝两侧咬边总长度不超过该焊缝长度的10%时；外表面焊缝咬边深度不超过1.0 mm、咬边连续长度不超过100 mm、并且焊缝两侧咬边总长度不超过该焊缝长度的15%时，对一般压力容器不影响定级，超过时应当予以修复；对有特殊要求的压力容器或者罐车，检验时如果未查出新生缺陷（例如焊趾裂纹），可以定为2级或者3级，查出新生缺陷或者超过上述

要求的，应当予以修复。

④ 低温压力容器不允许有焊缝咬边。

⑤ 有腐蚀的压力容器，若分散的点腐蚀，如果腐蚀深度不超过壁厚（扣除腐蚀余量）的1/3；在任意200 mm直径的范围内，点腐蚀的面积之和不超过4500 mm^2，或者沿任一直径点腐蚀长度之和不超过50 mm，不影响定级：

均匀腐蚀，如果按照剩余壁厚（实测壁厚最小值减去至下次检验期的腐蚀量）强度校核合格的，不影响定级；经过补焊合格的，可以定为2级或者3级。

局部腐蚀，腐蚀深度超过壁厚余量的，应当确定腐蚀坑形状和尺寸，并且充分考虑检验周期内腐蚀坑尺寸的变化，按③中第一条处理。

应力腐蚀，发现裂纹的定为3级或者4级，裂纹应当打磨消除，打磨后形成的凹坑可以按③中第一条处理。

晶间腐蚀，发现裂纹的定为4级或者5级。

⑥ 错边量和棱角度超出相应的制造标准，根据以下具体情况进行综合评定：

错边量和棱角度尺寸在表6-4范围内，压力容器不承受疲劳载荷并且该部位不存在裂纹、未熔合、未焊透等严重缺陷的，可以定为2级或者3级。

表6-4　错边量和棱角度尺寸范围　　mm

对口处钢材厚度 t	错边量	棱角度
$t \leqslant 20$	$\leqslant 1/3t$，且 $\leqslant 5$	$\leqslant (1/10t+3)$，且 $\leqslant 8$
$20 < t \leqslant 50$	$\leqslant 1/4t$，且 $\leqslant 8$	—
$t > 50$	$\leqslant 1/6t$，且 $\leqslant 20$	—
对所有厚度锻焊压力容器		$\leqslant 1/6t$，且 $\leqslant 8$

注：测量棱角度所用样板按照相应制造标准的要求选取。

错边量和棱角度在表6-4范围内，如果该部位伴有未熔合、未焊透等严重缺陷时，应当通过应力分析，确定能否继续使用；在规定的操作条件下和检验周期内，能安全使用的定为3级或者4级。

⑦ 制造标准允许的焊缝埋藏缺陷，不影响定级；超出制造标准的，按照以下要求划分安全状况等级：

单个圆形缺陷的长径大于壁厚的1/2或者大于9 mm时，定为4级或者5级；圆形缺陷的长径小于壁厚的1/2并且小于9 mm的，其相应的安全状况等级见表6-5和表6-6。

表6-5　按规定只要求局部无损检测的压力容器安全状况等级（不包括低温压力容器）

评定区/(m×m)		10×10			10×20		10×30
实测厚度/mm		$t \leqslant 10$	$10 < t \leqslant 15$	$15 < t \leqslant 25$	$25 < t \leqslant 50$	$50 < t \leqslant 100$	$t > 100$
缺陷点数	2、3级	6~15	12~21	18~27	24~33	30~39	36~45
	4、5级	>15	>21	>27	>33	>39	>45

注：圆形缺陷尺寸换算成缺陷点数，以及不计点数的缺陷尺寸要求，见JB 4730—2005的规定。

表6-6 规定要求100%无损检测的压力容器（包括低温压力容器）

评定区/(m×m)		10×10			10×20		10×30
实测厚度/mm		$t \leqslant 10$	$10 < t \leqslant 15$	$15 < t \leqslant 25$	$25 < t \leqslant 50$	$50 < t \leqslant 100$	$t > 100$
缺陷点数	2、3级	3~12	6~15	9~18	12~21	15~24	18~27
	4、5级	>12	>15	>18	>21	>24	>27

注：圆形缺陷尺寸换算成缺陷点数，以及不计点数的缺陷尺寸要求，见JB 4730—2005的规定。

非圆形缺陷与相应的安全状况等级，见表6-7和表6-8。对所有超标非圆形缺陷均应当测定其长度和自身高度，并且在下次检验时对缺陷尺寸进行复验。有特殊要求的压力容器主要包括承受疲劳载荷的压力容器，采用应力分析设计的压力容器，盛装极度、高度危害介质的压力容器，盛装易燃易爆介质的大型压力容器，标准抗拉强度下限值大于或者等于540 MPa的低合金钢制压力容器等。

⑧ 如果能采用有效方式确认缺陷是非活动的，则表6-7、表6-8中的缺陷长度容限值可以增加50%。

表6-7 一般压力容器非圆形缺陷与相应的安全状况等级

缺陷位置	缺陷尺寸			安全状况等级
	未熔合	未焊透	条状夹渣	
球壳对接焊缝；圆筒体纵焊缝，以及与封头连接的环焊缝	$H \leqslant 0.1t$ 且 $H \leqslant 2$ mm $L \leqslant 2t$	$H \leqslant 0.15t$ 且 $H \leqslant 3$ mm； $L \leqslant 3t$	$H \leqslant 0.2t$ 且 $H \leqslant 4$ mm； $L \leqslant 6t$	3
	未熔合	未焊透	条状夹渣	
圆筒体环焊缝	$H \leqslant 0.15t$ 且 $H \leqslant 3$ mm； $L \leqslant 4t$	$H \leqslant 0.2t$ 且 $H \leqslant 4$ mm； $L \leqslant 6t$	$H \leqslant 0.25t$ 且 $H \leqslant 5$ mm； $L \leqslant 12t$	

注：H是指缺陷在板厚方向的尺寸，也称缺陷高度；L是指缺陷长度（单位为mm）。

表6-8 有特殊要求的压力容器非圆形缺陷与相应的安全状况等级

缺陷位置	缺陷尺寸			安全状况等级
	未熔合	未焊透	条状夹渣	
球壳对接焊缝；圆筒体纵焊缝，以及与封头连接的环焊缝	$H \leqslant 0.1t$ 且 $H \leqslant 2$ mm； $L \leqslant t$	$H \leqslant 0.15t$ 且 $H \leqslant 3$ mm； $L \leqslant 2t$	$H \leqslant 0.2t$ 且 $H \leqslant 4$ mm； $L \leqslant 3t$	3或者4
圆筒体环焊缝	$H \leqslant 0.15t$ 且 $H \leqslant 3$ mm； $L \leqslant 2t$	$H \leqslant 0.2t$ 且 $H \leqslant 4$ mm； $L \leqslant 4t$	$H \leqslant 0.25t$ 且 $H \leqslant 5$ mm； $L \leqslant 6t$	

注：H是指缺陷在板厚方向的尺寸，也称缺陷高度；L是指缺陷长度（单位为mm）。

⑨ 有夹层的，其安全状况等级划分为：与自由表面平行的夹层，不影响定级；与自

由表面夹角小于10°的夹层，可以定为2级或者3级；与自由表面夹角大于或者等于10°的夹层，检验人员可以采用其他检测或者分析方法综合判定，确认夹层不影响压力容器安全使用的，可以定为3级，否则定为4级或者5级。

⑩ 使用过程中产生的鼓包，应当查明原因，判断其稳定状况，如果能查清鼓包的起因并且确定其不再扩展，而且不影响压力容器安全使用的，可以定为3级；无法查清起因时，或者虽查明原因但仍会继续扩展的，定为4级或者5级。

⑪ 属于压力容器本身原因，导致耐压试验不合格的，可以定为5级。

复习思考题

1. 压力容器的类型及所属的主要容器有哪些？
2. 压力容器结构的基本要求有哪些？
3. 简述压力容器破坏的主要形式及特点。
4. 简述压力容器爆炸的原因、危害及预防措施。
5. 简述压力容器的基本参数及要求。
6. 压力容器焊接应注意哪些事项？
7. 简述压力容器安全装置的类型及作用。
8. 压力容器的设计、制造和使用应遵循哪些规定？
9. 压力容器运行过程中进行安全操作时应注意的操作要求有哪些？
10. 简述压力容器检验的主要项目及内容。

第七章 防火与防爆

第一节 火灾及其危害

火灾是指失去控制并对财产和人身造成损害的燃烧现象。火灾包括民用爆炸品爆炸引起的火灾；易燃可燃液体、可燃气体、蒸汽、粉尘及其他化学易燃易爆物品的燃烧和爆炸引起的火灾；破坏性试验中引起非实验体燃烧的事故；机电设备因内部故障导致外部明火燃烧需要组织扑灭的火灾；车、船、飞机及其他交通工具发生的燃烧事故。

我国《生产安全事故报告和调查处理条例》把火灾事故按照其后果的严重程度分为特别重大、重大、较大和一般火灾 4 个等级。特别重大火灾是指造成 30 人及以上死亡，或者 100 人及以上重伤，或者 1 亿元及以上直接财产损失的火灾；重大火灾是指造成 10 人及以上 30 人以下死亡，或者 50 人及以上 100 人以下重伤，或者 5000 万元及以上 1 亿元以下直接财产损失的火灾；较大火灾是指造成 3 人及以上 10 人以下死亡，或者 10 人及以上 50 人以下重伤，或者 1000 万元及以上 5000 万元以下直接财产损失的火灾；一般火灾是指造成 3 人以下死亡，或者 10 人以下重伤，或者 1000 万元以下直接财产损失的火灾。

一、燃烧机理

1. 燃烧及其条件

燃烧是一种放热、发光的氧化反应。在燃烧过程中，物质会改变原有的性质而生成新物质。下列反应均为燃烧反应：

$$C + O_2 \xlongequal{} CO_2 + 39.3 \times 10^4\ J$$

$$S + O_2 \xlongequal{} SO_2 + 33.4 \times 10^4\ J$$

$$CH_4 + 2O_2 \xlongequal{} CO_2 + 2H_2O + 88.3 \times 10^4\ J$$

燃烧反应在本质上属于氧化—还原反应，参加燃烧反应的反应物包含有氧化剂和还原剂，即通常所说的助燃物和可燃物。燃烧反应是一种进行速度较快、放热较多的反应，由于在短时间内放出大量的热，提高了燃烧产物的温度，并引起产物分子内电子的跃迁，放出各种波长的光。

放热、发光、生成新物质是燃烧反应具有的 3 个基本特征，也是区分燃烧和非燃烧现象的依据。木柴与空气、氢气与氯气的反应由于具备上述 3 个特征，因此是燃烧反应；点亮灯泡中的钨丝，在惰性介质中灼热的铁块，它们都能放热、发光，但没有生成新物质，属于物理过程而不是燃烧现象；铁的氧化生锈，油脂或煤堆在空气中缓慢氧化，虽然也放热，但由于反应速度慢，放出热量少且很快散失掉，因而不发光，故不是燃烧反应。

燃烧发生必须具有 3 个基本要素，即可燃物、助燃物和引火源。

（1）可燃物。凡是能与空气、氧气和其他氧化剂发生剧烈氧化反应的物质，都称为可燃物。按其状态的不同可分为气态、液态和固态三类；按其组成不同可分为无机可燃物质和有机可燃物质两类，前者如氢气、一氧化碳等；后者如甲烷、乙炔、丙酮等。

根据燃烧的难易程度把物质分为可燃物质、难燃物质和不燃物质三类。可燃物质为在火源作用下能被点燃，且当火源移去后能持续燃烧直至燃尽的物质；难燃物质为在火源作用下能被点燃并阴燃，当火源移去后不能持续燃烧的物质；不燃物质在正常情况下不会被点燃。

（2）助燃物。凡是具有较强的氧化性能，能与可燃物质发生化学反应并引起燃烧的物质称为助燃物或氧化剂。氧气是常见的助燃物质，空气、氯酸钾和过氧化钠等都是助燃物质。

（3）引火源。凡是能引起可燃物质燃烧的热能源都叫引火源。常见的引火源有火焰、电火花、电弧和炽热物质等。

上述3个因素仅是燃烧的必要条件，实际上燃烧进行还要满足一定的充分条件。燃烧作为一种化学反应，可燃物质的氧化反应不是直接进行的，而是经过游离基团和原子等中间物质，通过链锁反应进行的。如果去掉游离基团，中断其连续的链反应，燃烧就会停止。另外，在反应物的组成、反应温度、压力和能量方面都存在着极限值，也约束着燃烧过程。在一些情况下，例如气体可燃物没达到一定浓度，或助燃物数量不足、引火源没有足够的热量或一定的温度，即使具备了燃烧的必要条件也不能燃烧。例如：氢气在空气中的浓度低于4%的界限时便不能点燃；当空气中氧含量低于14%时一般可燃物不会燃烧；一根火柴的热量不足以点燃一根木材。甲烷在空气中燃烧，当甲烷浓度小于1.4%，或空气中氧气含量小于12%时燃烧就不会继续，若用热能引燃甲烷—空气混合气，当温度低于595 ℃时燃烧也不会发生。由此可见，具备一定数量、浓度的可燃物、助燃物，同时还具备一定强度的引发能源以及不受抑制的连锁反应是引起燃烧的充要条件。

2. 发火与引燃

发火是从未燃烧的状态向稳定的燃烧状态过渡的现象。发火是一种不稳定的状态。为实现向稳定的燃烧状态转移，必须满足一定的物质条件和能量条件。物质条件指物质的浓度条件，其临界条件称为燃烧界限；能量方面的条件称为点火温度（燃点）或点火能。

发火按其发生的原因可分为自然发火和引燃。

（1）自然发火指可燃物质在没有引火源的情况下自行发火燃烧的现象。能使可燃物质自然发火的最低温度称为自燃点。自燃点越低，自然发火的可能性越大。

（2）引燃指当存在满足能量条件的引火源时开始燃烧的现象。可燃物质遇引火源时开始燃烧所必要的最低温度称作燃点。燃点越低则越容易被引燃，火灾的危险性也越大。

在形式上，自然发火与引燃的区别在于引火源的有无。从物理意义上说，自然发火必须满足物质浓度和能量两个条件；而引燃仅与物质浓度条件有关。通常，少一个必要条件的引燃比自然发火更容易，实际的火灾统计数据也充分说明了这点。

根据热量的来源不同，自然发火又分为自热自燃和受热自燃。自热自燃指由于可燃物质的生物或物理化学作用发热达到自然发火的现象，如稻草、油棉纱、煤或硫化铁矿石的自燃，甘油与高锰酸钾接触的自燃等都属于自热自燃。受热自燃指可燃物质由于受到外界加热而引起自行发火燃烧，如可燃物质在加热、烘烤或热处理中引起的自然发火都属于受热自燃。

导致火灾的引火源种类和形式很多，一般有明火、高温表面、冲击摩擦、自燃发热、电火花、静电火花、光或热射线以及非生产用火8种。控制这些火源的使用范围，对于防火工作十分必要。

3. 闪燃与闪点

液体的表面都有一定数量的蒸汽存在，蒸汽的浓度取决于液体的温度，温度越高则蒸汽浓度越大。在一定的条件下，液体蒸汽与空气混合，当遇到火源时会发生一闪即灭的现象，称为闪燃。闪燃是液体发生火灾的危险信号。液体发生闪燃时的温度称为闪点。

随着温度的升高，液体表面的蒸汽浓度增大，当蒸汽与空气混合物遇到明火可形成连续燃烧（持续时间不小于5 s）的最低温度称为液体的燃点。燃点高于闪点。

测定闪点的方法有开口杯法和闭口杯法两种。开口杯法适用于闪点在80 ℃以上的液体，是将可燃液体样品放在敞口容器中，加热进行测定。闭口杯法适用于闪点在80 ℃以下的液体，是将可燃液体样品放在有盖的容器中加热测定。同一种可燃液体样品，测定的方法不同，其值也不同，一般开口闪点要比闭口闪点高15～25 ℃。

液体闪点和燃点的高低决定了其危险性的大小，可燃液体的闪点和燃点越低，两者的差值越小，则液体越危险。例如，汽油的闪点为－45 ℃，乙醇的闪点为11 ℃，煤油的闪点为45 ℃。即使在冬季，汽油也很危险；在夏季，乙醇也变得危险；煤油则相对安全。闪点在45 ℃以下的液体叫易燃液体，45 ℃以上的液体叫可燃液体。液体在使用和储存中禁止将其加热到它的闪点，加热的最高温度一般应低于闪点20～30 ℃。

4. 燃烧过程及燃烧热

燃烧是一种复杂的物理化学过程，多数可燃物质的氧化反应不是直接进行的，而是经过一系列复杂的中间阶段。可燃物质的燃烧一般不是物质本身的燃烧，而是物质受热分解出的气体或液体蒸汽在空气中燃烧，其简化过程如图7－1所示。

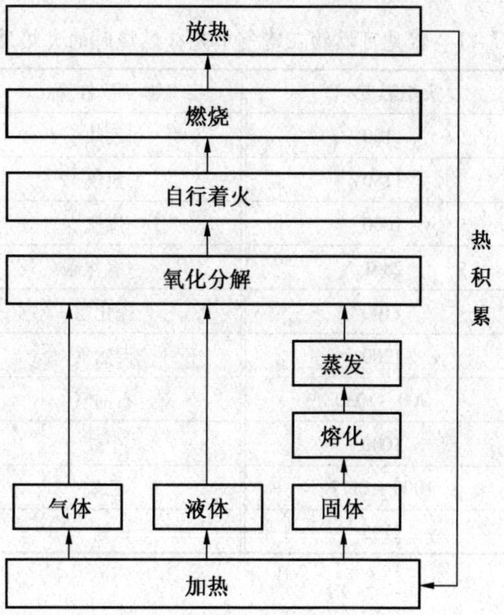

图7－1　物质燃烧过程

由于可燃物质的聚集状态不同，其受热所发生的燃烧过程也不同。气体最容易燃烧。燃烧所需的热量只用于本身的氧化分解，并使其达到自燃点而燃烧。固态和液态可燃物的燃烧，实际是在凝聚相中开始，而在气相（火焰）中结束。液体在火源作用下，首先使其蒸发、然后蒸汽氧化，分解后在气相中燃烧。在固体燃烧时，如果是硫、磷等单质，它们首先受热熔化，然后蒸发成蒸汽进行燃烧，其中没有分解过程。如果是复杂的化合物，在受热时首先分解，析出气态和液态产物，然后气态产物和液态产物的蒸汽着火燃烧。

可燃物质由于其聚集状态不同，在空气中燃烧时，一般有 5 种燃烧形式，即扩散燃烧、蒸发燃烧、分解燃烧、表面燃烧和混合燃烧。

燃烧热是指 1 摩尔物质与氧气进行完全燃烧反应（生成的气体冷却到 18 ℃）时，所放出的热量。例如，1 摩尔乙炔完全燃烧时，放出 130.6×10^4 J 的热量，则乙炔的燃烧热为 130.6×10^4 J。

热值是单位质量或单位体积的可燃物完全燃烧时所放出的热量。可燃性固体和可燃性液体的热值以“J/kg”表示，可燃性气体的热值以“J/m^3”表示。物质的热值有高热值和低热值之分。高热值是把生成的水蒸气冷凝成水所放出的热量计算在内，低热值是不把这部分热量计算在内。两者间的差值为生成水的凝结热。可燃物质燃烧时放出的热量，一部分被火焰辐射散失，而大部分则消耗在加热燃烧产物上。

5. 火焰温度与燃烧温度

燃烧是可燃物与助燃物之间发生的一种氧化还原反应。当可燃物与氧化剂的比例为完全反应的化学当量比且发生完全燃烧时，火焰面能达到的最高温度称为火焰温度。火焰温度的高低与可燃物的着火特性、热值、环境温度、压力有关。另外，火焰温度还和参与燃烧的氧化剂种类有关，通常物质在氧气中燃烧的火焰温度要高于在空气中燃烧的温度。表 7－1 为常见可燃物在空气中充分燃烧时的火焰温度。

表 7－1　常见可燃物在空气中充分燃烧时的火焰温度

物质名称	火焰温度/℃	物质名称	火焰温度/℃
甲醇	1100	乙炔	2127
乙醇	1180	氢气	2130
丙醇	1000	煤气	1600～1850
乙醚	2861	一氧化碳	1680
原油	1100	硫化氢	2110
汽油	1200	天然气	2020
煤油	700～1030	石油气	2120
重油	1000	甲烷	1800
木材	1000～1177	乙烷	1895
二硫化碳	2195	氨	700

燃烧温度是指物质在稳定燃烧过程中的气相燃烧产物的平均温度。由于燃烧温度为一定空间内气体的平均温度，所以燃烧温度一般比火焰温度低。

物质在燃烧时，产生的热量常分为两个部分：一部分传给周围环境，另一部分使燃烧产物加热，温度升高。传给外界的热量越少，燃烧产物的温度越高。当传给外界的热量为零，即实现绝热的完全燃烧时，燃烧产物的温度达到最大值，这时燃烧产物所达到的温度称为绝热燃烧温度或理论燃烧温度。

二、火灾对人的危害

火灾对人的危害是由火焰的灼烧及烟气的窒息毒害产生的。

1. 火灾辐射热

火灾时产生的热能以热射线的方式传播，而热射线在均匀介质中是以电磁波的形式向四周传播的。辐射热量的物体，其单位表面上发射出的热量与媒介质的状态无关，而是与物体的绝对温度和面积成正比。即燃烧物体的温度越高，面积越大，辐射强度及辐射热越大。而接受辐射热的物体，其受热量和两者间距离的平方成反比，即距离越近，受热量越多，距离越远，受热越少。在火灾发生时，放射表面（火焰）的温度通常都在 1000 ℃以上。而一般可燃物质在空气中的自燃点始终低于 800 ℃（如木材为 200 ~ 300 ℃，煤油为 240 ~ 290 ℃，石油沥青为 270 ~ 300 ℃），由于受到火焰的灼烤可能会燃烧起来，曾经发生过距离火灾现场 200 m 的建筑物，由于辐射热的作用而发生了火灾。

2. 火灾烟气产生及其危害

火灾时物质燃烧所生成的可见及不可见气体、水蒸气及固体微粒等混合物通称为烟气。火灾发生的各阶段，由于其燃烧条件不同，生成的烟气成分各异。在初期，某些材料开始受热要析出水蒸气，故此时多呈灰白色烟气，随着材料中水分的减少和碳粒析出的增多，烟逐渐变为灰黑色。在火灾的成长期中，燃烧面逐渐扩大而室温也不断升高，烟气的产生依赖于空气的供给状况，如果氧气供应受到限制，不完全燃烧产物增多，形成较多的浓黑毒烟；反之，如门窗烧损而空气流通，烟气便相应减小。火灾衰减期时，可燃物已大部分烧掉，烟也自然随之减少。

烟气的成分取决于可燃物的化学组成和燃烧条件。大部分可燃物都属于有机化合物，主要由碳、氢、氧、硫、磷、氮等组成。其中碳、氢、硫、磷燃烧时分别生成二氧化碳、一氧化碳、水蒸气、二氧化硫和五氧化二磷等产物；氮在燃烧过程中则呈游离态析出，氧在燃烧过程中消耗掉了。上述产物除一氧化碳外，都不能再燃烧，称完全燃烧的产物。可燃物不完全燃烧时，不仅会生成上述完全燃烧产物，还生成一氧化碳、醇类、酮类、醛类以及其他一些复杂的有机化合物，该物质常常具有毒性。对含碳量多的物质，在氧气不足的条件下燃烧时，产生大量的碳粒子，表现为黑烟。

现代建筑中塑料越来越多使用在家具和用品方面，还常用作建筑的装修及管道、电缆的隔热材料和缠料等，一旦发生火灾，不仅能加速火势的扩大，还会产生大量的有毒浓烟，其危害远远超过一般的可燃材料，设计时应特别注意。统计资料也表明，火灾死亡者中至少有超过一半的人是被烟气毒死的，而且随塑料及其他有机材料的使用，该比例还在快速增长。

火灾时烟气的危害包括：对人体本身的危害，在疏散及扑救过程中遮挡人的视线，浓烟造成的恐慌心理等。其中，对人身的危害可归结为以下 4 点。

（1）一氧化碳中毒。一氧化碳吸入人体后，会和血液中的血红蛋白结合，从而使血红蛋白失去携带氧的功能，致使身体缺氧失去知觉乃至死亡。着火场所中的空气成分，在燃烧之前几乎不变化，但当燃烧之后就有急剧的变化。火灾房间产生的一氧化碳浓度，由于可燃物性质、数量、堆积情况和房间的开口条件的不同而有显著差别，主要取决于可燃物热分解和氧化反应的速度比。当温度升高，分解加快时，若氧气供应不足，则产生大量的一氧化碳，对人员疏散不允许超过0.2%。一般房间在开始爆燃后一氧化碳的浓度急剧增加，可达4%～5%，因此在爆燃发生前撤出人员是安全的。

（2）其他有毒气体中毒。建筑中可燃材料在燃烧时可产生大量有毒有害的气体，如甲醛、乙醛、氢氯化物、氢化氰等毒气，对人体极为有害。当烟中含有 5.5×10^{-6} 的丙烯醛时，会对上呼吸道产生刺激症状，超过 10×10^{-6} 时，就能引起肺部的变化，数分钟内即可死亡。随着某些新型建筑材料及塑料的使用，烟气的毒性也越来越大。

（3）缺氧。火灾过程中产生的大量一氧化碳、二氧化碳及其他有毒气体，加上燃烧消耗的大量氧气，会使空气中的含氧量大大降低。当爆燃发生时，含氧量会降到5%以下，使人呼吸停止，数分钟后死亡。

（4）高温。爆燃发生时，室内温度可达800 ℃以上，火焰本身或火焰产生的高温能使人烧伤烧死。人体在火焰和高温灼烤下，使心脏跳动加速，大量出汗，很快出现疲劳和脱水现象，当热的强度超过人体能承受的限度时就会死亡。或由于吸入大量的热气到肺部，使血压急剧下降，毛细管破坏，从而导致血液循环系统破坏，导致死亡。

第二节　建筑物火灾及其预防

统计资料表明，建筑物火灾发生最频繁，且死亡人数也最多，是防火工作的重点。因此，《消防法》规定：建筑工程的消防设计、审核、施工等必须符合国家工程建筑消防技术标准的要求；对于建筑构件、建筑材料的防火性能必须符合国家标准或行业技术标准；建筑物室内装饰、装修应当使用不燃或难燃的材料，以防止火灾事故的发生。

一、建筑物室内火灾

根据火灾时建筑物室内温度随时间的变化，可将火灾过程分为4个阶段，即初起期、成长期、最盛期和衰减期，如图7－2所示。

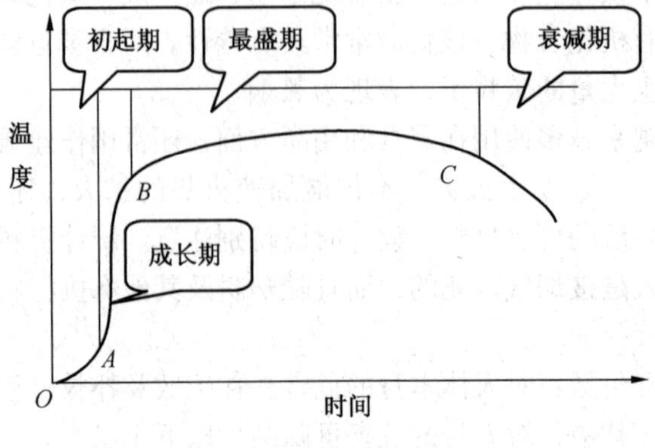

图7－2　建筑物室内火灾发展过程

1. 初起期

火灾发生初期，燃烧发生在局部，其面积很小且室温不高，分解及蒸发的气体较少，气流速度缓慢。初起期持续时间的长短取决于着火源的类型，已燃物质的燃烧性能及其布置方式，室内的通风条件等。若能在该阶段发现火情，灭火工作较易；否则，当室内可燃装修或家具、织物等着火时，火势增大，进入成长期。

2. 成长期

该阶段由于燃烧面积快速扩大，室内温度不断升高，热对流和热辐射显著增强。室内可燃物燃烧所产生的燃烧热，因传导、对流和辐射的作用，使未燃部分热分解，放出的气体停滞于天棚下，但因氧气供应不足不能燃烧；若玻璃破碎时，新鲜空气与之快速混合，并突然发火，该现象称为爆燃。爆燃发生时，室温急剧上升，大量烟火冲出室外，外部新鲜空气随热对流进入室内，火势猛增，即进入最盛期。

爆燃后，火势难以控制，室内人员无法生存，因此延迟爆燃时间对安全疏散、扑救工作极为重要。爆燃时间及激烈程度主要和建筑物的构造、房间开口条件、内部装修材料的燃烧特性、可燃物数量等有关。若室内用非燃材料装修，可燃物数量又很少时，不会出现燃烧；反之，当可燃物和内部装修使用易燃材料多，天棚保温性能好，房间门窗严密，则爆燃发生的迅速且激烈。

3. 最盛期

该时期，火焰呈漩涡状，温度缓慢上升，室内上下几乎没有温差，房间接近于等温状态，其中可燃物处于全面猛烈的燃烧状态，室温可达 800 ~ 1000 ℃，建筑物的结构强度遭到破坏，甚至产生变形和塌落。最盛期的长短及最高温度依赖于房间内可燃物的数量（火灾荷载）、开口的大小及围护结构的热工性质等。当 80% 的可燃物被烧掉后，火势进入衰减期。

4. 衰减期

该阶段室温逐渐降低，每分钟大约下降 7 ~ 10 ℃，但在较长时间内室温还会保持在 200 ~ 300 ℃。当可燃物基本烧完后，火势趋于熄灭。

在火灾的发展过程中，一旦产生明显的爆燃，不仅着火区域的人员不能生存，甚至附近或同层的人员也因烟火的快速蔓延而遇难。一般认为，在 7 ~ 8 min 内把火区人员疏散完毕是比较安全的。

近年来，由于社会的发展，高层建筑越来越多，引发火灾时有发生。高层建筑指 10 层以上的住宅建筑或超过 24 m 高的其他民用建筑。高层建筑由于层数多、高度高、体积大、人员集中，火灾发生时建筑物内烟囱效应显著，火灾发展受环境风的影响大，火灾扑救难度大，人员集中且难疏散，因此造成的人员伤亡及财产损失也十分严重，是现代社会火灾防治的重点领域之一。例如：

（1）2017 年 2 月 25 日上午，南昌市红谷滩新区的一家高 24 层的星级酒店发生火灾事故，大火是由于切割装修材料引起的，浓浓的烟雾从大楼二层直冲云霄。20 多辆消防车、急救车在火灾现场救援。火灾造成 10 人死亡，260 多人疏散，10 多人送医院救治。

（2）2017 年 11 月 18 日，北京市大兴区西红门镇新建聚福园公寓大楼发生重大火灾事故，造成 19 人死亡，8 人受伤。该公寓是一个大型的“三合一”场所，造成的财产损失非常巨大。火灾发生后，北京市在全市进行了为期40天的安全隐患大排查大清理整治专项行动，绝不让悲剧重演。

（3）2017年12月1日，天津市河西区友谊路与平江道交汇口的城市大厦38层发生火灾，造成10人死亡，5人受伤的重大火灾事故。

上述建筑物火灾事故原因分析如图7－3所示。建筑物火灾事故故障树的结构是顶事件、中间事件和基本事件，其构成如下。

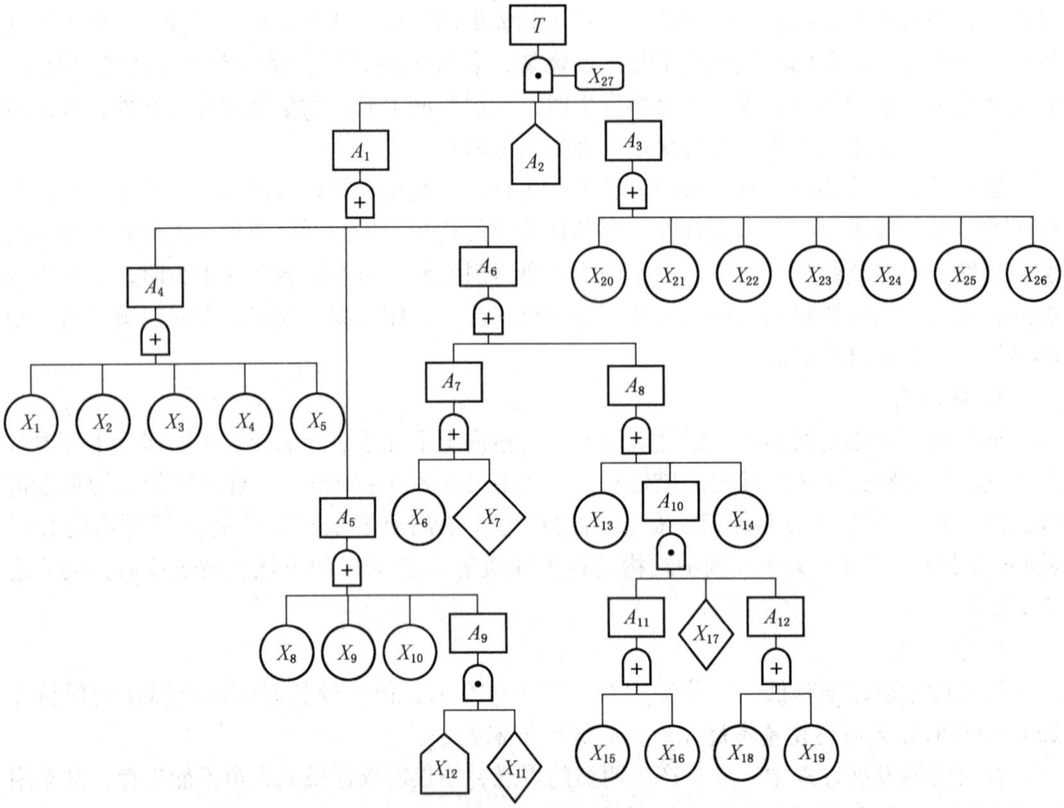

图7－3　建筑物火灾事故原因故障树

（1）顶事件（T）是事故发生的结果事件。T，建筑物火灾事故。

（2）中间事件（A_i）是建筑物火灾事故发生的基本原因与中间原因之间的事件。A_1，引火源；A_2，助燃物；A_3，可燃物；A_4，明火；A_5，电弧、电火花；A_6，过热；A_7，过热物体；A_8，过热电器；A_9，开关电弧；A_{10}，设备、线路过热；A_{11}，监视失误；A_{12}，超载保护失效。

（3）基本事件（X_i）是导致建筑物火灾事故发生的基本原因。根据逻辑演绎法推理，建筑物火灾事故原因的基本事件为下：X_1，吸烟；X_2，乙炔焰；X_3，灯火、炉火；X_4，燃放烟花爆竹；X_5，其他；X_6，电、气焊接后的过热金属；X_7，摩擦物体过热；X_8，短路；X_9，电焊；X_{10}，击穿；X_{11}，合、断开关；X_{12}，熄弧装置不良；X_{13}，电热器；X_{14}，大功率白炽灯；X_{15}，没及时发现；X_{16}，没采取有效措施；X_{17}，过电流；X_{18}，无过载保护；X_{19}，保护失灵；X_{20}，装修材料；X_{21}，木柴；X_{22}，油类；X_{23}，纤维；X_{24}，塑料，橡胶；X_{25}，可燃气体；X_{26}，其他；X_{27}，热量蓄积容量。

二、建筑物防火

建筑物发生火灾时，为了保障其内人员的安全及在一定范围内建筑物本身不受损，应使建筑物具有一定的耐火性能。不同的建筑物结构类型具有不同的耐火能力：钢筋混凝土结构和不采用可燃材料的混合结构，其主要承重构件均由不燃材料制成，所以耐火性能很好；在混合结构中采用了木材等可燃物，其耐火能力便有所降低；砖木结构及木结构则很不耐火。建筑中钢筋混凝土或钢构件在火灾温度作用下，其内部力学性能便相应发生变化。对钢筋混凝土结构而言，当受热低于400 ℃时，混凝土和钢筋尚能共同受力，但温度过高则受力情况将大为改变。钢筋混凝土梁、板，其受拉钢筋随着温度的升高，由外载荷引起的蠕变也不断增大，在350 ℃以上则会较明显地表现，此时钢筋端面变小，而梁、板挠度增加。同时，混凝土在300～400 ℃时强度也逐渐减小，导致整个构件承载能力的下降。而混凝土柱，由于受压钢筋和混凝土在高温下的热膨胀不一致，二者的黏着力便受到影响。当温度达到300～400 ℃时，黏着力几乎丧失，钢筋的抗压强度也不断降低，柱的承载能力则大大减弱。对于钢结构，其钢构件在300～400 ℃时强度便急剧下降而出现塑性变形，到600 ℃以上则失去承重能力而垮塌，导致整个结构的破坏。

1. 建筑物的耐火性能

在建筑物的防火结构中，需要使建筑结构具有足够的耐火能力，具有两方面意义：一是给疏散和扑救提供足够的时间和通路，以尽量减少伤亡和损失；二是使建筑在火灾后基本保持完整，经过维修加固能重新使用。建筑物的耐火能力取决于建筑构件的耐火性能，包括两个内容，即构件材料的燃烧性能和构件的耐火极限。

构件材料根据其燃烧性能的不同可分为非燃烧体、难燃烧体和燃烧体。

（1）非燃烧体：用在空气中受到火攻或高温作用时不起火、不微燃、不碳化的非燃材料做成的构件，如建筑中采用的金属材料和天然或人工的无机矿物材料。

（2）难燃烧体：用在空气中受到火攻或高温作用时难起火、难微燃、难碳化，当火源移走后燃烧或微燃立即停止的难燃材料做成的构件，如沥青混凝土及经过防火处理的木材等。

（3）燃烧体：用在空气中受到火攻或高温作用时立即起火或微燃，当火源移走后仍能继续燃烧或微燃的可燃材料做成的构件，如木材等。

构件的耐火极限指按照规定的火灾升温曲线进行耐火试验，从经受火的作用起，到失去支持能力或发生穿透裂缝，或背火一面升温到220 ℃时止所经历的时间，通常用小时表示。根据建筑材料的燃烧性能及耐火极限，把建筑物划分成不同的耐火等级，见表7－2。通常对一、二级耐火等级都应是非燃烧体，其中一级耐火等级应该是钢筋混凝土结构或砖墙与钢筋混凝土组成的混合结构；二级耐火等级可以是钢结构屋架，钢筋混凝土柱或砖墙组成的混合结构；三级耐火等级是木屋顶和砖墙组成的砖木结构；四级耐火等级是木屋顶、难燃体墙组成的可燃结构。

表7-2 建筑物的耐火等级

构件名称	耐火等级			
	一级	二级	三级	四级
	燃烧性能和耐火极限/h			
承重墙和楼梯间的墙	非燃烧体3.00	非燃烧体2.50	非燃烧体2.50	难燃烧体0.50
支撑多层的柱	非燃烧体3.00	非燃烧体2.50	非燃烧体2.50	难燃烧体0.50
支撑单层的柱	非燃烧体2.50	非燃烧体2.00	非燃烧体2.00	难燃烧体
梁	非燃烧体2.00	非燃烧体1.50	非燃烧体1.00	难燃烧体0.50
楼板	非燃烧体1.50	非燃烧体1.00	非燃烧体0.50	难燃烧体0.25
吊顶（包括吊顶搁栅）	非燃烧体0.25	难燃烧体0.25	难燃烧体0.15	燃烧体
屋顶的承重构件	非燃烧体1.50	非燃烧体0.50	燃烧体	燃烧体
疏散楼梯	非燃烧体1.50	非燃烧体1.00	非燃烧体1.00	燃烧体
框架填充墙	非燃烧体1.00	非燃烧体0.50	非燃烧体0.50	难燃烧体0.25
隔墙	非燃烧体1.00	非燃烧体0.50	难燃烧体0.50	难燃烧体0.25
防火墙	非燃烧体4.00	非燃烧体4.00	非燃烧体4.00	非燃烧体4.00

注：虽以非燃材料作墙体，但以木柱承重的建筑物，其耐火等级仍为四级。

2. 建筑物的防火间距

建筑物的防火间距指为保证火灾时周围建筑物安全及方便扑救规定的建筑物间的最小距离。它主要用以防止火焰蔓延到周围其他厂房，同时要保证火灾时人员便于疏散和消防设备、消防人员顺利到达火灾现场进行扑救。防火间距的确定通常考虑建筑物的耐火等级、使用性质、储存物品的火灾危险性以及有无防火隔离措施等因素，应按相邻建筑物的最近距离计算或测定。

在防火设计规范中，对厂房之间，厂房和职工生活区、国家铁路、公共道路、仓库间，可燃液体储罐之间，民用建筑之间的防火间距有详细的规定。表7-3为厂房的防火间距，表7-4为民用建筑的防火间距。

表7-3 厂房的防火间距 m

耐火等级	耐火等级		
	一、二级	三级	四级
一、二级	10	12	14
三级	12	14	16
四级	14	16	18

表7-4 民用建筑的防火间距 m

耐火等级	耐火等级		
	一、二级	三级	四级
一、二级	6	7	9
三级	7	8	10
四级	9	10	12

3. 火灾的检测

火灾的发生是相对较缓慢的过程，在初起阶段往往伴随着烟雾、高温和火光，若能在此阶段发现火情并及时采取措施，就能极大程度地降低火灾所可能造成的损失，火灾自动报警装置则是通过对火灾相关的物理量的检测，向人们发出火灾信号的设施。

火灾报警装置由火灾探测器、控制器和执行机构组成。火灾探测器可把火灾信息（如烟雾）及高温和火光转变为电信号，并送至控制器，控制器检查该信号是否超过设定的阈值，若超过该值，说明有火情，通过执行机构及时发出警报或启动灭火装置。火灾探测器分为感烟、感温、光辐射和可燃气体 4 种类型，在现场具体应用时为了防止误报和漏报，经常使用冗余设计把不同类型的探测器结合起来以提高系统的可靠性。

根据操作方式不同，火灾报警装置可分成自动和半自动火灾报警装置。自动火灾报警装置能自动探测火灾，并能将火灾信号送至建筑物的消防控制中心，或消防值班室。在重要的建筑物中心火灾危险性较大的部位，常设置自动报警灭火装置，即将报警设备和自动灭火设备相互联锁，以便迅速发现火灾，早期发出报警，及时扑灭初期火灾，减少损失。半自动火灾报警装置可设在经常有人停留的建筑物内的房间，当建筑物内发生火灾后，通过设置在墙壁上的按钮，将火警信号传递至消防控制中心报警。

与火灾报警装置相关的自动灭火装置有固定自动灭火系统，局部自动灭火系统和悬挂式自动灭火器等。例如，在商场、旅馆等公共建筑物中常见的利用玻璃开关（内装酒精乙醚混合液的玻璃球感温元件）或电磁阀（或开启气动活塞阀的电磁阀）作为启动灭火设备的开关，开启控制阀，喷射灭火剂进行灭火。

第三节　火灾的扑灭

火灾给人员和社会造成很大的影响，在火灾发生后，若能选择正确的灭火方法，并采取切实有效的措施，将其控制在一定的范围内并及时扑灭，会极大地减少其造成的损失。

一、灭火方法及灭火剂

1. 灭火方法

物质的燃烧必须同时出现相互作用的 3 个条件，即：可燃物、助燃物和着火源。在通常的火灾中，空气中的氧作为助燃物普遍存在，除非人为干预。而火灾时，着火部分的物质处于自燃点以上的高温，它作为火源可以继续向四周延烧。针对火灾现场的燃烧三条件，消除其中的任一条件，燃烧即停止，火焰会被扑灭。根据此原理，有如下 4 种灭火方法。

（1）冷却法。它是最常用的灭火方法，通过向火区喷洒冷却剂来降低着火物质的温度，使之降到燃点以下，消除着火源，使燃烧减缓直至停止。

（2）隔离法。将正在燃烧的物质与未燃物质隔开，移去可燃物，中断可燃物的供给，使火源独立，火势不致蔓延，直至使火熄灭。

（3）窒息法。隔绝空气，使可燃物无法获得氧气而停止燃烧。

（4）化学抑制法。将灭火剂喷入燃烧区，灭火剂参与到燃烧反应中，通过抑制反应，中断燃烧链的正常传递，从而使反应停止。

冷却法和隔离法是最重要、最根本的灭火方法，经过冷却消除了火源的可燃物是不会燃烧的，在周围没有可燃物的空间也是不可能继续燃烧的。单纯的窒息作用和抑制作用对扑灭初起小火是有效的；当火势较大时，往往受到各种自然条件（如风向、风力、气温、地形等）和灭火剂及灭火剂本身性能的限制，不能从根本上消除着火的条件，而且采用抑制法扑灭着火点后，还须防止在窒息、抑制作用消失后可燃物的复燃。

2. 灭火剂

扑灭火灾时，常采用灭火剂。灭火剂是能够有效地破坏燃烧条件，中止燃烧的物质。实际中，对灭火剂的要求是灭火效能高，使用方便，来源丰富，成本低廉，对人体和物体无毒副作用。常用的灭火剂有水、泡沫、惰性气体、卤族灭火剂、化学干粉和固态物质等。

（1）水。水是最方便，来源最丰富的灭火剂，它对人身无毒、无害。其热容量比任何液体都大，具有极好的冷却作用。在燃烧区受热产生的水蒸气为不燃气体，既可稀释可燃气体的浓度，又能阻挡空气进入燃烧区，可用于扑灭任何建筑物和一般物质的火灾。

用水来灭火时，经常使用密集高压水，通过加压构成强有力的水柱，能喷射到较高较远的地方，适用于多种燃烧物品的灭火，或用来冷却和保护邻近的燃烧物品及建筑物；雾状水由于喷射面积广，能吸收大量热能，降低燃烧区温度，还可用来保护未着火物品；此外，对密闭的厂房、船、容器及空气不流通的地方和燃烧面积不大的火灾，通常使用水蒸气来降低燃烧区氧的含量，起到灭火作用。

（2）泡沫。泡沫灭火是利用泡沫中水分的冷却作用和利用泡沫比易燃和可燃液体轻的特性进行的。泡沫分化学泡沫和空气机械泡沫。空气机械泡沫又分低倍数泡沫和高倍数泡沫。由于其比重小，可以在液体表面形成由充气泡沫组成的气密性表面，覆盖在着火的液面上，泡沫有强的黏着力，足以阻止易燃或可燃液体的蒸汽穿过覆盖层进入燃烧区，同时阻止空气与着火液面接触，防止热量向液面传导，从而使燃烧停止。泡沫是当前扑救易燃和可燃液体火灾最有效、最经济的灭火剂。但因泡沫中有水分，不能扑救忌水物质和带电体的火灾，使用泡沫时不可使用其他液体灭火剂，否则会因破坏泡沫而失去灭火作用。

（3）惰性气体。其灭火作用是稀释空气中的氧气浓度，使其降到继续燃烧所必需的含氧浓度以下，使火自行熄灭。常用的惰性气体有二氧化碳和氮气。惰性气体对绝大多数物质没有破坏作用，最适合于扑救各种易燃液体和易受水、泡沫、干粉等灭火剂玷污的固体物质（如精密仪器、重要文件等）的火灾，同时还可扑救普通带电设备的火灾。

（4）卤族灭火剂。它们是由卤族元素氟、氯、溴、碘原子取代碳氢化合物中一个或数个氢原子而构成的不燃性挥发液体或气体，卤族灭火剂常用代号表示，其编号原则是：第一数字代表分子中碳原子数目；第二、三、四、五个数字分别代表氟、氯、溴、碘的原子数目。比较常见的有四氯化碳（CCl_4，代号 104），二氟一氯一溴甲烷（$CBrClF_2$，代号 1211），三氟一溴甲烷（$CBrF_3$，代号 1301）等。

卤族灭火剂的沸点都比较低，在常温常压下，既有气体，也有容易气化的液体。其特点是灭火效能高，毒性低，腐蚀性极小，灭火后可以不留痕迹。它可被用来扑灭油类和忌水性物质的火灾；也适用于扑救电气火灾，精密仪器和档案资料的火灾。

（5）化学干粉和固态灭火剂。化学干粉主要成分是碳酸氢钠、硬脂酸铝和添加一些能防止结块的滑石粉、硅土、石棉粉等物质。由于干粉颗粒微细，浓度密集，在燃烧区能隔绝火焰的热辐射，并析出惰性气体，冲淡空气中氧的含量。另外，干粉还有化学灭火效能，可中断燃烧的连锁反应，使燃烧受到抑制而熄灭。能用于扑救易燃液体、忌水性物质的火灾，同时也用于扑灭油类、油漆、电器设备的火灾。

固体灭火物质还包括沙土、石粉、碳酸钙、石棉被及石棉毯等，其中以砂石使用最普遍。砂石可扑灭小量易燃液体和某些不宜用水扑灭的化学物品的火灾。

二、灭火系统

灭火系统是把灭火剂通过管路系统输运并喷洒至火场，使燃烧过程中止的装置。由于应用的场所不同，使用的灭火剂也不同，有水灭火系统、二氧化碳灭火系统、氮气灭火系统、干粉灭火系统等。水灭火系统最常用。

水灭火系统由室外的供水设施和室内的喷水灭火装置组成。室外的供水设施包括取水设施、集水池、消防水泵、蓄水池、消火栓、供水管网等。消防水源需要根据现场的技术经济条件来选取，对城镇、居住区和企事业单位，大多把生活和消防系统合用，对于市政系统无法满足消防需求或合用存在困难的场所，应当建立独立的消防给水系统。消防给水的管网一般布置成闭环的方式，其干线彼此连通，供水系统可靠，供水能力也较大。消防水池的容量根据现场的火灾危险级别不同，按照能维持2～6 h灭火需要进行设计，满足易燃易爆露天堆场、甲、乙、丙、丁、戊类场所的灭火要求。室外消火栓供消防车取水时，每个消火栓的供水量就是一辆消防车的用水量。普通消防车配有两只口径为19 mm的水枪，其总流量为10～15 L/s，也就是消火栓的供水量。室内消火栓是建筑物内最基本的水灭火装置，应设在建筑物的走道、楼梯口等明显、易于取用的部位。一般消火栓的消防水带长度为25 m，喷射出的充实水柱长度不应小于7 m，工业厂房和高层建筑中不应小于10 m。

自动喷水灭火系统包括水泵、输水管、水喷头、水流控制阀和一些辅助装置。洒水喷头是自动灭火系统的关键部件。图7－4所示为自动灭火系统的喷头示意图，喷头通过带丝扣的底座安装于水管的端口上，内壁面光滑以减小流动阻力。喷头的动作触发元件是一个玻璃球封堵，玻璃球内部装有特殊配置的液体，并残留一个小空气泡。玻璃球受热后，液体膨胀，气泡被压缩，并逐渐被液体吸收。当气泡完全消失后，液体的压力将迅速升高，乃至胀破玻璃球，水便从喷口释放出来。根据应用场所不同，玻璃球需要破裂的温度也不同，一般公称动作温度应该比环境温度高30 ℃。为了便于管理，不同的破裂温度用不同的液体颜色来表示，常见的红色液体玻璃球在68 ℃时破裂。喷头溅水盘的作用是将喷出的水柱分散成具有一定保护面积的细水滴，溅水盘的形式决定了水滴的尺寸和保护面积的大小，一般喷淋头的保护面积为12.5 m^2左右。

图7－4 自动灭火系统的喷头

三、特殊火灾的扑灭

当发生火灾时，一定要保持镇静，并根据可燃物的种类、火势情况、气象条件、现场状况等因素来选择合适的灭火方法进行扑救。

1. 电气火灾的扑灭

当电气设备发生火灾或引燃附近可燃物时，首先要切断电源，然后进行扑救。而在极其特殊的情况下，例如等待切断电源会贻误时机，或者切断电源后严重影响生产和安全，只能带电灭火，在此情况下，必须注意以下5点。

（1）针对带电火灾，不能使用可导电的灭火剂（如水，泡沫等），应使用二氧化碳、干粉等不导电的灭火剂。消防人员在带电灭火时除穿好消防服外，还应穿戴好绝缘手套和绝缘鞋，站在上风侧尽可能靠近火源的位置。

（2）操作时要小心谨慎，防止使用的消防器材或身体直接与带电部分接触，造成触电事故。

（3）当导线落地，尤其是高压线时，在进入区域时一定要穿好绝缘鞋，防止跨步电压触电。

（4）在扑救有油的电气设备如变压器、油开关等的火灾时，应使用干燥黄沙盖住火焰，使其熄灭。如果储油的容器外面局部着火，而设备没有损坏时，可用二氧化碳、干粉扑救。如果火势较大，对附近电气设备有威胁时，应切断电源，用喷雾水枪扑救。若设备受到破坏，其中的油开始燃烧时，应切断电源，并用大量泡沫扑救，使喷逸出的油流入事故储油池，或用隔油的设施阻止油料流淌蔓延，要防止着火油料流入电缆沟。

（5）针对旋转电机设备的火灾，为防止设备变形，可用喷雾水扑救，使其均匀冷却；也可用二氧化碳、干粉扑救。但黄沙会落入设备内使其损坏，因此不能用黄沙扑救。

2. 油类火灾的扑灭

油类火灾是工业中尤其石化行业常见的一种火灾，若扑救不及时可能会发生爆炸，必须加以重视。在扑灭该类火灾时必须注意如下4点。

（1）由于油为液体具有流动性，对大量流散的油品，要采取筑堤堵截等办法，防止“流动火势”的蔓延。

（2）比水轻的油类的火灾能够浮在水面上燃烧，并随水流蔓延而扩大，在扑灭此类火灾时不能直接用水。

（3）针对储油池的火灾，多采用空气泡沫或干粉进行灭火。对原油、残渣油或沥青等油池火灾，也可以用喷雾水或直流水进行扑救。操作应在油池的上风向进行，同时要做好防护工作，一般应穿着防火隔热服，必要时对接近火源的管枪手和水枪手用喷雾水进行掩护。

（4）扑救油桶堆垛火灾时，要特别注意冷却桶垛，防止油桶爆炸，并根据桶垛及火势情况，进行边灭火边疏散油桶。扑救时，采用水冷却和泡沫、干粉的灭火方法。

3. 地下工程火灾的扑灭

和地面建筑相比，地下工程的火灾危险性及消防难度也更大，其具有的特点如下：

（1）地面人员很难准确掌握地下火灾的地点及规模，决策者也就很难对火灾状况做出正确判断和采取恰当的消防措施。

（2）地下空间充满浓烟及热气，增加消防人员活动的困难性。有时浓烟及热气自与地表的通路排除，阻止消防人员进入。

（3）受通路尺寸、结构的限制，有时无法把消防设备运到地下，或者与逃出的人群相遇而受阻，延误灭火时机。

地下工程火灾扑救的方法有直接法、隔离密闭法和惰性气体法。方法的选择取决于火灾的性质、地点、范围、发展阶段等，应尽可能采用直接法扑救。

直接扑救法通常采用水、灭火器、沙土、空气泡沫等在火源附近直接扑灭，或者将火源移走。

隔离封闭法采取防火墙、水幕或防火卷帘门等措施，进行必要的防火防烟分隔或封闭，阻止空气的流入，使火灾因缺氧而熄灭。一般情况下，当不能用直接灭火法或用其无效时采用该方法。

当地下火灾不能用上述方法时，可应用惰性气体法，往火区中注入惰性气体（二氧化碳、氮气、水蒸气等）可以排挤出火区的空气，降低空气中的氧含量，冷却火源，增加密闭区内的气压以减少漏风，使火灾由于缺氧而熄灭。

四、火灾时的应急措施

面对火灾时复杂的局面，需要果断迅速地决策和执行，为此应建立火灾时的应急计划，包括组织疏散，救助人员，减轻和消除事故影响。发生火灾时，可采用如下应急措施。

(1) 迅速报告有关部门、消防队，并通知火灾现场人员。

(2) 普通人员应尽快离开危险区，逃离火场要选择简便、安全的通道，撤离时不能相互拥挤。在火场充满烟雾，呼吸困难的情况下，可使用湿毛巾、湿衣服等捂住鼻子，并将身体尽量贴近地面或爬行逃离火场。

(3) 消防人员和负责人员应组织抢救险情，力争把火扑灭，并注意查找起火原因。

(4) 楼房发生火灾时，受困人员切不可跳楼逃生。可将被单、窗帘、桌布或其他可以利用的绳物或绳索，系牢后抓住绳索往下滑到安全地点。

(5) 当大火封锁所有通道，不能逃离火场时，可以创造临时的避难场所，求得生存。首先应关紧房间内迎火的门窗，打开背火的门窗。如果门窗缝隙或其他孔洞有烟进来时，要用湿毛巾、湿衣服等物品堵住，或挂上湿棉被、湿毛毯等，并不断地向迎火的门窗及遮挡物上洒水；同时应呼救待援。

第四节 爆炸及其预防

和火灾相比，爆炸发生的过程更短，一旦发生就没有时间采取措施控制它，而且爆炸对人所造成的伤害和冲击波影响的范围更大，损失也更严重，因此对爆炸事故的早期预防显得尤为重要。

一、爆炸及其危害

爆炸是指大量能量由于意外原因在瞬间迅速释放或者急剧转化为功及其他形式能量，如光、热等形态的现象。爆炸具有一些明显的特征，如爆炸过程在瞬间完成；爆炸点附近压力急剧升高，并伴有温度升高；发出声响；周围介质发生震动或邻近物质遭到破坏等。

按爆炸的过程，可将其分为核爆炸、物理爆炸和化学爆炸三类，后两者较常见。

物理爆炸是以物理变化为主的爆炸，如高压容器的破裂、减压时引起的槽罐破损及蒸汽的爆炸等，若爆炸现场或容器内有大量的可燃气体时，还常常引发化学爆炸。

化学爆炸是指与化学反应有关的爆炸，如爆燃、聚合、分解及反应迅猛等引起的爆炸，化学爆炸通常引发火灾。化学爆炸按照冲击波传播的速度，可分为轻爆、爆炸和爆轰。当传播速度为每秒数十厘米到数米时，称为轻爆；当传播速度为每秒数十米到数百米时，称为爆炸；当传播速度为每秒数千米到7000 m时，称为爆轰。

爆炸过程巨大能量的瞬间释放通常引发空气的强烈震动，即爆炸冲击波，它所具有的强大压力会使附近的建筑物和人员遭受严重的破坏及伤害，导致生产活动的停止。

二、气体爆炸

气体爆炸按其爆炸的机理和过程可分为分解爆炸性气体爆炸和燃炸性混合气体爆炸。分解爆炸性气体爆炸（或称分解爆炸）是指即使在没有氧气的条件下，也可由于其自身的分解而放出热量产生的爆炸。通常分解热是爆炸的内因。可产生分解爆炸的气体有乙炔、乙烯、环氧乙烷、一氧化氮等，此类气体在分解时的能量密度（单位体积的发热量）比该气体在燃烧时的能量密度大，发生分解时更危险，易爆炸。分解爆炸的敏感性与压力有关，所需的初始能量随压力升高而降低。乙炔是常见的分解爆炸气体，因火焰火花引起分解爆炸情况较多，也有因开关阀门所伴随的绝热压缩产生热量而发生爆炸的情况。为防止乙炔分解爆炸，当乙炔压力较高时，应加入氮气等惰性气体加以稀释。此外，乙炔易与铜、银等金属反应生成爆炸性的乙炔盐，仅需轻微撞击便能发生爆炸而使乙炔着火，所以不能用铜或含铜合金制造盛装乙炔的容器；用乙炔焊接时，不能使用含银焊条。

燃炸性混合气体爆炸通常指可燃或可爆性气体与助燃气体已预先混合为一定浓度，遇火源而发生的爆炸。当预混合气体在大气中遇火源时，因为气体能自由膨胀，有时不产生压力及爆炸声响，表现为速度较慢的预混合燃烧。当火焰速度很快时会变为爆燃甚至爆轰，形成强大的冲击波，给环境造成巨大的破坏。可燃气体与空气的混合物，并不是在任何浓度下，遇到火源都能爆炸，而必须在一定的浓度范围内，遇火源才能发生爆炸。这个遇火源能够发生爆炸的浓度范围叫爆炸界限。通常用可燃气体、蒸汽或粉尘在空气中的体积百分数表示，该浓度范围的低值称爆炸下限，高值称为爆炸上限。例如，空气中含氢气的浓度在4%（下限）与75%（上限）之间时，遇明火就会发生爆炸；而低于下限或高于上限，均不会发生爆炸。

爆炸界限不是固定的数值，而是受一系列因素的影响而变化。因此，在鉴定生产过程和使用条件下的火灾危险性时，必须根据可燃气和蒸汽当时所处的条件来考虑爆炸界限。影响爆炸界限的主要因素有混合物的初始温度、初始压力、氧含量惰性气体的含量、容器的形式、火源形状等。

（1）初始温度：混合气体的初始温度越高，爆炸范围越大。

（2）初始压力：压力增高，范围增大。

（3）氧含量：一般情况下，混合气中氧含量增加对爆炸下限的影响不大，但使爆炸上限显著增高，使爆炸范围扩大。

（4）惰性气体含量：加入惰性气体（如氮、二氧化碳、水蒸气等），可以使可燃气分子和氧分子隔离，从而使其爆炸范围缩小。当惰性气体增加到一定浓度时，可以使上、下限浓度重合；若惰性气体含量大于此浓度，混合气不再发生爆炸。

（5）容器形式：容器的材质及尺寸对爆炸界限有影响，若容器材质的传热性能好，尺寸较小，则由于器壁的热损失大，混合气体的热量难于积累，而导致爆炸范围变小。当容器尺寸小到一定程度时，此效应更加明显，甚至会不发生爆炸，阻火器即根据此原理制成。

三、粉尘爆炸

粉尘爆炸是浮游在空气中的可燃性固体的微粒，从任何着火源得到能量后引起的爆炸。例如煤矿中煤尘，面粉、饲料等农产品，硫黄、石墨等无机药品，氧化反应热量多的金属粉（如镁、铝）的加工等过程中形成的粉尘与空气组成的混合物，在一定条件下会发生爆炸。粉尘爆炸一旦发生，因其单位体积的发热量很大，所以具有很大的、往往超过气体爆炸的力学破坏效果。同时，由于粉尘爆炸的燃烧不完全，所以产生的一氧化碳等有毒物相当多。

粉尘爆炸是由粉尘粒子表面与氧产生反应所引起的，爆炸的发生有 4 个条件：即物质可燃；呈微粒状态；在助燃气体（空气）中被搅动与流动；点火源的存在。

1. 粉尘爆炸过程

粉尘在空气中发生爆炸的过程如图 7－5 所示。

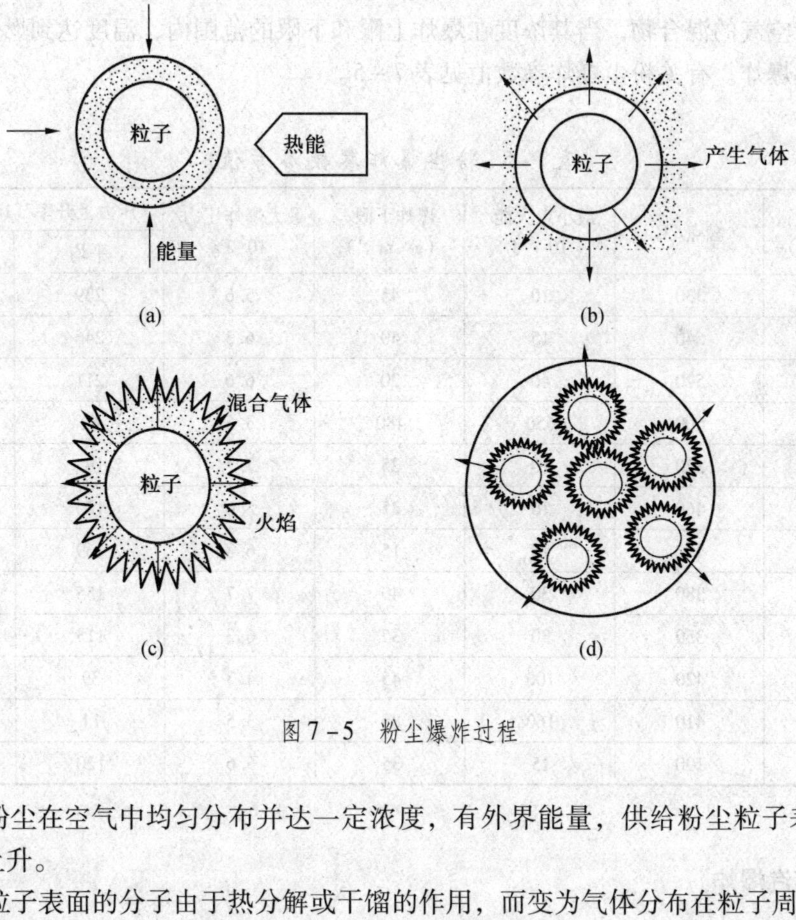

图 7－5 粉尘爆炸过程

（1）粉尘在空气中均匀分布并达一定浓度，有外界能量，供给粉尘粒子表面以热能使其温度上升。

（2）粒子表面的分子由于热分解或干馏的作用，而变为气体分布在粒子周围。

（3）这种可燃性的气体与空气混合而生成爆炸性混合气体，进而发火产生火焰。

（4）由于这些火焰产生的热加速了粉尘的分解，如此循环往复地放出大量的可燃性气体与空气混合，继续发火传播和爆炸。

粉尘爆炸的实质是气体爆炸，而爆炸的激烈程度和着火的难易程度，随着粉尘的物理性质、化学性质和状态的不同存在着很大的差别。

2. 影响粉尘爆炸的主要因素

（1）化学性质。粉尘化学结构及反应特性对爆炸有很大影响，发热量大，爆炸性也大。

（2）粒度及形状。粉尘爆炸的起始反应是在粒子表面进行的，当粒子比表面积增大时，热的生成速度超过其扩散的速度使其能集聚起来。因此粒子直径小，其比表面积就大，爆炸性也大；另外，由于粒子的形状影响着比表面积，也就影响着粉尘的爆炸性。

（3）挥发分。粉尘的挥发分含量越多，产生碳氢化合物的速度越快，爆炸危险性越大。

（4）灰分。灰分是粉尘中的不可燃部分，其含量越高，爆炸性越小。

（5）水分。粉尘中的水分在挥发时变成水蒸气，有减弱和阻碍爆炸的性能，同时可以抑制粉尘的浮游性，降低了粉尘爆炸的危险性。

3. 粉尘的爆炸极限

粉尘与空气的混合物，当其浓度在爆炸上限和下限的范围内，温度达到燃烧点时便可燃烧，引起爆炸。有关粉尘爆炸参数值见表7－5。

表7－5 粉尘爆炸参数参考值

粉尘（200目以下）	燃点/℃	最小点火能/10^{-3} J	爆炸下限/($g \cdot m^{-3}$)	最大爆炸压力/10^5 Pa	压力上升率/(10^5 Pa·s^{-1})	
					平均	最大
钛	330	10	45	5.6	239	703
铝	640	15	40	6.3	246	703
镁	520	40	20	6.6	211	703
锌	600	650	480	3.5	42	123
醋酸纤维素	320	10	25	7.7	197	475
酚醛树脂	460	10	25	5.6	120	422
聚苯乙烯	490	15	15	6.3	169	492
玉米粉	380	30	40	7.7	155	475
砂糖	350	30	35	6.3	113	352
可可	420	100	45	4.3	39	84
咖啡	410	160	85	3.5	11	18
硫黄	190	15	35	5.6	120	334

四、蒸汽爆炸

任何液体处于或接近其沸腾温度，并且承受高于某一确定值的压力时，如果由于压力系统失效而突然获得释放，将以极高的速率蒸发，产生爆炸式的沸腾现象，称为沸腾液体膨胀蒸汽爆炸，简称为蒸汽爆炸。

根据过热液体形成的过程来划分，大致可分为两种。

（1）传热型蒸汽爆炸。热从高温物体向与之接触的低温液体快速传热，液体瞬间转变成过热状态，造成蒸汽爆炸。

（2）平衡破坏型蒸汽爆炸。指在密闭容器中，在高压下保持蒸汽压平衡的液体，由于容器破坏而引起高压蒸汽泄漏，容器内压力急剧减少，因而液体处于过热状态，导致发生蒸汽爆炸。

水作为常见的工业介质，使用不当时容易发生过热蒸汽爆炸，蒸汽锅炉的爆炸即为该种爆炸。在正常工况下，介质处于额定工作压力之下，汽水共存的饱和状态即沸腾状态，通常筒壳内下半部是饱和水，上半部是饱和蒸汽。饱和水与饱和蒸汽的共同温度是相应于额定工作压力的饱和温度，对承压锅炉此温度高于水的标准沸点 100 ℃，一旦锅筒或锅壳破裂，其内压力骤然降低为大气压力，原额定工作压力下的饱和水瞬间变为大气压力下的过饱和（过热）水，过饱和水无法稳定存在，其一部分瞬时气化，体积急剧增大，形成爆炸，即为蒸汽爆炸。

另外，在冶金、铸造、锻造、电炉等高温作业的工厂，由于炽热的熔融金属与水接触，产生大量水蒸气的爆炸事故。例如，炼钢过程发生的钢水包爆炸，炼钢生成的钢水在倒入钢包的过程中，如果钢包底部有残留水，一千多摄氏度的钢水会使残留水过热并迅速汽化，体积急剧膨胀，发生爆炸，钢水飞溅，以至伤害周围人群。当液体介质为液化石油气之类的易燃液体时，则可能引起以火球为特征的火灾灾害，或易燃液体急剧汽化后弥漫于空气中形成爆炸性混合物导致蒸汽云爆炸。

引起蒸汽爆炸的原因有 6 个方面。

（1）火焰包围易气化液体的储罐，液体受热迅速气化，体积急剧膨胀，产生的压力超出了储罐的承受能力。

（2）低沸点液体进入高温系统。

（3）冷热液体相混且温度已超过其中一种液体的沸点。

（4）分层液体中高沸点液体受热后将热量传给低沸点液体使之汽化。

（5）封闭层下的液体受热气化。

（6）液体在系统内处于过热状态，一旦外壳破裂、液体泄漏、压力降低，过热液体会突然闪蒸引起爆炸。

蒸汽爆炸的实质是物理爆炸。由于容器本身是高压容器，它的突然破裂能够释放出巨大的能量，产生爆炸波并且将容器或碎片以极高的速度抛向远方，容易引起打击伤害。蒸汽爆炸往往是由外部热源加热引起的，如果储罐中的液体是可燃的，则急速泄出的可燃性蒸汽在空气中形成蒸汽云，易被爆炸释放的能量引燃，产生一个漂浮的火球，火球持续的时间和大小由发生爆炸瞬间储罐所装燃料的总量决定。如果储罐较大，火球散发的热辐射还可能点燃周围的可燃物，或者烧伤周围人员。

复习思考题

1. 燃烧发生应具备哪些基本条件？
2. 自然发火与引燃有何异同？导致火灾的引火源种类主要有哪些？
3. 火灾烟气对人危害的主要方式是什么？

4. 建筑物室内火灾分为哪几个阶段？建筑物防火应采取哪些主要措施？

5. 灭火方法的主要类型及其原理是什么？

6. 特殊火灾的类型及其扑灭方法是什么？

7. 发生火灾时应采取哪些主要应急措施？

8. 气体爆炸的原因及预防措施是什么？

9. 粉尘爆炸的原因及预防措施是什么？

10. 蒸汽爆炸的原因及预防措施是什么？

第八章 职业危害与防护

我国《职业病防治法》中规定：用人单位应当为劳动者创造符合国家职业卫生标准和卫生要求的工作环境和条件，并采取措施保障劳动者获得职业卫生保护。

在工业生产过程中产生的各种有害物质如粉尘、有害气体等，如果不加以预防和控制，会造成室内外空气环境严重污染和破坏，不仅影响生产过程的正常运行，而且还会造成职业危害和影响动植物的生长。因此，控制工业有害物质的产生和散发，改善作业环境，是防止职业危害、保护劳动者健康的重要措施。

第一节 工业有害物质的产生及危害

一、粉尘的产生、性质及危害

1. 粉尘的产生

粉尘是指能在空气中悬浮并能随风漂移的固体微粒。通常在煤炭、冶金、建材、轻工、电力和机械等许多工业部门的生产及加工过程中会产生大量的粉尘。粉尘产生的主要原因有以下 3 个方面。

(1) 固体物料的加工过程，如采矿、选矿过程中的矿石开采、破碎、研磨及耐火材料的加工等。

(2) 粉状物料的搬运、配料、分级，如矿粉、水泥、面粉的装卸、运输、筛分等生产过程。

(3) 物质燃烧、氧化和凝结过程，如煤燃烧、矿石燃烧、金属冶炼过程中会产生大量的烟尘。某些有害气体如铅、锌蒸汽在空气中冷却后变为氧化铅、氧化锌微粒。

固体或液体微粒分散在空气介质中形成气溶胶粒子，一般以灰尘、烟、烟雾和雾的形式在大气中处于浮游状态。粒径大于 10 μm 的尘粒在短时间内可降落地面，称为“降尘”；粒径小于 10 μm 的尘粒可在空气中飘浮，称为“飘尘”。

2. 粉尘的性质

(1) 粉尘成分：固体物料被粉碎后，其化学成分基本上无变化。但有些微细颗粒含有有毒物质、放射性物质和游离二氧化硅，如石英岩、花岗岩等含有大量的二氧化硅。

(2) 粉尘的粒径与粒径分布：粉尘的粒径是代表粉尘大小的尺度。由于粉尘的形状、大小不规则，通常用其“当量粒径”来表示。按粒径大小可分为粗尘（>40 μm）、细尘（10~40 μm）、微尘（0.25~10 μm）、超微尘（<0.25 μm）。

粉尘的粒径分布又称粉尘的分散度，是指在粉尘集合体中，各种粒径或粒径区间的尘粒所占的比例，其表示方法有数量分散度和质量分散度两种：数量分散度指各粒径区间尘粒的颗粒数占总颗粒数的百分比；质量分散度指各粒径区间尘粒的质量占总质量的百分比。

同一粉尘组成，用不同方法表示其分散度，在数值上有很大差别。若用数量分散度表示，粉尘一般划分为小于2 μm、2～5 μm、5～10 μm、10～15 μm、15～20 μm、20～30 μm、30～40 μm 等若干个级别。

（3）粉尘的密度：是指单位体积粉尘的质量，分为真密度和容积密度。真密度指排除颗粒之间和颗粒内部的空气后，粉尘在密实状态下的单位体积的质量；容积密度指粉尘在松散状态下的单位体积的质量。

（4）湿润性：是指粉尘与液体接触时，能否相互附着或附着强弱的特性。根据其性质将粉尘分为亲水性和疏水性两类。湿润性强的粉尘有利于湿式除尘。

（5）比表面积：是指单位质量粉尘的总表面积。比表面积与粒径成反比，粒径越小，比表面积越大。由于比表面积的增加，粉尘的表面活性大为增强，从而对粉尘的湿润、凝聚、附着、燃烧和爆炸等性质都有明显影响。

（6）粉尘的荷电性：是指悬浮于空气中的粉尘，通常带有电荷，是由于天然辐射、破碎时的摩擦、粒子间的撞击、外界离子或电子附着和放射性照射等原因产生的。电除尘器就是利用粉尘的荷电性进行除尘的。

（7）粉尘的爆炸性：是指粉尘在空气中达到一定浓度并在一定温度下完全和氧接触会发生爆炸。有些粉尘在爆炸的同时还会产生大量有毒、有害气体，应注意采取预防措施。

3. 粉尘的危害

粉尘的危害是多方面的，如爆炸性危害，有些毒性强的金属粉尘（铅、锌、锰、铬、镉、镍等）进入人体后会引起中毒和死亡，具有放射性的粉尘进入肺部后产生内照射，但最普遍且严重的危害是能引起各种尘肺病。据统计，到2010年我国职业病患者达75万人，其中尘肺病患者约67万人。例如我国西部山区某乡村，自20世纪90年代发现金矿后，当地村民纷纷开采金矿，在短短十余年间，就有几百人患上了矽肺病，每年有几十名青壮年死于矽肺病，致使有的村子变成了“寡妇村”。

尘肺病是由于长期大量吸入粉尘而引起的以肺组织纤维化为主的职业病。例如，硅肺病、煤肺病、煤硅肺病等，其中以矽肺病最为普遍。影响矽肺病发生与发展的主要因素有：粉尘化学成分（游离二氧化硅）和性质、粒径与分散度、浓度、接触时间、劳动强度等。

粉尘在呼吸系统中的沉积分为上呼吸道区、支气管区、肺泡区。粒径大于5 μm 的微粒被呼吸道阻留；粒径为2～5 μm 的微粒大都被气管和支气管阻留；粒径小于2 μm 的微粒能进入人体的肺泡并沉积于肺泡中，该粉尘称为呼吸性粉尘，危害性最大。沉积于肺泡中的粉尘在肺组织内形成纤维性病变，使肺组织部分地失去弹性，造成呼吸功能减退，出现咳嗽、气短胸痛、无力等症状，严重时会丧失劳动能力。硅肺病是一种慢性疾病，发病工龄短者2～3年，长者20年以上，目前尚无有效的治疗方法。

二、有害气体的来源及危害

1. 有害气体来源

有害气体主要来源于金属冶炼、化工、造纸、电镀、酸洗、喷漆、印染与漂白等生产过程。例如铅、锌在冶炼过程中会产生大量的铅、锌蒸汽，在焦炉煤气和溶剂的生产过程中会产生大量的苯蒸汽，在煤和石油等燃料的燃烧、化工电镀等生产过程会产生大量的一氧化碳、二氧化硫和氮氧化物等有害气体。

2. 有害气体对人体的危害

（1）汞蒸汽。汞在常温下是一种白色的液态金属，极易挥发而随气流流动，易于黏附在设备、工作台、衣服、地板等物体上，长期存在并不断蒸发。汞是一种剧毒物质，随呼吸道和胃、肠进入人体会产生中毒反应，急性中毒表现在消化器官和肾脏，慢性中毒会使人出现易怒、头疼、记忆力减退、营养不良和贫血等症状。

（2）铅。铅是质软、强度不高的金属。在高温下变为大量铅蒸汽并迅速氧化和凝聚成氧化铅微粒。铅及其氧化物通过呼吸道、消化道、皮肤进入人体内并蓄积，会破坏消化系统、造血器官和神经系统，使人恶心、胃病、食欲不振和神经衰弱，严重时会出现中毒性脑症。

（3）苯。苯具有特殊的芳香味，是一种无色透明的液体。常温下挥发，随着温度的升高而挥发加剧。苯通过呼吸道和皮肤表面进入人体内，会损害神经系统和造血系统，使人出现头痛、头晕、神志不清、恶心、呕吐等症状。

（4）一氧化碳。一氧化碳是一种无色无味的气体，能与空气均匀混合，不易被人发觉，必须提高警惕。人吸入一氧化碳后经肺泡进入血液中，与血色素结合成碳氧血色素。因为血色素对一氧化碳的亲和力比氧大 250 倍左右，所以能取代血色素与氧之间的亲和，造成人体缺氧而引起窒息性中毒。

（5）二氧化硫。二氧化硫具有强烈刺激性臭味的气体，易为眼、呼吸道黏膜的湿润表面所吸收而生成亚硫酸和硫酸，对眼、鼻、喉、气管有极强烈的刺激作用，轻者咳嗽流泪，重者引起肺水肿、喉水肿直至声带痉挛而窒息死亡。二氧化硫在空气中氧化成三氧化硫，形成硫酸烟雾，其危害程度远大于二氧化硫。

（6）硫化氢。硫化氢是具有臭鸡蛋味的剧毒气体。沼泽地、沟渠和地下水道中常有硫化氢生成和积聚；矿山井下老窑水中由于煤和矿石中的硫和水作用而生成硫化氢。硫化氢对眼、呼吸道有强烈的刺激作用，可引起肺水肿、支气管炎及肺炎，严重时出现头痛、头昏、恶心、呕吐等症状，直至有生命危险。

（7）氮氧化物。氮氧化物中二氧化氮活性大，毒性是一氧化氮的 4～5 倍。二氧化氮是棕红色气体，对呼吸器官有强烈刺激，能引起肺水肿。二氧化氮潜伏期较长，中毒后数小时或几十小时后才能发觉。潜伏期可有头昏、乏力、食欲减退、烦躁、失眠等症状。

3. 有害物质对生产和大气的影响

（1）粉尘对生产的影响。产品和仪器设备受到粉尘的污染后，会使其质量、精度降低，如集成电路、精密仪器、感光胶片和化学试剂等产品的质量会明显降低。

作业环境空气中的粉尘还会使光照度和能见度降低，影响操作者的作业视线，是造成生产事故发生的不安全因素。有些粉尘如面粉、谷物微粒、煤尘、矿尘和金属微粒在一定浓度和温度下会发生爆炸造成人员伤亡和财产损失。

（2）有害气体对生产的影响。大气中有害气体浓度高时，会使植物叶表面产生伤斑或使植物枯萎；大气中有害气体浓度虽然不高，但植物长期受到污染，也会使植物生理机能受到破坏，造成叶片变黄，产量下降，品质变坏。

（3）有害气体对大气的影响。根据燃烧性质和排入大气中的污染物的成分可分为

“煤烟型”污染，主要污染物是烟尘、粉尘和二氧化碳：“石油型”污染，主要污染物是氮氧化物、烯烃等碳氢化合物；“复合型”污染，主要污染物是二氧化硫、含重金属的飘尘、硫酸烟雾、光化学烟雾等共同作用的产物。

第二节　工业有害物质的控制

一、工业有害物质的卫生与排放标准

1. 有害物质的浓度

有害物质对人体的危害，不仅与有害物质的性质有关，而且还与有害物质的浓度有关。一般地说，有害物质的浓度越大，对人体的危害也越大。浓度是指单位体积空气中的有害物质的含量，其表示方法有以下 3 种。

（1）质量浓度：指每立方米空气中所含有害物质的毫克数，即 mg/m^3。

（2）体积浓度：指每立方米空气中所含有害物质的毫升数，即 mL/m^3。

（3）颗粒浓度：指每立方米空气中所含有害物质的颗粒数，即 N/m^3。

2. 有害物质卫生标准

为了保护工人、居民的安全与健康，我国于 2010 年实行了经过修订的《工业企业设计卫生标准》GBZ 1—2010，对工业场所空气中有害物质的最高允许浓度、空气的温度、相对湿度和风流速度以及对工业企业卫生防护距离标准都做了具体规定。工业场所工业企业卫生防护距离标准和最高允许浓度分别见表 8－1 和附录 1、附录 2。

表 8－1　工业企业卫生防护距离标准

企业类型	规模	风速/($m \cdot s^{-1}$)			标准
		<2	2～4	>4	
氯丁橡胶厂		1800	1600	1400	GB 11655.6—2012
造纸及纸制品业（纸浆制造业）	<30000 t/a	800	600	500	GB 11654.1—2012
	≥30000 t/a	900	800	600	
黄磷厂		900	800	700	GB 18071.7—2012
铜冶炼厂（密闭鼓风炉型）		1000	800	600	GB 11657—1989
聚氯乙烯树脂厂（电石法）		1400	1200	1000	GB 11655.1—2012
聚氯乙烯树脂厂（乙烯法）	<30000 t/a	900	800	700	
	≥30000 t/a	1200	1000	800	
铅蓄电池厂	<10000 kV·A	600	400	300	GB 11659—1989
	≥10000 kV·A	800	500	400	
炼铁厂		1400	1200	1000	GB 11660—1989
焦化厂	1000 kt/a	900	800	700	GB 11661—2012
	1000～3000 kt/a	1000	900	800	
烧结厂		600	500	400	GB 11662—2012

表 8-1（续）

企业类型		规模	风速/（m·s⁻¹）<2	2~4	>4	标准
硫酸厂			600	600	400	GB 18071.3—2012
肥料制造业		<30000 t/a	900	600	500	GB 11666.1—2012
		≥30000 t/a	1200	800	600	
水泥制造业		<5000 t/a	400	300	200	GB 18068.1—2012
		≥5000 t/a	500	400	300	
硫化碱厂		<50000 t/a	1000	900	800	GB 18071.6—2012
		≥50000 t/a	1200	1000	900	
油漆厂			700	600	500	GB 18070—2000
氯碱厂	生产规模	<300 kt/a	900	700	600	GB 18071.1—2012
		≥300 kt/a	1200	1000	900	
塑料厂	生产规模	<1000 t/a	100	100	100	GB 18072—2000
石墨碳素制品业		≤30 kt/a	800	700	600	GB 18068.4—2012
		>30 kt/a	1000	800	700	
内燃机厂			400	300	200	GB 18074—2000
汽车制造厂		1 <万辆/a	300	200	100	GB 18075.1—2012
		1~10 万辆/a	400	300	200	
		>1010 万辆/a	500	400	300	
石灰制造业		<200 kt/a	400	300	200	GB 18068.2—2012
		≥200 kt/a	500	400	300	
石棉制品业		<1000 kt/a	400	300	200	GB 18068.3—2012
		≥1000 kt/a	500	400	300	
火葬场	年焚尸量	>4000 具/a	500	400	300	GB 18081—2000
		≤4000 具/a	700	600	500	
皮革鞣制业		<100 万张/a	500	400	300	GB 18082.1—2012
		≥100 万张/a	600	500	400	
肉类联合加工厂	班屠宰量	≤50 万头/a	400	300	200	GB 18078.1—2012
		>50，≤100	600	400	300	
		≥50 万头/a	700	500	400	
石油加工业		≤8000 kt/a	900	800	700	GB 8195—2011
		>8000 kt/a	1200	1000	900	
煤制气厂	煤气储存量	≤100 t/d	2200			GB/T 17222—2012
		100~500 t/d	3800			
		≥500 t/d	4400			

注：1. 随后所有的修改单（不包括勘误的内容）或修订版均适用于本标准。

2. 卫生防护距离按所在地近 5 年平均风速规定。

3. 有害物质排放标准

为了保护环境和人民身体健康，促进工农业发展，我国先后颁布了《工业“三废”排放试行标准》《煤炭工业污染物排放标准》《大气污染物综合排放标准》《工业炉窑大气污染物排放标准》等。与此同时各省、市、自治区相应制定了本地区的标准，如北京市2008年修订并实施了新的《大气污染物综合排放标准》，见附录3。

二、有害物质综合控制方法

1. 改进生产工艺，减少有害物质产生

控制生产过程中有害物质产生的有效措施是改进生产工艺。例如，矿山的破碎、研磨，短线纤维的石棉加工等生产过程，为了减少粉尘的产生，用湿式作业取代干式作业都会取得明显的效果；车间清扫采用喷雾洒水的方式可防止粉尘的二次飞扬，以免再次污染；金的提纯，采用无汞工艺方法；以苯为原料和溶剂的生产过程，采用无毒溶剂代替苯，推广静电喷漆等新工艺；电镀时，采用无氰电镀，用氟碳表面活化剂可抑制镀液的蒸发；油漆时，用锌白代替铅白可避免铅中毒；采用无汞仪表等。

2. 加强通风，降低有害物质浓度

对于产生有害物质的车间，利用通风机械采取全面通风和局部通风措施，以降低车间内有害物质浓度，使其达到卫生标准。对于局部产尘、产毒设备，应采取密闭措施，进行局部净化，以最小的能耗获得最佳效果。

3. 实行个体防护，防止人身受到伤害

在工业生产中，除采取必要的安全措施以外，还需对人体采取预防性措施。例如，配备防尘面罩和口罩，以防止有害粉尘、烟雾、金属烟雾和悬浮于空气中的固体微粒被吸入呼吸器官；配备防毒面具或口罩、氧气呼吸器等，使有毒气体不能进入呼吸道；配备防护眼镜、防噪声用品、防护服装等劳动保护用品。

4. 进行科学管理，建立健全规章制度

进行科学管理的主要内容包括：建立和完善企业卫生管理机构和组织；掌握和了解生产过程中的主要有毒有害作业特点；对作业环境、接尘、接毒人员要定期进行监测和检查；对劳动作业特点、方式以及劳动保护用品使用等是否符合科学要求，急救对策和应急措施是否合理，能否达到预期效果；经常对职工进行安全卫生宣传教育，如卫生知识、防护知识、职业性危害、有关法规等方面的教育。

根据有害物质的生产工艺过程、传播方式、毒害作用等，制定相应的安全卫生规程和操作标准以及严格的检查管理制度。

第三节　控制有害物质的通风与净化技术

一、通风方法

通风的目的是稀释和排出车间内所产生的粉尘、有毒和有害气体，使其浓度符合卫生标准，以改善车间内的作业环境，保护工人身体健康。把污浊空气排出室外称为排风，把新鲜空气或经过净化且符合卫生标准的空气送入室内称为送风或进风。

按通风方式分为局部通风和全面通风。局部通风是将产尘、产毒地点的有害物质直接捕集起来，进行净化达标后排出室外；或利用局部循环方法，将净化后的新鲜空气再次使用，可大大节省能耗。

按通风动力分为自然通风和机械通风。自然通风是利用车间内外空气温差所造成的自然风压迫使空气流动，或者利用车间外部的风力造成风流流动。机械通风是利用风机的动力作用造成空气流动。

1. 局部通风

局部通风系统有局部送风和局部排风两种方式，都是利用局部气流将产尘、产毒地点的有害物质进行稀释和净化，创造良好的作业环境。

（1）局部排风系统包括风机、风管、排尘或排毒罩和净化设备等，如图8-1所示。风机提供使风流运动所需要的动力；风管力求直、路线短、阻力小，管内风流速度合理；密闭罩要求阻力小，密闭严；净化设备要求阻力小、处理风量大、效率高。

（2）对于车间内局部产生高温、高湿的地点，通常采取局部送风系统，即空气经集中净化后送入局部作业地点，达到降温、降湿的目的，如图8-2所示。

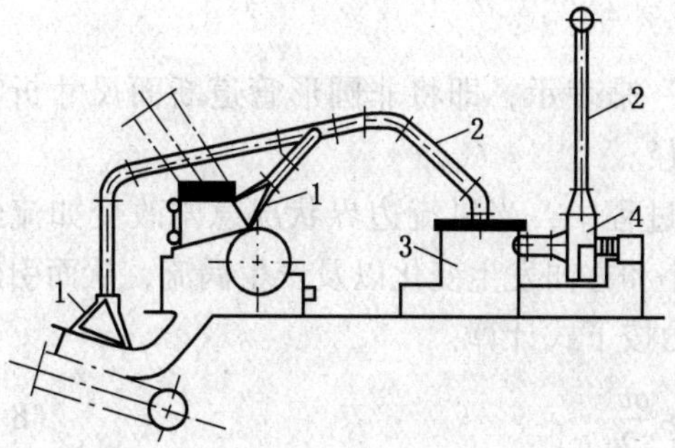

1—局部排风罩；2—风管；3—净化设备；4—风机

图8-1 局部排风系统示意图

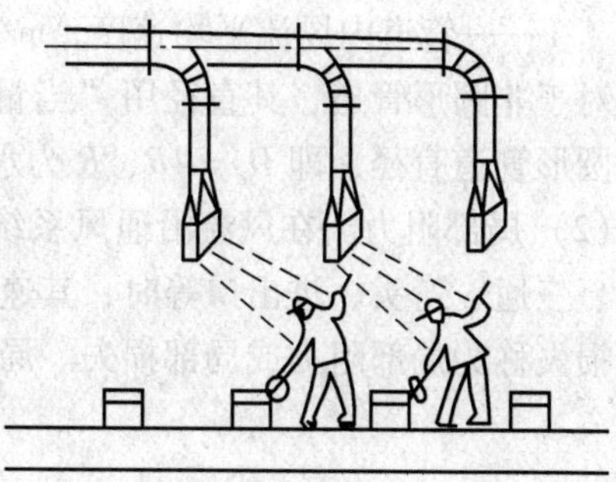

图8-2 局部送风系统示意图

2. 全面通风

对于产生有害物质量大、浓度高的车间，一般采用全面通风系统，即用新鲜空气将车间内的有害物进行稀释，同时将污浊空气排出室外，使整个车间内有害物质的浓度降低到卫生标准所允许的浓度。

全面通风系统与通风所需风量、风量分配、风流速度、风流分布等因素有关。为提高通风效果，应注意下列6个事项。

（1）排风口应距产生有害物质的地点最近，以便将其迅速排出室外。

（2）送风口应将新鲜空气直接送至作业区，然后将污浊空气排出室外。

（3）送风风流应均匀分布，减少产生涡流现象，避免有害物质积聚，以防局部区域超标。

（4）对于高温、高湿和有害气体同时排放的车间，可采用上部或上下部同时排风。

（5）对于比空气密度大的粉尘和有害气体，可采用上部送新风、下部排污风的通风方式。

（6）根据有害蒸汽对空气密度的大小和车间内的气流运动状态，可按所需风量的比例从房间上、下部同时排风。

二、通风技术

1. 管道内风流运动的阻力

（1）摩擦阻力。由于空气具有黏性，当它沿通风管道流动时，就要受到管壁对它所呈现的摩擦阻力作用，从而导致风量本身机械能的损失。用于克服摩擦阻力而造成的沿程能量损失，称为摩擦阻力或沿程阻力。对于圆形管道，摩擦阻力可按下式计算：

$$h_f = \lambda \frac{L}{D} \cdot \frac{v^2}{2}\rho \tag{8-1}$$

式中 h_f——摩擦阻力，Pa；

λ——沿程阻力系数；

L——通风管道长度，m；

D——通风管道直径，m；

ρ——空气的密度，kg/m^3；

v——管道内风流平均速度，m/s。

对于非圆形管道，其直径用“当量直径”来表示，即将非圆形管道断面尺寸折算成相当圆形管道直径，即 $D_d = 4R$，R 为水力半径。

（2）局部阻力。在风流沿通风系统运动过程中，当风流边界状况急剧改变如流经变径管、三通、弯头、进出口等时，其速度大小和方向发生变化以及产生涡流，从而引起的能量损失称为局部阻力或局部损失。局部阻力按下式计算：

$$h_\xi = \xi \frac{\rho v^2}{2} \tag{8-2}$$

式中 h_ξ——局部阻力，Pa；

ξ——局部阻力系数。

2. 通风管道的水力计算

通风管道水力计算的目的是确定通风系统中各管段的阻力、管径的断面尺寸、风流速度和风量等参数，最后根据系统的总阻力和所需风量选择合适的风机。通风管段水力计算的方法很多，目前常采用假定流速法，即先设定通风管段的流速，计算出风量，然后确定管道断面尺寸和计算阻力。

（1）绘制通风系统示意图，如图 8－3 所示，对各管段进行编号，并注明管段的长度和流经的风量。

（2）确定各管段合理的气流速度。

（3）根据气流速度和风量确定各管段的断面尺寸，并计算摩擦阻力和局部阻力。

（4）调节并联支管的管径或风量，使其阻力保持平衡。

（5）计算通风系统的总阻力。

（6）根据通风系统总阻力和风量，选择相应的风机。

风机有通用风机和防爆风机两类，应根据所输送的气体性质进行选择。此外，考虑到通风系统存在着漏风和计算风量与阻力时的误差，风机实际风量要比计算值大 10% ～

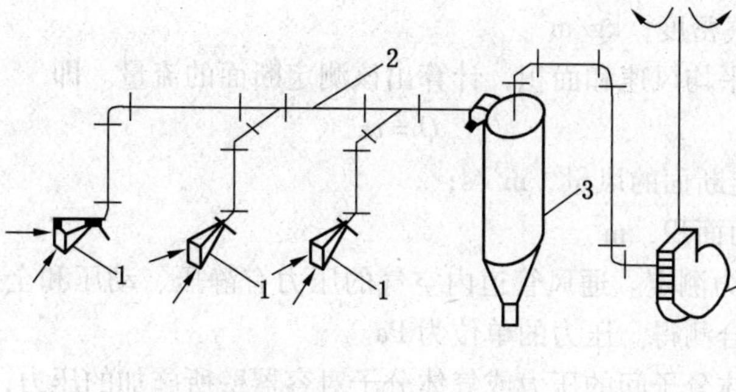

1—局部排风罩；2—风管；3—净化设备；4—风机

图 8-3 通风系统示意图

20%。

3. 通风系统的测定

（1）风速、风量的测定。进行风速、风量测定时，首先应正确使用仪表，合理选择测定断面和布置测点。由于同一断面上风流速度的分布不均匀，压力分布也是不均匀的。因此要采取多点测量的方法，然后求其断面上的平均值。

对于矩形断面，将其划分为若干等面积的小矩形，测定小矩形中心点的风流动压或速度。

对于圆形管道，将断面划分成若干个等面积的同心圆环（图 8-4），同心圆环上各测定点距中心点的距离可按下式计算：

$$R_i = R\sqrt{\frac{2i-1}{2n}} \quad (8-3)$$

式中 R_i——第 i 个测点圆环的半径，m；

R——通风管道半径，m；

i——通风管道中心算起圆环的序号；

n——测点圆环数。

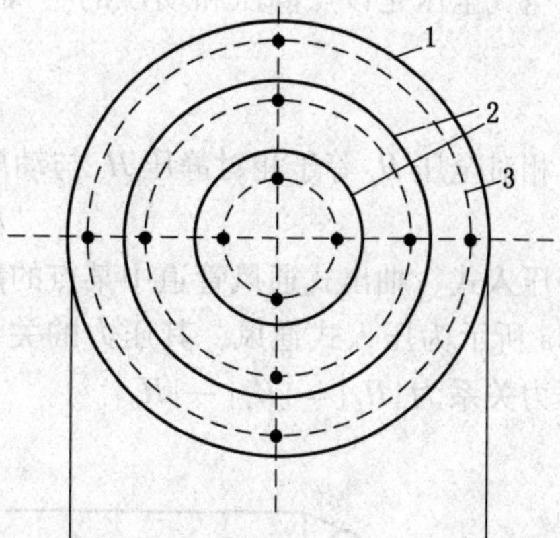

1—风筒壁；2—等面积同心圆环部分界线；
3—测点圆环

图 8-4 圆形风筒划分的等面积同心圆环

根据测点的动压，可求出管道全断面的平均动压，计算式为

$$h_v = \left(\frac{\sqrt{h_{v1}} + \sqrt{h_{v2}} + \cdots + \sqrt{h_{vi}} + \cdots + \sqrt{h_{vm}}}{m}\right)^2 \quad (8-4)$$

管道全断面的平均风速为

$$v = \sqrt{\frac{2h_v}{\rho}} \quad (8-5)$$

式中 h_v——管道全断面上的平均动压，Pa；

h_{vi}——断面上某测点的动压，Pa；

m——测点数；

ρ——测点空气密度，kg/m^3。

根据管道断面的平均风速和面积，计算出该测定断面的流量。即

$$Q = vs \tag{8-6}$$

式中　Q——通过测定断面的风量，m^3/s；

s——管道断面面积，m^2。

（2）管内空气压力测定。通风管道内空气的压力有静压、动压和全压，可用皮托管、胶皮管和压差计相配合测得。压力的单位为 Pa。

空气的静压是气体分子间的压力或气体分子对容器壁所施加的压力，其特点是在各个方向上压力均相等。

空气静压分为绝对静压和相对静压。前者是以真空状态绝对零压为比较基准的静压，恒为正值，例如大气压力即为绝对静压；后者是以当地大气压力为比较基准的静压。即绝对静压与大气压力之差，如果管道中某点的绝对静压大于大气压则称为正压；反之称为负压。

空气动压是因空气运动而产生的，其特点是恒为正值并具有方向性。

空气全压是该点静压和动压的叠加。绝对全压 P_t 等于绝对静压 P_s 与动压 H_v 相加，即

$$P_t = P_s + H_v \tag{8-7}$$

相对全压 H_t 等于相对静压 H_s 与动压 H_v 的代数和，即

$$H_t = H_s + H_v \tag{8-8}$$

压入式、抽出式通风管道中某点的静压、动压、全压的测定结果如图 8-5 所示。图 8-5a 所示为压入式通风，其压力的关系为 $H_t = H_s + H_v$；图 8-5b 所示为抽出式通风，其压力关系为 $|H_t| = |H_s| - |H_v|$。

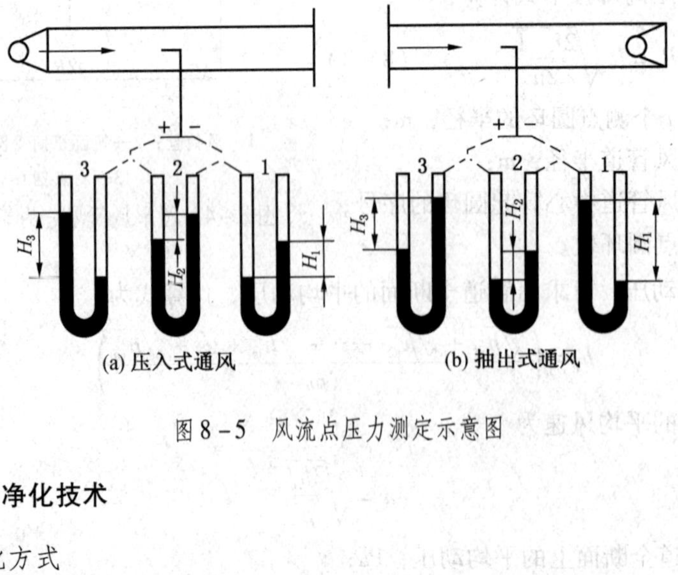

图 8-5　风流点压力测定示意图

三、粉尘的净化技术

1. 粉尘净化方式

根据粉尘的性质、运动状态和作用，粉尘净化有 7 种方式。

(1) 重力沉降。气流中的尘粒在重力作用下，自然沉降并从气流中分离。

(2) 离心力分离。含尘气流做圆周运动时，在离心力的作用下，尘粒靠惯性从气流中分离。

(3) 惯性碰撞。含尘气流在运动过程中遇到水滴、纤维等物体时，由于气流方向发生变化，尘粒与物体相碰撞。

(4) 截留捕集。含尘气流绕过水滴、纤维等物体表面时，尘粒与物体表面接触而被截留。

(5) 扩散作用。微小粉尘粒子随气体分子一起做布朗运动，在运动过程中与物体表面相接触，从气流中分离。

(6) 凝聚作用。尘粒通过超声波、加湿等凝并作用，使微小的尘粒凝并增大。

(7) 静电力分离。带有电荷的尘粒在静电力的作用下从气流中分离。

2. 除尘器类型

除尘装置可分为干式和湿式两大类，这些装置是利用作用于粉尘粒子的重力、惯性力、离心力、黏附力、电力等作用而使粉尘从空气中分离出来。常用除尘器有机械除尘器、过滤除尘器、湿式除尘器、静电除尘器 4 种类型。

(1) 机械除尘器包括重力沉降室、惯性除尘器和旋风除尘器等，此类除尘器效率较低，常用作多极除尘系统的前级。

(2) 过滤除尘器包括袋式除尘器、纤维层除尘器、颗粒层除尘器等，其原理是利用惯性碰撞、截留和扩散等作用捕集粉尘。此类除尘器效率高，但结构比较复杂。

(3) 湿式除尘器包括泡沫除尘器、湿式旋风除尘器、湿式纤维除尘器和金属丝除尘器及文氏管除尘器等。此类除尘器主要以水为介质，结构简单，除尘效率高。

(4) 静电除尘器包括干式与湿式静电除尘器，是利用尘粒荷电后，在静电力作用下分离的原理捕集粉尘。此类除尘器效率高，成本也高。

3. 除尘器性能

(1) 除尘效率包括总效率和分级效率。前者是指除尘器所捕集下来的粉尘量占进入除尘器的总粉尘量的百分比。后者是指除尘器对某一粒径或粒径区间的粉尘的除尘效率。

在除尘器运行中，通常测定其入口风量与粉尘浓度和排出口风量与粉尘浓度。在入口、排口风量相等的情况下，除尘效率计算式为

$$\eta = \left(1 - \frac{C_2}{C_1}\right) \times 100\% \tag{8-9}$$

式中　C_1——除尘器入口风流中的粉尘浓度，mg/m^3；

C_2——除尘器出口风流中的粉尘浓度，mg/m^3。

多极串联时，除尘器的总效率为

$$\eta = [1 - (1-\eta_1)(1-\eta_2)\cdots] \times 100\% \tag{8-10}$$

式中　η_1、η_2——每一级除尘器的除尘效率。

(2) 处理风量指能满足净化系统所需风量的要求，各类不同规格、型号的除尘器都有适宜的处理风量范围，可作为选用的依据。

(3) 阻力指除尘器的入口与出口间的压力损失，主要决定于除尘器的结构型式，通常由下式计算：

$$h = \xi \frac{\rho v^2}{2} \tag{8-11}$$

式中　h——除尘器的阻力，Pa；

ξ——除尘器阻力系数，由实验确定；

v——与 ξ 相对应的风速，m/s；

ρ——空气密度，kg/m^3。

（4）经济性指除尘器设备费、运转费、辅助设备费、维修费以及占地面积等。

4. 车间粉尘浓度测定

目前我国以质量浓度为标准，采用滤膜测定方法。

粉尘浓度测定的主要器材包括滤膜、采样头、流量计、抽气装置、天平、干燥器等。

在抽气机作用下，使一定流量的含尘气流通过滤膜，尘粒被阻留于滤膜上。测尘系统如图 8-6 所示。粉尘浓度用下式计算：

$$C = \frac{m_2 - m_1}{Qt} \times 1000 \tag{8-12}$$

式中　C——粉尘浓度，mg/m^3；

m_1——采样前滤膜的质量，mg；

m_2——采样后滤膜的质量，mg；

Q——采样流量，L/min；

t——采样时间，min。

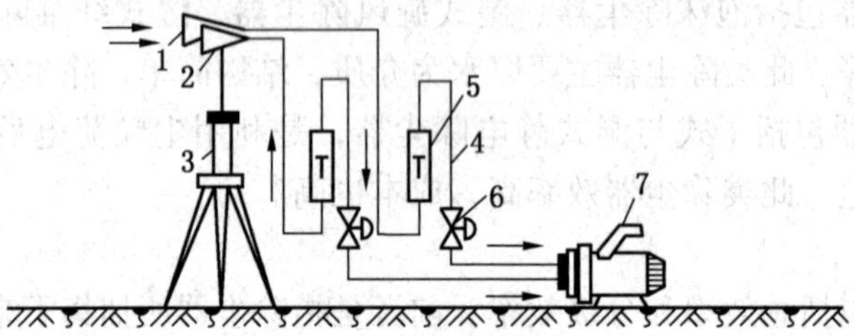

1—滤膜；2—采样头；3—三脚架；4—胶管；5—转子流量计；6—螺旋夹；7—抽气机

图 8-6　滤膜测尘系统示意图

粉尘采样时应注意下列事项：

（1）采样位置应在工人呼吸带且距地面高 1.5 m 左右。

（2）采样头入口迎向风流，只有特殊情况下可垂直于风流。

（3）采样时间在连续产尘作业 20 min 后开始，一般不少于 10 min。

（4）采样流量为 15～40 L/min。

（5）滤膜采样量不大于 20 mg，增重不小于 1 mg。

四、有害气体净化技术

1. 燃烧法

燃烧法是通过氧化反应将有害气体中的烃类成分转化为二氧化碳和水，其他成分也可转化为易于回收或允许向大气中排放的物质。对于有机溶剂蒸汽和碳氧化合物常采用燃烧法进行净化处理。燃烧法分为热力燃烧和催化燃烧两类，前者主要利用锅炉燃烧室或生产用的加热炉实现；后者是利用催化剂在低温下实现对有机物的完全氧化。

2. 冷凝法

对于浓度高、冷凝温度高的有害蒸汽（如电镀时产生的铬酸蒸汽），可采取冷凝法使其从废气中分离。

3. 吸收法

吸收法的原理是用一定比例的液体与混合气体接触，通过分子扩散作用使吸收质从气相转移到液相的质量传递过程。此种方法广泛应用于有害气体的净化，如硫氧化物、氮氧化物、氯化氢和硫化氢等。常用的吸收装置有喷淋塔、填料塔、湍流塔、筛板塔和文丘里吸收塔等。对吸收装置有以下基本要求：

(1) 气液之间接触面积大、时间长。

(2) 阻力小、处理能力大、吸收效率高。

(3) 采用气液逆流操作，使其之间扰动强烈。

(4) 设备耐磨、耐腐蚀，运行安全可靠。

喷淋塔和填料塔的结构如图 8－7 和图 8－8 所示。两者的原理都是气体从下部进入，吸收剂从上面向下喷淋。喷淋塔上部设有液滴分离器。填料塔内放置填料后，可增大气流接触面积。吸收效率与液滴大小、气流速度、液气比、阻力、接触面积及时间等参数有关。

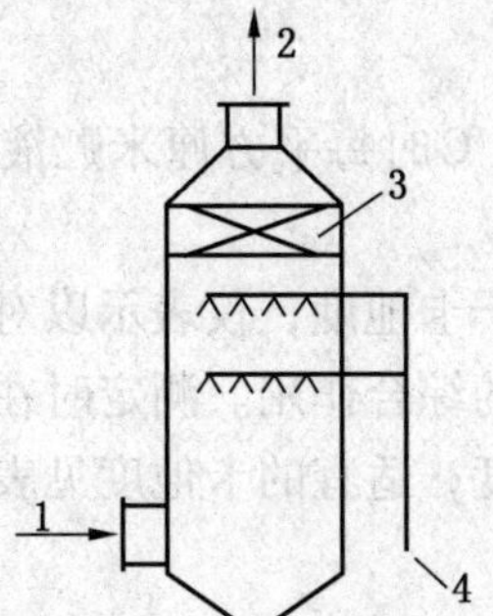

1—有害气体入口；2—净化气体出口；
3—液滴分离器；4—吸收剂入口；
5—吸收剂出口

图 8－7 喷淋塔

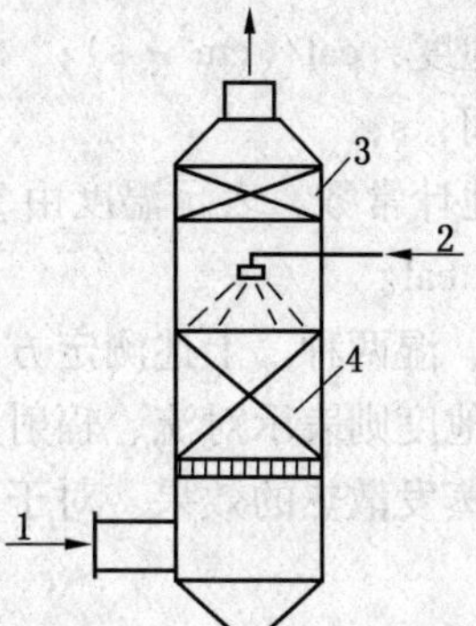

1—有害气体入口；2—吸收剂入口；
3—液滴分离器；4—填料；
5—吸收剂出口

图 8－8 填料塔

第四节 劳动环境

一、劳动环境的气候条件

1. 气候条件的舒适性

人在劳动、学习和休息的时候，感觉舒适与否主要取决于气温、湿度和风速等参数。

当室内湿度为50%时，不同劳动条件下的适宜温度如下：

（1）坐于办公室脑力劳动，18～24 ℃。

（2）坐于工作台旁轻体力劳动，18～23 ℃。

（3）站立工作台旁轻体力劳动，17～22 ℃。

（4）站立重体力劳动，15～21 ℃。

（5）繁重体力劳动，15～20 ℃。

当湿度超过70%时，人会感到不舒适；低于30%时，人会感到口鼻黏膜干燥。最适宜的湿度是40%～60%。

2. 气候条件的综合评价

气候条件是由温度、湿度和风速三者的综合作用所决定的，单独用某一因素来评价都是不全面的。对劳动环境气候条件舒适程度的评价，通常采用卡他度。卡他度是用以模拟人体表面散热速率影响的综合指标，其仪表称为卡他温度计，简称卡他计。卡他计下端为长圆形贮液球，内装酒精；上部为一长杆状温度计，并刻有38 ℃和35 ℃两个刻度。使用时，将卡他计置于热水中使酒精柱上升到38 ℃以上的顶端球部，然后取出擦干并悬挂于待测地点，待酒精液面下降后，记录由38 ℃降至35 ℃时所需的时间，按下式计算卡他度：

$$H = \frac{F}{t} \tag{8-13}$$

式中 H——卡他度，cal/(cm² · s)；

t——时间，s；

F——卡他计常数，表示温度由38 ℃降到35 ℃时每平方厘米贮液球表面上的散热量，cal。

卡他度有干、湿两种。上述测定方法得到的是干卡他度，仅表示以对流和辐射方法的散热效果。湿卡他度则表示对流、辐射和蒸发三者的综合作用。测定时在贮液球上包1块湿棉纱，以反应蒸发散热的效果。对于不同劳动强度，适宜的卡他度见表8－2。

表8－2 不同劳动强度时卡他度参考值

劳动强度	轻微强度	一般强度	繁重劳动
干卡他度	>6	>8	>10
湿卡他度	>18	>25	>30

3. 气候条件对人体的影响

气候条件中对人体影响的主要因素是温度。高温作业环境会引起人的体温升高，使人的正常生理机能失调，对人体的神经系统、循环系统、消化系统和泌尿系统等造成不良影响，严重时会使人中暑。

低温作业环境使人体的散热速率加快；如果作业环境湿度大、风速高时，又会加强人体的传导散热，导致人体过冷，发生伤风感冒等疾病。过低的温度使人体表面血管急剧收缩，血液循环受到影响，导致组织缺氧、缺血，产生组织性病变和冻伤事故，严重时会冻僵。

此外，不良的气候条件会使人感到疲劳、神经系统紊乱、精力不集中、心里不安，导致工作能力降低，生产效率不高。在炎热夏季和寒冷冬季，会使生产过程中的事故频率增大，严重影响安全生产。因此，在恶劣的气候条件下作业时，都要采取相应的防护措施。

我国于2010年根据《职业病防治法》，重新修订并实施了《工业企业设计卫生标准》（GB Z1—2010），其中对工作地点的温度、湿度和平均风速等相关气候条件参数提出了以下具体要求：

（1）设置系统式局部送风时，工作地点的温度和平均风速应符合表8－3的规定。

表8－3　工作地点的温度和平均风速

热辐射强度/（W·m^{-2}）	冬季		夏季	
	温度/℃	风速/（m·s^{-1}）	温度/℃	风速/（m·s^{-1}）
350～700	20～25	1～2	26～31	1.5～3
701～1400	20～25	1～3	26～30	2～4
1401～2100	18～22	2～3	25～29	3～5
2101～2800	18～22	3～4	24～28	4～6

注：1. 轻强度作业时，温度宜采用表中较高值，风速宜采用较低值；重强度作业时，温度宜采用较低值，风速宜采用较高值；中强度作业时其数据可按插入法确定。

2. 对于夏热冬冷（或冬暖）地区，表中夏季工作地点的温度，可提高2℃。

3. 当局部送风系统的空气需要冷却或加热处理时，其室外计算参数在夏季应采用通风室外计算温度及相对湿度，冬季应采用采暖室外计算温度。

（2）工艺上以湿度为主要要求的空气调节车间，除工艺有特殊要求或已有规定者外，不同湿度条件下的空气温度应符合表8－4的规定。

表8－4　空气调节厂房内不同湿度下的温度要求（上限值）

相对湿度/%	＜55	＜65	＜75	＜85	≥85
温度/℃	30	29	28	27	26

（3）高温作业车间应设有工间休息室。休息室应远离热源，采取通风、降温、隔热等措施，使温度小于等于30℃；设有空气调节的休息室室内气温应保持在24～28℃。对于可以脱离高温作业点的，可设观察（休息）室。

特殊高温作业，如高温车间桥式起重机驾驶室、车间内的监控室、操作室、炼焦车间拦焦车驾驶室等应有良好的隔热措施，热辐射强度应小于700 W/m^2，室内气温不应高于28℃。

二、噪声与振动危害及防护

1. 噪声基本知识

（1）声压。声波对传播媒质的作用，例如声音在空气中传播时，空气质点受到挤压而压强迅速地产生起伏变化，在原大气压基础上出现压强增量，该压强增量称为声压。

（2）声强。声波传播具有一定的能量，用能量大小来表示声音的强弱称之为声强。其物理意义是与声波相垂直的作用面上，单位时间内通过单位面积的声能。正常人耳对纯音可听到的声强称之为基准声强。

（3）声功率。声源在单位时间内对垂直于声波传播方向上向外辐射的总声能量称之为声功率，其单位是 W。

通常用声压级、声强级和声功率级来表示声音的大小，其单位用分贝（dB）来表示。其数学表达式分别为

$$L_p = 20\lg \frac{p}{p_0} \tag{8-14}$$

$$L_I = 10\lg \frac{I}{I_0} \tag{8-15}$$

$$L_W = 10\lg \frac{W}{W_0} \tag{8-16}$$

式中 L_p、L_I、L_W——声压级、声强级、声功率级，dB；

p——声压，Pa；

p_0——基准声压，Pa；

I——声强，W/m^2；

I_0——基准声强，$I_0 = 10^{-12}\ W/m^2$；

W——声源的声功率，W；

W_0——基准声功率，$W_0 = 10^{-12}$ W。

声压级、声强级和声功率级的单位都是 dB。dB 无量纲，是一个相对单位。三者分别是以耳对 1000 Hz 纯音的听阈声压、听阈声强、听阈声功率为基准的。

2. 噪声对人的危害

噪声对人的心理和生理健康都会造成不良的影响，已成为城市和工业生产中的普遍公害。其主要危害有以下 3 个方面。

（1）损害听觉。人耳习惯于 70 ~ 80 dB(A) 的声音。日常生活中，各种声音的强度在 75 dB(A) 以下时，听觉不会受到损伤。但在工业生产中，某些噪声的强度远大于此值。据调查资料，暴露在 85 dB(A) 以下，听觉受到轻微损伤；在 85 ~ 90 dB(A) 环境中，少数人会轻度耳聋；在 90 ~ 95 dB(A) 环境中，出现中度耳聋；在 95 ~ 100 dB(A) 环境中，则有一定数量的人造成噪声性耳聋；在 100 dB(A) 以上，则会有相当数量人造成噪声性耳聋。

（2）损害健康。噪声对人的神经系统、心血管系统、消化系统和视觉器官等都会产生危害，能使人的大脑皮层兴奋和抑制失去平衡，导致条件反射异常，从而产生头痛、头晕、眩晕、耳鸣、多梦、失眠、心慌、恶心、记忆力减退和全身乏力；能使人心跳加快、心律不齐、血压波动等现象；长期接触噪声，会使人消化功能紊乱，造成消化不良、食欲不振、体质无力等现象；还会引起视力减退、眼花等症状。

（3）影响工作效率。噪声干扰了人们的睡眠、语言交谈和思考问题。人在喧闹嘈杂的作业环境中，会心情烦躁，注意力不集中，极易产生疲劳、反应迟钝等，不仅会降低工作效率，而且还会引起意外事故发生，影响安全生产。

为了保护环境，我国于2007年在《中华人民共和国国家职业卫生标准》《工业场所有害物质因素 物理因素》(GB Z2.2—2007) 中对噪声职业接触限值的规定如下：

每周工作5 d，每天工作8 h，稳态噪声限值为85 dB(A)，非稳态噪声等效声级的限值为85 dB(A)，每周工作5 d，每天工作时间不等于8 h，需计算8 h等效声级，限值为85 dB(A)；

每周工作不是5 d，需计算40 h等效声级，限值为85 dB(A)。

脉冲噪声工作场所，噪声声压级峰值和脉冲次数不应超过表8-5的规定。

表8-5 工作场所脉冲噪声职业接触限值

工作日接触脉冲次数/n	声压级峰值/[dB(A)]	工作日接触脉冲次数/n	声压级峰值/[dB(A)]
n≤100	140	1000＜n≤10000	120
100≤n≤1000	130		

《工业企业设计卫生标准》(GB Z1—2010) 对非噪声工作地点的噪声声级的设计要求应符合表8-6的设计要求。

表8-6 非噪声工作地点的噪声声级的设计要求

地点名称	噪声声级/[dB(A)]	工效限值/[dB(A)]
噪声车间观察（值班）室	≤75	≤55
非噪声车间办公室、会议室	≤60	
主控室、精密加工室	≤70	

3. 振动对人的危害

振动直接危害人体健康，往往伴随产生噪声，并降低人员知觉和操作的准确度，不利于安全生产。根据振动对人员的影响，把振动分为局部振动和全身振动两类。

(1) 局部振动。工业生产中最常见的和对人危害最大的是局部振动。例如，凿岩机等机械的强烈振动会使操作者患振动病。振动病的症状有手麻、发僵、疼痛、四肢无力及关节疼等，其中以手麻最为常见。当症状严重时，手指及关节变形，肌肉萎缩，出现白指、白手。

(2) 全身振动。全身振动多为低频率、大振幅的振动，可能引起人体器官的共振而妨碍其机能。在人体受到较强烈全身振动时，可能出现头晕、头痛、疲劳、耳鸣、胸腹痛、口语不清、视物不清甚至内出血等症状。振动对人的影响主要取决于振动频率，频率4~8 Hz的振动对人体危害最大，其次是10~12 Hz和20~25 Hz的振动。

《工业企业设计卫生标准》(GB Z1—2010) 规定，工作场所手传震动职业接触限值应符合GB Z2.2—2007的要求，即4 h等能量频率计权振动加速度不超过5 m/s^2。全身振动强度不超过表8-7中规定的卫生限值。受振动（1~80 H_z）影响的辅助用室（如办公室、会议室、计算机房、电话室、精密仪器室等），其垂直或水平振动强度不应超过表8-8中规定的设计要求。

表 8-7　全身振动强度卫生限值

工作日接触时间 t/s	卫生限值/($m \cdot s^{-2}$)	工作日接触时间 t/s	卫生限值/($m \cdot s^{-2}$)
$4<t\leqslant 8$	0.62	$0.5<t\leqslant 1.0$	2.40
$2.5<t\leqslant 4$	1.10	$t\leqslant 0.5$	3.60
$1.0<t\leqslant 2.5$	1.40		

表 8-8　辅助用室垂直或水平振动强度卫生限值

工作日接触时间 t/s	卫生限值/($m \cdot s^{-2}$)	功效限值/($m \cdot s^{-2}$)
$4<t\leqslant 8$	0.31	0.098
$2.5<t\leqslant 4$	0.53	0.17
$1.0<t\leqslant 2.5$	0.71	0.23
$0.5<t\leqslant 1.0$	1.12	0.37
$t\leqslant 0.5$	1.8	0.57

4. 噪声控制与防护

控制噪声的基本途径是降低声源噪声，阻止声源传播，对受害者进行个体防护和采取技术措施。

（1）降低声源噪声。控制噪声最有效的方法是降低声源噪声，如研制和选择噪声低的设备，改进生产加工工艺，提高机械设备的加工精度和装配技术，使发声体的声音降低到最低限度。

（2）防止噪声传播。在城市规划时要进行合理布局，如把工厂与居民区分开，把高噪声机器与低噪声机器分开，把高噪声的车间与低噪声的车间分开，办公室要远离噪声车间等。

（3）个体防护。其主要措施有佩戴防声耳塞或耳罩，在耳道内塞防声棉等防护用具，以阻止强烈的噪声进人耳道内造成伤害。

5. 噪声控制技术措施

从噪声传播途径上采取技术措施控制噪声，最有效方法是限制和改变噪声的传播途径，使噪声在传播过程中衰减，以减小噪声的传播能量，缩小噪声的污染。目前常采用的技术措施有以下 4 个方面。

（1）吸声技术。声波在传播过程中遇到用吸声材料做成的屏障时，其中一部分噪声的能量被屏障反射回去，一部分声能被吸声材料吸收。吸声材料的吸声性能与吸收材料的类型和吸声系数有关。常用的多孔吸声材料有无机纤维材料、泡沫塑料、有机纤维材料和建筑吸声材料等。

无机纤维吸声材料主要有玻璃棉、矿渣棉、岩棉等。超细玻璃棉具有容重小、耐热、耐腐蚀、隔热和不燃烧等特点。矿渣棉具有耐高温、耐腐蚀、导热系数小等特点。岩棉具有耐高温和隔热等优点。

泡沫塑料棉具有质软、容积小的特点，但不耐高温、强度差、易老化。常用的是胺脂泡沫塑料。

有机纤维吸声材料如棉麻、稻草、木丝等。

建筑吸声材料如用多孔材料制成的成型板材、微孔吸声砖、膨胀珍珠岩等。

（2）隔声技术。将发声的物体或需要保持安静的场所，用隔声良好的构件封闭起来，这种方法称隔声。例如，用隔声门、隔声窗和隔声罩等将产生噪声的声源与工作场所隔离开，形成隔音操作室、休息室等；也可以将噪声源全部封闭，以降低声能的辐射。

在设计隔声间时，除安装理想的隔声门和隔声窗外，还要在天花板和墙壁上装饰吸声材料，在隔声间出口和入口装设消音器。在结构设计上可采用单层隔声结构或双层隔声结构，双层隔声结构中间有一层原空气层，可大大提高隔声量。

（3）消声技术。消声技术是允许气流通过而阻止声波传播，实现降低空气动力噪声的措施，常用的装置是消声器。评价消声器的优劣主要有消声量、消声频率和阻力损失三项指标。消声器的类型主要有阻性消声器、抗性消声器等。

阻性消声器主要有管式、片式、蜂窝式、折板式、小室式等。阻性消声器是在管道内贴有消声材料，当声波通过时激发多孔消声材料小孔中的空气分子振动，从而使部分声能用于克服摩擦阻力和黏滞力而转变为热能。阻性消声器消声频带较宽，适宜消除中、高频气流噪声，尤其对高频噪声有明显的消声作用。对于低频噪声，适当增加吸声材料的厚度和密度，合理确定气流速度，以及适当增加吸声器长度等，都会提高消声量。

抗性消声器是通过管道内突然扩大或缩小的断面，或旁接共振腔，使声波沿管道传播时在断面突变处产生反射，从而实现消声目的。

该类消声器主要有扩张室消声器和共鸣消声器。其特点是结构简单、耐高温和耐腐蚀。

（4）隔振技术。是在振动设备与防振设备之间设置减振器或减振材料，使振动设备产生的振动由减振器来吸收，以减少振动设备的干扰。常用的减振器主要有金属弹簧减振器、橡胶减振器、软木减振材料以及其他减振器。

金属弹簧减振器的特点是具有承受载荷大、弹性好、变形量大、刚度小，而且耐高温，耐腐蚀。但阻尼系数小，对于需要较大的阻尼时，可增加阻尼器或与阻尼较大的材料（如橡胶）构成组合结构使用。

橡胶减振器具有承载能力低、刚度大、加工方便、易成各种形状的特点，并能自由选取3个方向的刚度。可承受压、剪或压剪相结合的作用力。根据载荷的大小，可做成承压式或承剪式，受剪时可获得较低的固有频率，与金属弹簧相结合适于隔绝高频率振动。其缺点是受温度、化学药品等环境条件的限制较大，因此使用时应避免日晒、水、油的侵蚀。

软木减振材料具有质轻、有一定弹性的特点。将其经过高压处理并在高温蒸汽下烘干后，制成块状或板状垫层置于机械底座或混凝土的下面，达到减振的目的。或与橡胶、金属弹簧组合成辅助隔振器。

其他减振器（如泡沫橡胶、泡沫塑料、毛毡、玻璃纤维、矿棉、石棉等），经过加工后制成各种形状的减振垫层用于隔振。

三、工业照明

（一）光与视觉基本知识

1. 光学基本概念

在电磁辐射波中，光是一种特殊频段的辐射波，其波长在380 ~ 780 nm之间，该范围内的电磁辐射波称为可见光波（即可见辐射）。波长小于 380 nm 的是紫外线、X 射线、γ 射线和宇宙射线；波长大于 780 nm 的是红外线和各种无线电波，这些辐射波均称为不可见光波。

在可见光范围内，光的波长不同，人们在视觉上感觉的颜色也不一样。例如，波长为 470 nm 左右的光呈蓝色，580 nm 左右的呈黄色，700 nm 左右的呈红色。光分为单色光和复色光，前者是指颜色仅由单一波长的光组成，后者是指由不同波长的光混合而成。光的波长不同，其辐射功率也不相等，所以人们会看到红、澄、黄、绿、蓝、靛、紫等各种颜色；即使光的波长相等，人眼对各种单色光的视觉感受也不一样。

2. 视觉特性与功能

（1）适应性。当环境亮度发生变化时，人的视觉感受会随之顺应。当人从亮处进入暗处，若光线突然变暗，人的视觉会感到什么也看不见，这是因为人眼睛中的锥体细胞仍在较强光线下工作，而对弱光线无反应；直到锥体细胞恢复功能后，眼睛需要较长时间才会逐渐看清物体，此种过程称为暗适应。明适应与上述过程正相反，由于锥体细胞工作恢复较快，所以明适应时间较短。

（2）调节性。人的眼睛观察物体时，通过改变晶体的曲率使物体的成像能清晰地映在视网膜上，这种视觉适应观察距离变化的能力称为调节功能。调节功能的快慢与观察距离、照明状况有关。

（3）视角。眼睛对观察的物体所形成的张角称为视角。视角大小与物体在视网膜上成像的大小有关，它与物体的大小成正比，而与距离成反比。因此，视角综合了物体大小和远近两项指标。

（4）灵敏度。分为视觉灵敏度和对比灵敏度，前者是指视觉辨认物体细节的能力，即通常所说的视力；后者是人眼辨别视觉对象和背景对比的能力。人眼观察物体都是依其与背景在亮度和颜色上的差别为条件，即通过亮度和颜色的对比来辨别视觉对象，其最小对比能力称为对比灵敏度。

（5）视觉感觉速度。物体光线自作用于视网膜开始到形成视觉印象，需要有一个感受过程，这一过程所需要的最小时间的倒数称为视觉感受速度。视觉感受速度是衡量视觉功能的一项重要指标，它与环境亮度、对比、视角有关。

3. 颜色视觉特性

由于物体所辐射和反射的光具有不同的波长，人眼感受也就不一样，所以物体具有各种不同的颜色。例如红色，它只反射 640 ~ 780 nm 波长的光，而将其余波长的光吸收，故引起视觉红色感；阳光是各种不同波长的光对眼睛的综合刺激作用，所以阳光是无色的。

（1）颜色特性。颜色包括黑白系列和彩色系列两大类。前者是由黑色、白色和各种深浅不同的灰色所组成；后者是除黑白系列以外的各种颜色。

颜色的色调、明度和彩度是颜色的三要素。色调是颜色相互区分的主要特征，与光的波长有关，不同波长的光在视觉上感受为不同的色调。明度是指颜色的亮度。颜色反射的光线越多，说明明度越大。纯白色可反射 100% 的光线，所以明度最大。而黑色完全不反射光线，明度为零。彩度是指颜色的纯洁度，也称为饱和度。波长范围越窄，颜色越接近饱和，彩度也越大。颜色所具有的色调、明度和彩度的这些特征，有利于改善视觉条件，提高人们识别物体的能力。

（2）颜色视觉特性。颜色视觉特性是指颜色对比、适应和常恒性。颜色对比包括明度、色调和彩度的对比。任何两种颜色，只要有其中某一特性不同，视觉就容易将其区分。对于视觉来说，颜色对比优于亮度对比，它遵守明视度顺序。因此，在工作环境中利用此规律可突出各种颜色的作用效果。例如，在黑色背景上白色最明显，其次是黄色；在白色背景上黑色最明显，其次是红色。

人的眼睛受到某种颜色长时间的刺激后，会形成对该种颜色光预先适应。此时，人的眼睛不仅对其色调微小变化的分辨力将会降低，而且再去观察其他颜色时，其他颜色的明度和彩度也会下降。这种人眼在颜色的刺激作用下所造成的视觉变化称为颜色适应。颜色适应性不利于视觉，易于造成操作失误和判断错误。因此，作业场所中应有多种色调，以防造成错觉。

各种物体的颜色，在显色性良好的光照明条件下，无论怎样变化，人眼对物体的色感觉却始终保持不变，这种现象称为色觉常恒性。正是因为这种特性，人们对各种物体的颜色才有记忆性。

（二）照明基本知识

（1）光通量：在光源所发出的辐射通量中，人眼视觉能产生光感觉的那部分辐射能流叫做光通量。光通量是光源发光能力的标志，其单位是 lm。普通照明用白炽灯泡，每瓦电能约发出 8～20 lm 光通量，其发光效率用 lm/W 表示。

（2）光强：指光源在一定方向上光通量的空间密度，通常称为发光强度，其单位是坎德拉（cd）。光强是表示光源分布情况的重要物理量，若采用灯罩照明时，可大大提高灯下方的发光强度。

（3）照度：是受照物体表面单位面积上所照射的光通量，其单位为勒克斯（lx），照度的大小与其方向上光源的发光强度成正比，与光源到被照物体表面间的距离平方成反比。

（4）亮度：是物体在视线方向单位面积上发出的光强。物体表面反射的亮度取决于该物体表面上的照度、反射系数以及反射特性等，其单位为 cd/m^2。太阳表面亮度为 2.25×10^9 cd/m^2，月亮表面亮度为 2500 cd/m^2，普通白炽灯亮度约（2～12）$\times10^6$ cd/m^2，荧光灯表面亮度约 8000～9000 cd/m^2。

（5）光的反射、透射和吸收：

光在传播过程中，当从一种介质传播到另一种介质时，光的一部分或全部返回原来介质的现象称为光的反射。

光在介质中传播时，进入另一介质并从该介质中穿透出来，此种现象称为光的透射、漫透射和均匀漫透射。如透明玻璃属于规则透射，各种灯具外罩属于均匀漫透射。

光在传播过程中，遇到新介质除发生反射和透射外，还有部分光通量被介质吸收，此种现象称为光的吸收。

（三）工作场所照明

1. 光源选择

工业生产场所通常采用天然光照明、人工照明和混合照明 3 种方式。天然光明亮、柔和，人眼感到舒适。因此，在工程照明设计中应尽量利用天然光，用人工光照明作为辅助，以保持稳定的照度。人工光源种类很多，应选择天然光谱的光源，如荧光灯等；不要采用有色光，以防降低视力。

2. 照明方式

（1）一般照明是采用人工方式为照亮整个工作场所而设置的照明条件，不考虑光线特殊的需求，适合于工作点密集或工作点不固定的场所。这种方式照度均匀、视野好、投资少，但耗电量大。

（2）局部照明是为增强某一作业点的照度而设置的照明条件，一般靠近作业点布置，照度高、耗能少，但在设置上要避免直接眩光和照度不均匀的影响。对于作业点要求照度不大时，一般不宜采用这种方式。

（3）混合照明是指采用一般照明和局部照明两种方式相结合构成的照明条件。此种方式既经济合理，又能满足照度均匀的要求。通常一般照明的照度与总照度之比为1∶5，对有特殊要求的作业点，可适当提高一般照明的比例。

3. 避免眩光

眩光是光源或光滑物体表面反射出对人眼有强烈刺激的光线，一般有直接眩光、反射眩光和对比眩光。眩光的危害主要是破坏视觉对光环境的适应，使人产生不舒适感和分散注意力，会造成视觉疲劳和引起各种眼病，以致影响工作效率和质量。避免眩光的措施主要有限制光源亮度，合理分布光源，采用散射光线，避免反射眩光，适当提高环境亮度和照度稳定性，减少对比眩光。

4. 照度均匀

在工业照明设计中，应力求照度均匀分布，以减少作业者明暗适应的频率，从而提高视觉效率，保证产品质量和安全生产。通常要求工作场所内最大、最小照度值与平均值之差不大于1/6。

为保证照度值的稳定，我国关于《建筑照明设计标准》中对工业建筑的照度要求见表8－9。

表8－9 工业建筑照明标准值

房间或场所		照度标准值/lx
1. 通用房间或场所		
试验室	一般	300
	精细	500
检验	一般	300
	精细	750
计量室、测量室		500
变、配电站	配电装置室	200
	变压器室	100
电源设备室、发电机室		200
控制室	一般控制室	300
	主控制室	500

表8-9（续）

房 间 或 场 所		照度标准值/lx
电话站、网络中心、计算机站		500
动力站	风机房、空调机房	100
	泵房	100
	冷冻站	150
动力站	压缩空气站	150
	锅炉房、煤气站的操作层	100
仓库	大件库（如钢坯、钢材、大成品、气瓶）	50
	一般件库	100
	精细件库（如工具、小零件）	200
车辆加油站		100
2. 机、电工业		
机械加工	粗加工	200
	一般加工（公差≥0.1 mm）	300
	精密加工（公差<0.1 mm）	500
机电、仪表装配	大件	200
	一般件	300
	精密	500
	特精密	750
电线、电缆制造		300
线圈绕制	大线圈	300
	中等线圈	500
	精细线圈	750
线圈浇注		300
焊接	一般	200
	精密	300
钣金		300
冲压、剪切		300
热处理		200
铸造	熔化、浇铸	200
	造型	300
精密铸造的制模、脱壳		500
锻工		200
电镀		300
喷漆	一般	300
	精细	500
酸洗、腐蚀、清洗		300

表8-9（续）

房间或场所		照度标准值/lx
抛光	一般装饰性	300
	精细	500
复合材料加工、铺叠、装饰		500
机电修理	一般	200
	精密	300
3. 电子工业		
电子元器件		500
电子零部件		500
电子材料		300
酸、碱、药液及粉配制		300

注：房间或场所的室形指数值等于或小于1时，本表的照明功率密度值可增加20%。

（四）照明与安全效应

（1）照明对视觉的影响。照明条件的优劣对视觉影响至关重要，若照明条件不好，作业者需反复辨认观察对象，易于造成视觉疲劳。视觉疲劳会引起视觉模糊、视力下降，眼睛充血、眼胀和头痛以及其他疾病。

（2）照明对工作的影响。良好的照明条件，可减少视觉疲劳，有利于提高工作效率。工作场所照度均匀，亮度合理，可提高作业速度和产品质量。据统计资料表明，改善车间照明水平，产量可提高4%～35%，质量也有明显的提高。

（3）照度对安全的影响。作业场所照度不足、不匀、不稳以及对比度不好，不仅影响工作效率，而且也是造成事故的主要原因。据英国统计资料，人工照明比天然光照明的事故率增加25%，其中因跌倒造成的事故增加74%。美国统计资料表明，约有5%的企业伤亡事故是由于照明很差引起的，而且占总事故数的20%。某工厂改善照明条件后，其事故次数下降16.5%。

（4）照明对心理的影响。照明质量对人的心理具有重要的影响，照明条件好会激发人的积极性，从而提高工作效率；照明不好影响人的情绪，容易产生差错。通常明亮的场所使人心情愉快，刺眼的眩光和昏暗的光线使人厌倦。

总之，改善作业环境照明，创造良好的视觉条件，可以保护视力，减少疲劳，避免差错和事故发生，从而提高安全效应。

（五）作业场所色彩调节

1. 颜色调节的功能

色彩调节的主要目的是改善视觉条件，利用颜色的效果，进行正确的观察和操作。由于房间、设备、机构、信号和背景等颜色，对人的生理和心理都会产生影响，所以作业场所内正确地运用色彩调节会得到如下的效果：

（1）提高照明，改善视觉条件。

（2）提高对观察对象的分辨力，减少差错和事故的发生。

（3）调节作业者情绪，减少工作疲劳。

（4）激发劳动热情，提高工作效率和安全效应。

2. 颜色的生理作用

在作业过程中，人眼根据色调、明度和彩度的一种或几种差别能够辨别观察对象，当具有颜色对比时，使视觉条件得到改善，提高了辨认灵敏度，并且眼睛不易疲劳。

人们视觉对不同的颜色具有不同的敏感性，在选择颜色对比时，彩度和色调起决定作用。对色调来说，黄色最引人注目、红橙色次之。所以黄色常用作警戒色，如对于危险地点或部位通常涂以黑黄相间的颜色以示警告。

颜色还会对人体其他机能产生作用，如红色会使人各种器官兴奋，促进血压上升和心率加快；而蓝色则会使人各种器官机能稳定，会使血压下降和减缓脉搏的作用；橙色可增进人的食欲；紫色对视觉不利。因绿色、黄色在生理上呈中性反应，故工作场所常采用此系列颜色。

3. 颜色的心理作用

（1）冷暖感，如人们对红、橙、黄、棕等颜色有温暖感，常称暖色。

（2）兴奋和抑制感，如青色、紫色有镇静感，红色、橙色会使人有兴奋感。

（3）轻松和压抑感，颜色明度高会使人产生轻松感，反之会使人产生压抑感。

（4）大小感，颜色明度高，物体显得大；反之，显得小。通常黄色物体看起来显得最大，绿、红、蓝、紫色看起来依次显得小。

此外，颜色还有轻重感、前进和后退感等。

4. 作业场所颜色的应用

根据颜色的对比特性，选用一种主色调，一至两种辅助色，使作业环境色彩美观、明亮、和谐，有利于提高视觉功能。

根据颜色反光的特性，利用不同颜色的反光系数不同，改善照明条件。如生产车间采用明度高的颜色，增加光的扩散和反射，以减少阴影，使光线柔和。但彩度要适宜，不要过大。明度从天棚到地面应逐渐降低，使光线从上部得到充分反射，下部可避免眩光，使人在心理上具有稳定感。车间内的设备、机器和工作台的颜色选择应以车间装饰、人机环境关系等因素综合考虑。设备主体通常以蓝绿色调为宜，或采用乳白、浅灰和套色，尽量少采用深灰色。操作机构应与主体色调和谐，彩度和明度适当高些，以引人注目。工作台与加工或观察对象之间应形成适当的色调对比，以便易于认知。对于关键部位和工艺特点，如开关、按钮、加油点、工艺流程、管线系统，用颜色予以标识，并与背影形成对比，以便易于识别。

5. 安全色的应用

安全色是用语言表达安全信息的颜色，其目的是使人们能够迅速发现或识别各种标志和信号，引起高度注意，以防差错和事故发生。我国标准《安全色》(GB 2893—2008）规定；红、蓝、黄、绿4种颜色为安全色，其含义和用途见表8－10。标准中还规定：红、蓝、绿色以白色为对比色，黄色采用黑色为对比色。当用文字、符号对安全标志加以说明时，黑、白色可互为对比色。

安全标志通常是由安全色、符号、文字和几何图形构成，以表示规定和安全信息。安全标志有禁止、警告、指令和提示4种类型，详见《安全标志及其使用导则》(GB 2894—2008)。

表8-10 安全色的含义和用途

颜色	含义	用途
红色	禁止 停止	禁止标志 停止信号：机器、车辆上的紧急停止手柄或按钮，以及禁止人们触动的部位
	红色也表示防火	
蓝色	指令必须遵守的规定	指令标志：如必须佩戴个人防护用具，道路上指引车辆和行人行驶方向的指令
黄色	警告 注意	警告标志 警告标志：如厂内危险机器和坑池边周围的警戒线，行车道中线，安全帽等
绿色	提示 安全状态 通行	提示标志 车间内的安全通道 行人和车辆通行标志 消防设备和其他安全防护设备的位置

复习思考题

1. 粉尘的产生、性质及其主要危害是什么？
2. 有害气体的主要类型、来源及主要危害是什么？
3. 工业有害物质浓度的主要表示方法有哪些？
4. 对于粉尘进行净化，主要有哪些净化方式？
5. 工业有害物质的综合控制措施有哪些？
6. 简述控制有害物质的通风方法与应注意的事项。
7. 简述通风阻力的类型、产生的原因，进行通风管道水力计算的目的和步骤。
8. 简述空气的相对全压、相对静压和动压的物理意义及相互关系。
9. 简述除尘器主要类型、除尘机理及评价其效果的主要参数。
10. 进行粉尘采样时应注意哪些事项？
11. 简述有害气体净化方法的类型及原理。
12. 简述气候条件的主要影响因素及卡他度物理意义。
13. 噪声对人的危害及其防护措施有哪些？
14. 简述工业照明方式与要求，照明对工作效能和安全效应的影响。
15. 简述我国采用的安全色是哪几种，举例说明其含义和用途。

附录1 工作场所空气中化学物质容许浓度(摘录)

序号	中文名	英文名	化学文摘号(CAS No.)	OELs①/(mg·m⁻³)			备注
				最高容许浓度 MAC②	时间加权平均容许浓度 PC-TWA③	短时间接触容许浓度 PC-STEL④	
1	氨	Ammonia	7664-41-7	—	20	30	—
2	苯	Benzene	71-43-2	—	6	10	皮,G1[a]
3	苯胺	Aniline	62-53-3	—	3	—	皮
4	苯基醚(二苯醚)	Phenyl ether	101-84-8	—	7	14	—
5	苯硫磷	EPN	2104-64-5	—	0.5	—	皮
6	苯乙烯	Styrene	100-42-5	—	50	100	皮,G2B
7	吡啶	Pyridine	110-86-1	—	4	—	—
8	苄基氯	Benzyl chloride	100-44-7	5	—	—	G2A[b]
9	丙醇	Propyl alcohol	71-23-8	—	200	300	—
10	丙酸	Propionic acid	79-09-4	—	30	—	—
11	丙酮	Acetone	67-64-1	—	300	450	—
12	丙酮氰醇(按CN计)	Acetone cyanohydrin, as CN	75-86-5	3	—	—	皮
13	丙烯醇	Allyl alcohol	107-18-6	—	2	3	皮
14	丙烯腈	Acrylonitrile	107-13-1	—	1	2	皮,G2B
15	丙烯醛	Acrolein	107-02-8	0.3	—	—	皮
16	臭氧	Ozone	10028-15-6	0.3	—	—	—
17	滴滴涕(DDT)	Dichlorodiphenyltrichloroethane (DDT)	50-29-3	—	0.2	—	G2B
18	敌百虫	Trichlorfon	52-68-6	—	0.5	1	—
19	碘甲烷	Methyl iodide	74-88-4	—	10	—	皮
20	丁醇	Butyl alcohol	71-36-3	—	100	—	—
21	1,3-丁二烯	1,3-Butadiene	106-99-0	—	5	—	G2A
22	丁醛	Butylaldehyde	123-72-8	—	5	10	—
23	丁烯	Butylene	25167-67-3	—	100	—	—
24	对茴香胺	p-Anisidine	104-94-9	—	0.5	—	皮
25	对硫磷	Parathion	56-38-2	—	0.05	0.1	皮
26	二甲胺	Dimethylamine	124-40-3	—	5	10	—

（续）

序号	中文名	英文名	化学文摘号（CAS No.）	OELs①/(mg·m⁻³) 最高容许浓度 MAC②	时间加权平均容许浓度 PC-TWA③	短时间接触容许浓度 PC-STEL④	备注
27	二甲苯（全部异构体）	Xylene(all isomers)	1330-20-7; 95-47-6; 108-38-3	—	50	100	—
28	二甲基苯胺	Dimethylanilne	121-69-7	—	5	10	皮
29	二甲基二氯硅烷	Dimethyl dichlorosilane	75-78-5	2	—	—	—
30	二甲基甲酰胺	Dimethylformamide(DMF)	68-12-2	—	20	—	皮
31	二硫化碳	Carbon disulfide	75-15-0	—	5	10	皮
32	1,3-二氯丙醇	1,3-Dichloropropanol	96-23-1	—	5	—	皮
33	1,2-二氯乙烷	1,2-Dichloroethane	107-06-2	—	7	15	G2B
34	二硝基苯（全部异构体）	Dinitrobenzene(all isomers)	528-29-0; 99-65-0; 100-25-4	—	1	—	皮
35	二硝基甲苯	Dinitrotoluene	25321-14-6	—	0.2	—	皮,G2B（2,4-二硝基甲苯; 2,6-二硝基甲苯）
36	4,6-二硝基邻苯甲酚	4,6-Dinitro-o-cresol	534-52-1	—	0.2	—	皮
37	二硝基氯苯	Dinitrochlorobenzene	25567-67-3	—	0.6	—	皮
38	二氧化氮	Nitrogen dioxide	10102-44-0	—	5	10	—
39	二氧化硫	Sulfur dioxide	7446-09-5	—	5	10	—
40	二氧化氯	Chlorine dioxide	10049-04-4	—	0.3	0.8	—
41	二氧化碳	Carbon dioxide	124-38-9	—	9000	18000	—
42	二氧化锡（按Sn计）	Tin dioxide, as Sn	1332-29-2	—	2	—	—
43	二异氰酸甲苯酯（TDI）	Toluene-2,4-diisocyanate (TDI)	584-84-9	—	0.1	0.2	敏,G2B
44	钒及其化合物（按V计）	Vanadium and compounds, as V	7440-62-6 (V)				
	五氧化二钒烟尘	Vanadium pentoxide fume, dust		—	0.05	—	—
	钒铁合金尘	Ferrovanadium alloy dust		—	1	—	—
45	酚	Phenol	108-95-2	—	10	—	皮
46	氟化氢（按F计）	Hydrogen fluoride, as F	7664-39-3	2	—	—	—

（续）

序号	中文名	英文名	化学文摘号（CAS No.）	OELs①/（mg·m⁻³） 最高容许浓度 MAC②	时间加权平均容许浓度 PC－TWA③	短时间接触容许浓度 PC－STEL④	备注
47	氟化物（不含氟化氢）（按F计）	Fluorides(except HF), as F		—	2	—	—
48	锆及其化合物（按Zr计）	Zirconium and compounds, as Zr	7440－67－7 (Zr)	—	5	10	—
49	镉及其化合物（按Cd计）	Cadmium and compounds, as Cd	7440－43－9 (Cd)	—	0.01	0.02	G1
50	汞－金属汞（蒸汽）	Mercury metal(vapor)	7439－97－6	—	0.02	0.04	皮
51	汞－有机汞化合物（按Hg计）	Mercury organic compounds, as Hg		—	0.01	0.03	皮
52	钴及其氧化物（按Co计）	Cobalt and oxides, as Co	7440－48－4 (Co)	—	0.05	0.1	G2B
53	光气	Phosgene	75－44－5	0.5	—	—	—
54	环己醇	Cyclohexanol	108－93－0	—	100	—	皮
55	环己酮	Cyclohexanone	108－94－1	—	50	—	皮
56	环己烷	Cyclohexane	110－82－7	—	250	—	—
57	环氧氯丙烷	Epichlorohydrin	106－89－8	—	1	2	皮，G2A
58	环氧乙烷	Ethylene oxide	75－21－8	—	2	—	G1
59	黄磷	Yellow phosphorus	7723－14－0	—	0.05	0.1	—
60	甲拌磷	Thimet	298－02－2	0.01	—	—	皮
61	甲苯	Toluene	108－88－3	—	50	100	皮
62	N－甲苯胺	N－Methyl aniline	100－61－8	—	2	—	皮
63	甲醇	Methanol	67－56－1	—	25	50	皮
64	甲基内吸磷	Methyl demeton	8022－00－2	—	0.2	—	皮
65	甲醛	Formaldehyde	50－00－0	0.5	—	—	敏，G1
66	糠醛	Furfural	98－01－1	—	5	—	皮
67	乐果	Rogor	60－51－5	—	1	—	皮
68	联苯	Biphenyl	92－52－4	—	1.5	—	—
69	邻苯二甲酸二丁酯	Dibutyl phthalate	84－74－2	—	2.5	—	—
70	磷化氢	Phosphine	7803－51－2	0.3	—	—	—
71	磷酸二丁基苯酯	Dibutyl phenyl phosphate	2528－36－1	—	3.5	—	皮
72	硫酸二甲酯	Dimethyl sulfate	77－78－1	—	0.5	—	皮，G2A

(续)

序号	中文名	英文名	化学文摘号(CAS No.)	OELs①/($mg \cdot m^{-3}$) 最高容许浓度 MAC②	时间加权平均容许浓度 PC-TWA③	短时间接触容许浓度 PC-STEL④	备注
73	硫酸及三氧化硫	Sulfuric acid and sulfur trioxide	7664-93-9	—	1	2	G1
74	六六六	Hexachlorocyclohexane	608-73-1	—	0.3	0.5	G2B
75	γ-六六六	γ-Hexachlorocyclohexane	58-89-9	—	0.05	0.1	皮,G2B
76	氯	Chlorine	7782-50-5	1	—	—	—
77	氯苯	Chlorobenzene	108-90-7	—	50	—	—
78	β-氯丁二烯	Chloroprene	126-99-8	—	4	—	皮,G2B
79	氯化苦	Chloropicrin	76-06-2	1	—	—	—
80	氯化氢及盐酸	Hydrogen chloride and chlorhydric acid	7647-01-0	7.5	—	—	
81	氯联苯(54%氯)	Chlorodiphenyl (54% Cl)	11097-69-1	—	0.5	—	皮,G2A
82	氯萘	Chloronaphthalene	90-13-1	—	0.5	—	皮
83	氯乙烯	Vinyl chloride	75-01-4	—	10	—	G1
84	马拉硫磷	Malathion	121-75-5	—	2	—	皮
85	煤焦油沥青挥发物(按苯溶物计)	Coal tar pitch volatiles, as Benzene soluble matters	65996-93-2	—	0.2	—	G1
86	锰及其无机化合物(按 MnO_2 计)	Manganese and inorganic compounds, as MnO_2	7439-96-5 (Mn)	—	0.15	—	—
87	钼及其化合物(按 Mo 计)	Molybdeum and compounds, as Mo	7439-98-7 (Mo)				
	钼,不溶性化合物	Molybdeum and insoluble compounds		—	6	—	—
	可溶性化合物	soluble compounds		—	4	—	—
88	内吸磷	Demeton	8065-48-3	—	0.05	—	皮
89	萘	Naphthalene	91-20-3	—	50	75	皮,G2B
90	萘烷	Decalin	91-17-8	—	60	—	—
91	铍及其化合物(按 Be 计)	Beryllium and compounds, as Be	7440-41-7 (Be)	—	0.0005	0.001	G1
92	铅及其无机化合物(按 Pb 计)	Lead and inorganic compounds, as Pb	7439-92-1 (Pb)				G2B(铅),G2A(铅的无机化合物)
	铅尘	Lead dust		—	0.05	—	
	铅烟	Lead fume		—	0.03	—	
93	氢氧化钠	Sodium hydroxide	1310-73-2	2	—	—	—

（续）

序号	中文名	英文名	化学文摘号（CAS No.）	OELs①/（mg·m^{-3}） 最高容许浓度 MAC②	时间加权平均容许浓度 PC－TWA③	短时间接触容许浓度 PC－STEL④	备注
94	氰化氢（按 CN 计）	Hydrogen cyanide, as CN	74－90－8	1	—	—	皮
95	氰化物（按 CN 计）	Cyanides, as CN	460－19－5（CN）	1	—	—	皮
96	溶剂汽油	Solvent gasolines		—	300	—	—
97	乳酸正丁酯	n－Butyl lactate	138－22－7	—	25	—	—
98	三次甲基三硝基胺（黑索今）	Cyclonite（RDX）	121－82－4	—	1.5	—	皮
99	三氟化氯	Chlorine trifluoride	7790－91－2	0.4	—	—	—
100	三氯氢硅	Trichlorosilane	10025－28－2	3	—	—	—
101	三氯乙烯	Trichloroethylene	79－01－6	—	30	—	G2A
102	砷及其无机化合物（按 As 计）	Arsenic and inorganic compounds, as As	7440－38－2（As）	—	0.01	0.02	G1
103	升汞（氯化汞）	Mercuric chloride	7487－94－7	—	0.025	—	—
104	四氯化碳	Carbon tetrachloride	56－23－5	—	15	25	皮，G2B
105	四氯乙烯	Tetrachloroethylene	127－18－4	—	200	—	G2A
106	松节油	Turpentine	8006－64－2	—	300	—	—
107	羰基镍（按 Ni 计）	Nickel carbonyl, as Ni	13463－39－3	0.002	—	—	G1
108	锑及其化合物（按 Sb 计）	Antimony and compounds, as Sb	7440－36－0（Sb）	—	0.5	—	—
109	钨及其不溶性化合物（按 W 计）	Tungsten and insoluble compounds, as W	7440－33－7（W）	—	5	10	—
110	五氯酚及其钠盐	Pentachlorophenol and sodium salts	87－86－5	—	0.3	—	皮
111	五氧化二磷	Phosphorus pentoxide	1314－56－3	1	—	—	—
112	戊醇	Amyl alcohol	71－41－0	—	100	—	—
113	硒及其化合物（按 Se 计，不包括六氟化硒、硒化氢）	Selenium and compounds, as Se（except hexafluoride, hydrogen selenide）	7782－49－2（Se）	—	0.1	—	—
114	硝基苯	Nitrobenzene	98－95－3	—	2	—	皮，G2B
115	硝基甲苯（全部异构体）	Nitrotoluene（all isomers）	88－72－2；99－08－1；99－99－0	—	10	—	皮
116	溴甲烷	Methyl bromide	74－83－9	—	2	—	皮
117	氧化锌	Zinc oxide	1314－13－2	—	3	5	—

（续）

序号	中文名	英文名	化学文摘号（CAS No.）	OELs①/（mg·m^{-3}） 最高容许浓度 MAC②	时间加权平均容许浓度 PC－TWA③	短时间接触容许浓度 PC－STEL④	备注
118	氧乐果	Omethoate	1113－02－6	—	0.15	—	皮
119	一甲胺	Monomethylamine	74－89－5	—	5	10	—
120	一氧化氮	Nitric oxide（Nitrogen monoxide）	10102－43－9	—	15	—	—
121	一氧化碳	Carbon monoxide	630－08－0				
	非高原	not in high altitude area		—	20	30	—
	高原	In high altitude area					
	海拔 2000～3000 m	2000～3000 m		20	—	—	—
	海拔＞3000 m	＞3000 m		15	—	—	—
122	乙腈	Acetonitrile	75－05－8	—	30	—	皮
123	乙醚	Ethyl ether	60－29－7	—	300	500	—

注：1. 皮表示可因皮肤、黏膜和眼睛直接接触蒸汽、液体和固体，通过完整的皮肤吸收引起的全身效应。如有机磷酯类化合物、芳香胺、苯的硝基、氨基化合物等物质。

2. a、b 是化学物质的致癌性标识，按国际癌症组织（IARC）分级，作为参考性资料：G1，确认人类致癌物（Carcinogenic humans）；G2A，可能人类致癌物（Probably carcinogenic to humans）；G2B，可疑人类致癌物（Possibly carcinogenic to humans）。

① 职业接触限值（occupational exposure limits，OELs）。

② 最高容许浓度（maximum allowable concentration，MAC）。工作地点、在一个工作日内、任何时间有毒化学物质均不应超过的浓度。

③ 时间加权平均容许浓度（permissible concentration－time weighted average，PC－TWA）。以时间为权数规定的 8 h 工作日、40 h 工作周的平均容许接触浓度。

④ 短时间接触容许浓度（permissible concentration－short term exposure limit，PC－STEL）。在遵守 PC－TWA 前提下容许短时间（15 min）接触的浓度。

附录2 工作场所空气中粉尘容许浓度（摘录）

序号	中 文 名	英 文 名	化学文摘号（CAS No.）	PC－TWA/（mg·m^{-3}）		备 注
				总尘	呼尘	
1	白云石粉尘	Dolomite dust		8	4	—
2	玻璃钢粉尘	Fiberglass reinforced plastic dust		3	—	—
3	茶尘	Tea dust		2	—	—
4	沉淀 SiO_2（白炭黑）	Precipitated silica dust	112926－00－8	5	—	—
5	大理石粉尘	Marble dust	1317－65－3	8	4	—
6	电焊烟尘	Welding fume		4	—	G2B
7	二氧化钛粉尘	Titanium dioxide dust	13463－67－7	8	—	—
8	沸石粉尘	Zeolite dust		5	—	—
9	酚醛树脂粉尘	Phenolic aldehyde resin dust		6	—	—
10	谷物粉尘（游离 SiO_2 含量＜10%）	Grain dust（free SiO_2 ＜10%）		4	—	—
11	硅灰石粉尘	Wollastonite dust	13983－17－0	5	—	—
12	硅藻土粉尘（游离 SiO_2 含量＜10%）	Diatomite dust（free SiO_2 ＜10%）	61790－53－2	6	—	—
13	滑石粉尘（游离 SiO_2 含量＜10%）	Talc dust（free SiO_2 ＜10%）	14807－96－6	3	1	—
14	活性炭粉尘	Active carbon dust	64365－11－3	5	—	—
15	聚丙烯粉尘	Polypropylene dust		5	—	—
16	聚丙烯腈纤维粉尘	Polyacrylonitrile fiber dust		2	—	—
17	聚氯乙烯粉尘	Polyvinyl chloride（PVC）dust	9002－86－2	5	—	—
18	聚乙烯粉尘	Polyethylene dust	9002－88－4	5	—	—
19	铝尘 铝金属、铝合金粉尘 氧化铝粉尘	Aluminum dust： Metal & alloys dust Aluminium oxide dust	7429－90－5	 3 4	 — —	 — —
20	麻尘（游离 SiO_2 含量＜10%） 亚麻 黄麻 苎麻	Flax，jute and ramie dusts（free SiO_2 ＜10%） Flax Jute Ramie		 1.5 2 3	 — — —	 — — —

（续）

序号	中文名	英文名	化学文摘号（CAS No.）	PC-TWA/($mg \cdot m^{-3}$)		备注
				总尘	呼尘	
21	煤尘（游离 SiO_2 含量<10%）	Coal dust (free SiO_2 <10%)		4	2.5	—
22	棉尘	Cotton dust		1	—	—
23	木粉尘	Wood dust		3	—	G1
24	凝聚 SiO_2 粉尘	Condensed silica dust		1.5	0.5	—
25	膨润土粉尘	Bentonite dust	1302-78-9	6	—	—
26	皮毛粉尘	Fur dust		8	—	—
27	人造玻璃质纤维	Man-made vitreous fiber				
	玻璃棉粉尘	Fibrous glass dust		3	—	—
	矿渣棉粉尘	Slag wool dust		3	—	—
	岩棉粉尘	Rock wool dust		3	—	—
28	桑蚕丝尘	Mulberry silk dust		8	—	—
29	砂轮磨尘	Grinding wheel dust		8	—	—
30	石膏粉尘	Gypsum dust	10101-41-4	8	4	—
31	石灰石粉尘	Limestone dust	1317-65-3	8	4	—
32	石棉（石棉含量>10%） 粉尘 纤维	Asbestos (Asbestos >10%) dust Asbestos fibre	1332-21-4	0.8 0.8f/ml	 — —	 G1 —
33	石墨粉尘	Graphite dust	7782-42-5	4	2	—
34	水泥粉尘（游离 SiO_2 含量<10%）	Cement dust (free SiO_2 <10%)		4	1.5	—
35	炭黑粉尘	Carbon black dust	1333-86-4	4	—	G2 B
36	碳化硅粉尘	Silicon carbide dust	409-21-2	8	4	—
37	碳纤维粉尘	Carbon fiber dust		3	—	—
38	矽尘 10%≤游离 SiO_2 含量≤50% 50%<游离 SiO_2 含量≤80% 游离 SiO_2 含量>80%	Silica dust 10%≤free SiO_2≤50% 50%<free SiO_2≤80% free SiO_2>80%	14808-60-7	 1 0.7 0.5	 0.7 0.3 0.2	G（结晶型）
39	稀土粉尘（游离 SiO_2 含量<10%）	Rare-earth dust (freeSiO_2 <10%)		2.5	—	—
40	洗衣粉混合尘	Detergent mixed dust		1	—	—
41	烟草尘	Tobacco dust		2	—	—
42	萤石混合性粉尘	Fluorspar mixed dust		1	0.7	—
43	云母粉尘	Mica dust	12001-26-2	2	1.5	—
44	珍珠岩粉尘	Perlite dust	93763-70-3	8	4	—

（续）

序号	中文名	英文名	化学文摘号（CAS No.）	PC-TWA/（$mg \cdot m^{-3}$）		备注
				总尘	呼尘	
45	重晶石粉尘	Barite dust	7727-43-7	5	—	—
46	其他粉尘	Particles not otherwise regulated		8	—	—

注：1. 其他粉尘指游离 SiO_2 低于 10%，不含石棉和有毒物质，而尚未制定容许浓度的粉尘。表中列出的各种粉尘（石棉纤维尘除外），凡游离 SiO_2 高于 10% 者，均按矽尘容许浓度对待。

2. 总粉尘（total dust），可进入整个呼吸道（鼻、咽和喉、胸腔支气管、细支气管和肺泡）的粉尘，简称总尘。技术上系用总粉尘采样器按标准方法在呼吸带测得的所有粉尘。

3. 空气动力学直径（aerodynamic equivalent diameter），某颗粒物（任何形状和密度）与相对密度为 1 的球体在静止或层流空气中若沉降速率相等，则球体的直径视作该颗粒物的空气动力学直径。

4. 呼吸性粉尘（respirable dust），按呼吸性粉尘标准测定方法所采集的可进入肺泡的粉尘粒子，其空气动力学直径均在 7.07 μm 以下，空气动力学直径 5 μm 粉尘粒子的采样效率为 50%，简称呼尘。

附录3　一般污染源大气污染物排放限值

序号	污染物项目	大气污染物最高允许排放浓度/(mg·m^{-3})	与排气筒高度对应的大气污染物最高允许排放速率/(kg·h^{-1})					无组织排放监控点浓度限值/(mg·m^{-3})
			15 m	20 m	30 m	40 m	50 m	
(一)极度毒性物质								
1	二噁英和呋喃	0.1ng－TEQ/m^3	—	—	—	—	—	—
2	多氯联苯(PCBs)	0.1ng－TEQ/m^3	—	—	—	—	—	—
3	苯并(a)芘	0.3μg/m^3	3.6×10^{-5}	6.1×10^{-5}	2.1×10^{-4}	3.5×10^{-4}	3.5×10^{-4}	0.008 μg/m^3
(二)颗粒物								
4	铍及其化合物	0.010	7.3×10^{-4}	1.2×10^{-3}	4.1×10^{-3}	7.1×10^{-3}	0.011	0.0002
5	汞及其化合物	0.010	1.1×10^{-3}	1.8×10^{-3}	6.2×10^{-3}	0.011	0.016	0.0003
6	铅及其化合物	0.50	2.5×10^{-3}	4.3×10^{-3}	0.014	0.025	0.038	0.0007
7	砷及其化合物	0.50	0.011	0.018	0.062	0.11	0.16	0.0030
8	镉及其化合物	0.50	0.036	0.061	0.21	0.35	0.54	0.010
9	镍及其化合物	1.0	0.11	0.18	0.62	1.1	1.6	0.030
10	锡及其化合物	5.0	0.22	0.37	1.2	2.1	3.3	0.060
11	石棉纤维及粉尘	1.0或 1根纤维/cm^3	0.38	0.65	2.5	4.3	6.6	生产设备不得有明显的无组织排放
12	炭黑尘、染料尘、颜料尘、医药尘、农药尘、木粉尘	10	0.36	0.61	2.3	4.0	6.2	肉眼不可见
13	SiO_2粉尘;玻璃棉、矿渣棉、岩棉粉尘;树脂尘(漆雾)、橡胶尘、有机纤维粉尘;焊接烟尘	20	1.3	2.2	8.4	14	22	0.50
14	沥青烟	20	0.11	0.19	0.82	1.4	2.2	生产设备不得有明显的无组织排放
15	其他颗粒物	30	2.1	3.5	14	24	36	1.0
(三)无机气态污染物								
16	铬酸雾	0.070	5.5×10^{-3}	9.2×10^{-3}	0.031	0.053	0.081	0.0015

（续）

序号	污染物项目	大气污染物最高允许排放浓度/（$mg \cdot m^{-3}$）	与排气筒高度对应的大气污染物最高允许排放速率/（$kg \cdot h^{-1}$）					无组织排放监控点浓度限值/（$mg \cdot m^{-3}$）
			15 m	20 m	30 m	40 m	50 m	
17	砷化氢	1.0	3.6×10^{-3}	6.1×10^{-3}	0.021	0.035	0.054	0.0010
18	磷化氢	1.0	0.022	0.037	0.12	0.21	0.33	0.0060
19	光气	1.0	—	0.073①	0.12	0.41	0.71	0.020
20	氰化氢	1.9	—	0.11①	0.18	0.62	1.1	0.024
21	氟化物（以F计）	5.0	0.073	0.12	0.41	0.71	1.1	0.020
22	氯气	5.0	—	0.36①	0.61	2.1	3.5	0.10
23	硫化氢	5.0	0.11	0.18	0.62	1.1	1.6	0.030
24	硫酸雾	5.0	1.1	1.8	6.2	11	16	0.30
25	磷酸雾	5.0	0.55	0.92	3.1	5.3	8.1	0.15
26	硝酸雾	30	1.5	2.4	8.2	14	22	0.40
27	氯化氢	30	0.18	0.31	1.0	1.8	2.7	0.050
28	氨	30	3.6	6.1	20	35	54	1.0
29	二硫化碳	30	0.15	0.24	0.82	1.4	2.2	0.040
30	氮氧化物	200	0.47	0.77	2.6	4.6	7.0	0.12
31	二氧化硫	200	1.6	2.6	8.8	15	23	0.40
32	一氧化碳	200	11	18	62	110	160	3.0
（四）有机气态污染物								
33	环氧乙烷	5.0	0.15	0.24	0.82	1.4	2.2	0.040
34	1,3－丁二烯	5.0	0.36	0.61	2.1	3.5	5.4	0.10
35	1,2－二氯乙烷	5.0	0.51	0.86	2.9	5.0	7.6	0.14
36	丙烯腈	5.0	0.55	0.92	3.1	5.3	8.1	0.15
37	苯	8.0	0.36	0.61	2.1	3.5	5.4	0.10
38	氯乙烯	10	0.55	0.92	3.1	5.3	8.1	0.15
39	硝基苯类	16	0.036	0.061	0.21	0.35	0.54	0.010
40	丙烯醛	16	0.36	0.61	2.1	3.5	5.4	0.10
41	甲醛	20	0.18	0.31	1.0	1.8	2.7	0.050
42	乙醛	20	0.036	0.061	0.21	0.35	0.54	0.010
43	酚类	20	0.073	0.12	0.41	0.71	1.1	0.020
44	苯胺类	20	0.36	0.61	2.1	3.5	5.4	0.10
45	氯甲烷	20	4.4	7.3	25	43	65	1.2
46	甲苯	25	2.2	3.7	12	21	33	0.60
47	二甲苯	40	0.73	1.2	4.1	7.1	11	0.20
48	氯苯类	40	0.36	0.61	2.1	3.5	5.4	0.10
49	甲醇	80	3.6	6.1	21	35	54	1.0

（续）

序号	污染物项目	大气污染物最高允许排放浓度/（mg·m^{-3}）	与排气筒高度对应的大气污染物最高允许排放速率/（kg·h^{-1}）					无组织排放监控点浓度限值/（mg·m^{-3}）
			15 m	20 m	30 m	40 m	50 m	
50	其他 A 类物质②	20	—	—	—	—	—	X/50④
51	其他 B 类物质③	80	—	—	—	—	—	

注：① 为最低排气筒高度 25 m 时的限值。

② 其他 A 类物质是指根据 GBZ 2《工业场所有害因素职业接触限值》，工业场所空气中有毒物质容许浓度 TWA 值（8 小时时间加权平均容许浓度）或 MAC 值（最高容许浓度）小于 20 mg/m^3 的有机气态物质（表中已规定的污染物项目除外）。

③ 其他 B 类物质是指根据 GBZ 2《工业场所有害因素职业接触限值》，工业场所空气中有毒物质容许浓度 TWA 值（8 小时时间加权平均容许浓度）或 MAC 值（最高容许浓度）大于等于 20 mg/m^3 的有机气态物质（表中已规定的污染物项目除外）。

④ X 代表 GBZ 2《工业场所有害因素职业接触限值》中规定的工业场所空气中有毒物质容许浓度 TWA 值或 MAC 值。

参 考 文 献

[1] 隋鹏程，陈宝智．安全原理与事故预防［M］．北京：冶金工业出版社，1988.
[2] 苏毅勇，叶继香，郎宏图．伤亡事故原因分析与预防［M］．北京：中国劳动出版社，1991.
[3] 王金波，陈宝智，徐竹云．系统安全工程［M］．沈阳：东北工学院出版社，1992.
[4] 王宏彰．管理心理学［M］．北京：电子工业出版社，1988.
[5] 刘荣辉，黄宝范，张德惠．0123 安全管理模式［M］．北京：新华出版社，1990.
[6] 陈宝智．系统安全评价与预测［M］．北京：冶金工业出版社，2011.
[7] 陆庆武．机械安全工程学［M］．北京：中国劳动出版社，1993.
[8] 何学秋．安全工程学［M］．徐州：中国矿业大学出版社，2000.
[9] 孙桂林，藏其昌．安全工程手册［M］．北京：中国铁道出版社，1989.
[10] 王明贤，郎黔山．农村安全用电与节约用电［M］．南京：东南大学出版社，1999.
[11] 王福成．起重运输安全工程［M］．沈阳：东北大学出版社，1997.
[12] 罗又新．起重运输机械［M］．北京：冶金工业出版社，1993.
[13] 陈宝智．安全原理［M］．北京：冶金工业出版社，2002.
[14] 陈莹．工业防火与防爆［M］．北京：中国劳动出版社，1993.
[15] 钱逸，吕忠良．压力容器安全技术基础［M］．北京：中国劳动出版社，1990.
[16] 吴粤蔡．压力容器安全［M］．北京：化学工业出版社，1993.
[17] 张康达．锅炉压力容器的疲劳失效［M］．北京：中国劳动出版社，1988.
[18] 陈宝智．矿山安全工程［M］．北京：冶金工业出版社，2010.
[19] 王秉权，左树勋，栾昌才．采矿工业卫生学［M］．徐州：中国矿业大学出版社，1991.
[20] 孙一坚．工业通风［M］．北京：中国建筑工业出版社，2000.
[21] 王英敏．矿井通风与防尘［M］．北京：冶金工业出版社，1995.
[22] 王玉元，王金波，肖爱民．安全工程师手册［M］．成都：四川人民出版社，1995.
[23] 江熊．工业防毒技术［M］．北京：化学工业出版社，1985.
[24] 苏汝维．工业防尘技术［M］．北京：化学工业出版社，1986.
[25] 徐世勤．工业噪声与振动控制［M］．北京：冶金工业出版社，1987.
[26] 詹庆施．建筑光环境［M］．北京：清华大学出版社，1988.
[27] 吴振球．工业卫生与职业病［M］．北京：化学工业出版社，1986.
[28] 霍然，杨振宏，柳静献．火灾爆炸预防控制工程学［M］．北京：机械工业出版社，2007.
[29] 张景林，崔国章．安全系统工程［M］．北京：煤炭工业出版社，2014.

图书在版编目（CIP）数据

安全工程概论/王福成，陈宝智主编．--3版．--北京：煤炭工业出版社，2019（2024.7重印）

普通高等教育“十三五”规划教材

ISBN 978-7-5020-7036-6

Ⅰ.①安…　Ⅱ.①王…　②陈…　Ⅲ.①安全工程—高等学校—教材　Ⅳ.①X93

中国版本图书馆CIP数据核字(2018)第258739号

安全工程概论　第3版(普通高等教育“十三五”规划教材)

主　　编　王福成　陈宝智
责任编辑　闫　非
编　　辑　田小琴
责任校对　孔青青
封面设计　王　滨

出版发行　煤炭工业出版社（北京市朝阳区芍药居35号　100029）
电　　话　010-84657898（总编室）　010-84657880（读者服务部）
网　　址　www.cciph.com.cn
印　　刷　河北鹏远艺兴科技有限公司
经　　销　全国新华书店

开　　本　787mm×1092mm $^1/_{16}$　**印张**　14 $^1/_4$　**字数**　324千字
版　　次　2019年2月第3版　2024年7月第4次印刷
社内编号　20180215　　**定价**　42.00元